U0248644

国家出版基金项目
NATIONAL PUBLICATION FOUNDATION

矿区生态环境修复丛书

高潜水位采煤沉陷地边采边复原理与技术

胡振琪　赵艳玲　肖　武　著

科学出版社
龍門書局
北　京

内 容 简 介

边采边复是通过地下开采与地面复垦（修复）的有机耦合，实现井工矿山采-复一体化，强调开采工艺与复垦（修复）工艺的充分结合，以保证按采矿计划同步进行复垦。本书全面介绍井工煤矿边采边复的研究背景、技术原理、关键技术（水土布局、时机、施工），并分析水系动态构建、采复协调下的开采方案设计，最后给出应用案例。

本书适合高等学校、科研与规划设计单位有关采矿、地质、土地资源管理、环境、生态、测绘、水土保持等专业的师生和工程技术人员使用，也可供相关领域的行政与事业单位的工作人员参考。

图书在版编目(CIP)数据

高潜水位采煤沉陷地边采边复原理与技术/胡振琪，赵艳玲，肖武著. —北京：龙门书局，2020.7
（矿区生态环境修复丛书）
国家出版基金项目

ISBN 978-7-5088-5786-2

I. ①高… II. ①胡… ②赵… ③肖… III. ①煤矿开采−地表塌陷−防治
IV. ①TD327

中国版本图书馆 CIP 数据核字（2020）第 119383 号

责任编辑：李建峰 杨光华/责任校对：高 嵘
责任印制：彭 超/封面设计：苏 波

科 学 出 版 社 出版
龙 门 书 局
北京东黄城根北街 16 号
邮政编码：100717
http://www.sciencep.com

武汉精一佳印刷有限公司印刷
科学出版社发行 各地新华书店经销
*

开本：787×1092 1/16
2020 年 7 月第 一 版 印张：12 1/4
2020 年 7 月第一次印刷 字数：287 000

定价：158.00 元
（如有印装质量问题，我社负责调换）

"矿区生态环境修复丛书"

编 委 会

"矿区生态环境修复丛书"序

　　我国是矿产大国,矿产资源丰富,已探明的矿产资源总量约占世界的 12%,仅次于美国和俄罗斯,居世界第三位。新中国成立尤其是改革开放以后,经济的发展使得国内矿山资源开发技术和开发需求上升,从而加快了矿山的开发速度。由于我国矿产资源开发利用总体上还比较传统粗放,土地损毁、生态破坏、环境问题仍然十分突出,矿山开采造成的生态破坏和环境污染点多、量大、面广。截至 2017 年底,全国矿产资源开发占用土地面积约 362 万公顷,有色金属矿区周边土壤和水中镉、砷、铅、汞等污染较为严重,严重影响国家粮食安全、食品安全、生态安全与人体健康。党的十八大、十九大高度重视生态文明建设,矿业产业作为国民经济的重要支柱性产业,矿产资源的合理开发与矿业转型发展成为生态文明建设的重要领域,建设绿色矿山、发展绿色矿业是加快推进矿业领域生态文明建设的重大举措和必然要求,是党中央、国务院做出的重大决策部署。习近平总书记多次对矿产开发做出重要批示,强调"坚持生态保护第一,充分尊重群众意愿",全面落实科学发展观,做好矿产开发与生态保护工作。为了积极响应习总书记号召,更好地保护矿区环境,我国加快了矿山生态修复,并取得了较为显著的成效。截至 2017 年底,我国用于矿山地质环境治理的资金超过 1 000 亿元,累计完成治理恢复土地面积约 92 万公顷,治理率约为 28.75%。

　　我国矿区生态环境修复研究虽然起步较晚,但是近年来发展迅速,已经取得了许多理论创新和技术突破。特别是在近几年,修复理论、修复技术、修复实践都取得了很多重要的成果,在国际上产生了重要的影响力。目前,国内在矿区生态环境修复研究领域尚缺乏全面、系统反映学科研究全貌的理论、技术与实践科研成果的系列化著作。如能及时将该领域所取得的创新性科研成果进行系统性整理和出版,将对推进我国矿区生态环境修复的跨越式发展起到极大的促进作用,并对矿区生态修复学科的建立与发展起到十分重要的作用。矿区生态环境修复属于交叉学科,涉及管理、采矿、冶金、地质、测绘、土地、规划、水资源、环境、生态等多个领域,要做好我国矿区生态环境的修复工作离不开多学科专家的共同参与。基于此,"矿区生态环境修复丛书"汇聚了国内从事矿区生态环境修复工作的各个学科的众多专家,在编委会的统一组织和规划下,将我国矿区生态环境修复中的基础性和共性问题、法规与监管、基础原理/理论、监测与评价、规划、金属矿冶区/能源矿山/非金属矿区/砂石矿废弃地修复技术、典型实践案例等已取得的理论创新性成果和技术突破进行系统整理,综合反映了该领域的研究内容,系统化、专业化、整体性较强,本套丛书将是该领域的第一套丛书,也是该领域科学前沿和国家级科研项目成果的展示平台。

　　本套丛书通过科技出版与传播的实际行动来践行党的十九大报告"绿水青山就是金山银山"的理念和"节约资源和保护环境"的基本国策,其出版将具有非常重要的政治

意义、理论和技术创新价值及社会价值。希望通过本套丛书的出版能够为我国矿区生态
环境修复事业发挥积极的促进作用，吸引更多的人才投身到矿区修复事业中，为加快矿区
受损生态环境的修复工作提供科技支撑，为我国矿区生态环境修复理论与技术在国际上
全面实现领先奠定基础。

干　勇　胡振琪　党　志

柴立元　周连碧　束文圣

2020 年 4 月

前　言

　　土地是人类生存与发展的基础,生态环境是人类生存的空间,矿产资源开发与利用是国民经济发展的有效保障,但资源开采活动也对土地、生态环境带来了系列的负面效应,包括地面沉陷、露天采坑、煤矸石与粉煤灰等固体废弃物堆积、废水排放等,并带来崩塌、滑坡、泥石流等次生地质灾害。开发与保护一直是围绕资源开发与利用的永恒矛盾。

　　20 世纪初,人类为了自身的生存发展,开始对土地所遭受破坏及其引发的环境问题采取补救措施,土地复垦与生态修复应运而生,并逐渐被各国所重视。党的十八大以来,生态文明建设逐步受到重视,继十八大报告将生态文明建设纳入"五位一体"总体布局后,党的十九大进一步提出,加强对生态文明建设的总体设计和组织领导,牢固树立"山水林田湖草是一个生命共同体"的理念,全方位、全地域、全过程开展生态系统的保护修复,树立和践行"绿水青山就是金山银山"的理念,坚持节约资源和保护环境的基本国策。特别是 2017 年"祁连山生态破坏"与"生态红线范围内矿业权退出"等连锁反应与事件,都体现了国家在应对生态保护方面的决心。在此背景下,新组建的自然资源部专门成立了国土空间生态修复司,使矿区土地复垦与生态修复有了统一的管理机构。2017年,国土资源部等 6 部门联合印发的《关于加快建设绿色矿山的实施意见》,指出在矿产资源开发全过程中,既要严格实施科学有序的开采,又要将矿区及周边环境的扰动控制在环境可接受的范围内。对于必须破坏扰动的部分,应当通过科学设计、先进合理的有效措施,确保矿山的存在、发展直至终结,始终与周边环境相协调,并明确提出将全面推进绿色矿山建设工作,并从用地、用矿等方面给予政策激励,在矿产资源政策支持方面,从开采总量指标调控、矿业权投放等方面,依法优先向绿色矿山和绿色矿业发展示范区倾斜。2018 年,自然资源部也发布了煤矿等九大行业绿色矿山建设标准,可见,矿区生态环境保护与修复已经成为新时代应对不均衡不平等发展与确保可持续发展的热点问题与重点区域。

　　矿区土地复垦与生态修复是缓解资源开发与生态环境保护冲突的有效措施,自 1989年《土地复垦规定》实施以来,土地复垦取得了长足的发展,但之前的研究与工作主要是针对老旧矿区的已损毁土地,在煤矿开采完毕后进行相关复垦设计,在此基础上形成的土地复垦理论和实践经验已无法满足当前高强度开采与日益恶化的生态环境治理需求。比如,高潜水位采煤沉陷地沉陷积水稳定后再修复会丧失最佳治理时机导致大量表土沉入水中,延长土地损毁导致的撂荒事件,增加企业因无法及时治理复垦而支付的青苗补偿费用。新时代背景下,需用系统思维统筹山水林田湖草治理,在此背景下,"整体保护、系统修复、综合治理"被认为是应对国土空间生态退化的有效应对措施,是对"事后处理""末端治理"及"头痛医头""脚痛医脚"等治理手段与措施的全面反思与改进。

20 世纪末，部分井工矿山开展了零星的非稳沉土地的复垦实践，出现了"预复垦""动态复垦""动态预复垦"等概念，但"边采边复"概念的正式提出是在 2012 年，笔者针对传统采煤沉陷地稳沉后复垦恢复土地率低、复垦周期长等弊端，在分析讨论我国采煤沉陷地非稳沉复垦技术研发历史的基础上，提出了边开采边复垦（简称"边采边复"）的概念，探讨了边采边复的内涵、基本原理、技术分类与关键技术，并基于实例阐述了边采边复技术的优越性，通过实践发现边采边复技术较传统的沉陷稳定后复垦可多恢复耕地 10%～40%。经过几年的发展，边采边复理念与技术已经逐步得到各方认可，并被写入多部国家级、地方与行业性相关规定中，比如：2018 年正式实施的《煤炭行业绿色矿山建设规范》（DZ/T 0315—2018）中明确了应当贯彻"边开采、边治理、边恢复"的原则，及时治理矿山地质环境、复垦矿山占用土地和损毁土地。

由于"边采边复"理念与技术的提出主要是从高潜水位矿区土壤保护与耕地恢复的角度，"复垦"更多地被狭隘理解为"复耕"。《土地复垦条例》第二条："本条例所称土地复垦，是指对生产建设活动和自然灾害损毁的土地，采取整治措施，使其达到可供利用状态的活动。"按照这一定义和因地制宜的土地复垦原则，将损毁的土地恢复成任何可供利用的状态，都是土地复垦，包括将采煤沉陷土地复垦为湿地公园、矿山公园、水产养殖场等。因此，"复垦"绝不等同于"复耕"，"土地复垦"的目标和内涵是"既要求恢复土地价值，又要求恢复生态环境"，其内涵是对损毁的土地与环境进行修复，实现土地使用价值与生态环境的双恢复，属于"大环境问题"的概念。基于这种认识，广义的矿区土地复垦与矿区生态环境修复内涵并无差异，这对促进矿山土地复垦与国际接轨具有重要意义。此外，土地是承载一切社会活动的基础，土地也是生态环境的重要组成部分，在对损毁土地恢复利用的同时，也是对土地之上的生态环境进行恢复，即使"土地复垦"常被理解为"土地问题"，也丝毫降低不了它对生态环境改善的重要作用。基于上述认识，在生态文明建设的大背景下，为避免"复垦即复耕"的狭义理解，2019 年将"边开采边复垦"更名为"边开采边修复"，同样简称为"边采边复"，并进一步深化与拓展了"边采边复"的内涵及应用场景。

高潜水位矿区主要分布于我国中东部平原地区，同时也是我国的粮食主产区，是典型的煤粮复合区。高潜水位矿区边采边复技术是我国极具特色的采煤沉陷地复垦技术，因此，本书以高潜水位矿区为研究区域，全面展示井工煤矿边采边复的研究背景、技术原理、关键技术（水土布局、时机、施工），并分析水系动态构建、采复协调下的开采方案设计，最后给出应用案例。

本书成果是作者团队 10 余年不懈努力的结果，许多学生都为此做出贡献，如张瑞娅博士、袁冬竹博士、贾佳硕士、王凤娇硕士、胡家梁硕士、陈慧玲硕士、刘坤坤硕士、王婷婷硕士、刘东文硕士；此外，原国土资源部单卫东博士、皖北煤电集团李太启、山东济宁原国土资源局郭建伟等人也为本书研究提供很多帮助，张纯梦、张淼淼、吴会慧、房铄东参加本书稿整理校对工作，在此一并表示衷心感谢。

　　由于边采边复技术是一项新技术,目前仍在持续研究更新中,加之作者水平有限,疏漏之处在所难免,欢迎读者批评指正。

作　者

2020 年 2 月

目　　录

第1章 绪 论

1.1 概 述

煤炭是我国最主要的能源。据《BP 世界能源统计年鉴》2018 年版统计，2018 年我国煤炭产量和消费量分别达到 36.83 亿 t 和 39 亿 t，分别占世界煤炭生产和消费的 45.96% 和 50.5% 左右。煤炭资源的大量开采在为国民经济做出巨大贡献的同时，也带来了诸多社会和环境问题，如土地沉陷（王培俊 等，2014；胡振琪 等，2011）、耕地减产或绝产（李晶 等，2014；邵芳 等，2013）、人地矛盾加剧（李文彬，2016）等。其中，地下煤炭开采对地面的沉陷影响尤为严重，我国有超过 92% 以上的煤炭产量来自地下开采（李文顺 等，2016；赵艳玲 等，2008），而且绝大部分采用走向长壁式全部跨落法管理顶板，截至 2012 年底，地下煤炭资源开采形成的沉陷土地面积达到了约 156 万 hm^2（李树志，2014），且仍以每年约 7 万 hm^2 的速度递增（Hu et al.，2014）。因此，我国的采煤沉陷影响和复垦治理，越来越受到社会各界的广泛关注（Xiao et al.，2014a）。

在我国的中东部高潜水位煤粮复合区（Hu et al.，2013），地下煤炭的开采直接影响我国的耕地红线和粮食安全。我国高潜水位煤矿区主要分布在两淮基地、鲁西（兖州）基地、河南基地、冀中基地、蒙东基地（东北部）5 大煤炭基地（胡振琪 等，2013a），主要涉及安徽、山东、河南、河北、江苏等省份（杨耀淇，2014a），此外，在内蒙古东部与辽宁的部分地区，也存在少量的高潜水位矿区。而这些区域多为我国的粮食主产区，即煤粮复合区（胡振琪 等，2006）。据统计分析，我国煤炭资源和耕地资源的重叠面积占耕地总面积的 42.7%，部分地区甚至达到了 79% 以上（李晶 等，2008），且这些重叠区域大都是土地肥沃、粮食高产、农业发达的地区。在高潜水位煤粮复合区，由于当地较高的地下潜水位，地表沉陷后很容易出现积水（Xiao et al.，2014b），使大量优质耕地无法耕种，从而严重影响当地的耕地保护和粮食产量。

1.1.1 我国煤炭资源开采现状与趋势

1. 煤炭储量与分布

我国煤炭资源储量占所有化石能源的 94%，根据世界能源理事会《能源资源调查报告》公布的最新数据，预计我国煤炭资源储量居世界第一位，已探明煤炭储量居世界第二位。而根据 1999 年的中国煤炭资源报告，我国煤炭远景储量达 55 553 亿 t，其中累计探明储量 10 421.35 亿 t，远景储量和地质总储量是世界第一。我国煤炭资源具有量大、面广、品种齐全、煤质好的特点。

我国煤炭资源丰富广泛，涵盖了 60 万 km^2 的国土面积，根据分布区域特点可划分为

5 大区域，分别是：东北地区、华北地区、华南地区、西北地区及云贵川地区。华北地区作为我国主要的煤炭生产基地之一，同时也是我国历史上及现在著名的农业耕作区之一。

2. 开发与利用现状

煤炭是我国能源工业的支柱，而能源供应长期紧张局面已成为制约我国经济发展的瓶颈。我国煤炭资源十分丰富，产量跃居世界首位，但开发利用程度很低，人均占有煤炭可采储量、产量和消费量均低于世界平均水平，这是我国煤炭资源开发在现阶段的特点。

煤炭资源的消耗与经济的发展休戚相关，随着近年来我国经济的高速发展，对煤炭资源的开发与利用也呈现井喷的状况。煤炭在我国的能源结构中占据非常重要的作用，多年来，煤炭资源在我国占据了能源生产和能源消耗中的 70%以上。据 BP 世界能源统计数据显示，1981~2013 年，我国的煤炭资源探测量一直保持高速增长，煤炭产量也逐年上升，特别是在 2013 年，煤炭产量达到峰值，之后随着经济下行、煤炭行业化解过剩产能等因素的影响，总体煤炭产量有所下降（王培俊，2016），但仍保持在 33 亿 t 以上（图 1.1），由此而带来的土地损毁也在不断增加。

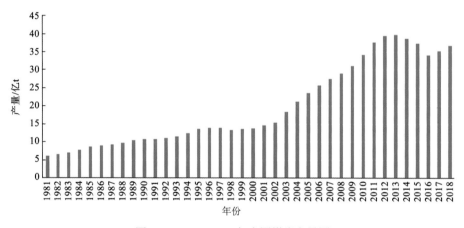

图 1.1　1981~2018 年中国煤炭产量图

需要特别指出的是，在我国煤炭资源产量中 92%以上是采用井工开采，而除波兰外，世界其他主要采煤国家露天开采产量均在 50%以上（卞正富，2000），这就造成了采煤沉陷成为我国现阶段煤炭开采需要面对的主要问题之一。

3. 煤炭开采趋势

1）煤炭资源仍将占据较大比例

能源是人类社会经济发展的物质基础。由于我国石油和天然气资源的相对缺乏（石油和天然气人均储量仅仅为世界平均水平的 7.7%与 7.1%），尽管煤炭开采和消耗过程中带来了巨大的环境和社会问题，煤炭资源现阶段仍然作为我国的主要能源广泛使用。在我国已探明的能源资源储量中，煤炭、石油和天然气分别占 94%、5.4%和 0.6%（翁非，2012），呈现出鲜明的富煤、少油、贫气的资源特点，这就决定了煤炭资源在我国能源结构中的主体地位（潘跃飞，2010），煤炭消费量曾一度占我国一次能源消费总量的 74%左右。但随着生态环境保护意识的增强、清洁能源的不断开发利用等（严绪朝，2010），到 2018年我国煤炭消费量有所降低，占一次能源消费总量的 59%，但其主体地位仍未改变；其次是石油，但其所占比例也仅 18.8%左右；剩余天然气、核电、水电、风电、光伏及其他能源各自所占比例都不超过 10%（图 1.2）。

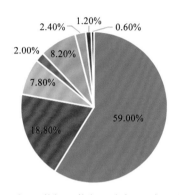

■煤炭　■石油　■天然气　■核电　■水电　■风电　■光伏　■其他

图 1.2　2018 年中国一次能源消费结构

据中国石油经济技术研究院 2018 年 9 月 18 日发布的《2050 年世界与中国能源展望》报告显示，中国能源消费结构呈现向清洁、低碳、多元化转变的特征。新旧动能持续转换，清洁能源（非化石能源与天然气）将满足增量需求并优化存量。2050 年非化石能源占比约为 35%，基本形成煤炭、油气和非化石能源三分天下的格局（图 1.3）。经预测，2050年煤炭资源所占比例将有所下降，但仍占较大比例。

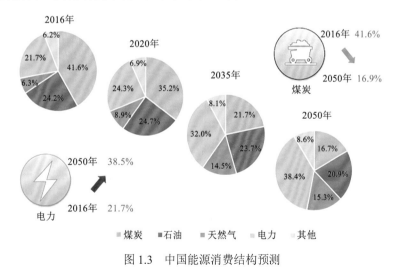

■煤炭　■石油　■天然气　■电力　■其他

图 1.3　中国能源消费结构预测

2）煤炭产量有望保持稳定

在煤炭行业黄金十年期间，我国煤炭产量也经历了一个快速增长的过程，2013 年煤炭产量高达 39.74 亿 t。随后几年煤炭产量出现下跌趋势,但在 2017 年实现近 4 年来煤炭产量的首次增长。据《中国能源发展报告 2018》显示,2018 年我国原煤产量 36.8 亿 t,同比增长 4.5%,连续两年出现增长。煤炭供给侧结构性改革深入推进,"十三五"煤炭去产能主要目标基本完成。未来随着先进产能逐步释放,原煤产量有望在稳定中缓慢增长。

3)小煤矿关闭,煤炭开采的规模化与强度会进一步加大

自 2000 年后,煤炭资源产量增长迅速。2006 年,美国、俄罗斯、印度、中国、澳大利亚和南非这 6 个主要产煤国家煤炭开采总量占到了全球产量的 81.9%,与此相对应的是,这 6 个国家的煤炭储量占据全球煤炭储量的 90%。而这些国家中,中国煤炭产量达到 38.4%,2001~2006 年的 5 年中,中国煤炭产量从 13.8 亿 t 增长至 23.8 亿 t,这一增长量占全球煤炭开采增长量的 66%,而与此同时,煤炭企业的数量减少了 50%。2007 年,神东公司大柳塔煤矿两个工作面的同步开采,产量即达到 2 000 万 t(Bian et al.,2010)。始于 2009 年 3 月的历史上规模最大的山西煤炭企业整合也显示了国家在精简煤炭企业数量、提高煤炭开采效率上的决心。

因此,鉴于煤炭资源在我国能源结构中的重要地位及我国经济发展的趋势,煤炭资源的开采在短期内有望保持稳定,但煤炭开采的规模化与强度会进一步加大。

1.1.2 耕地保护与粮食安全

民以食为天,人民的温饱问题及粮食安全关系国家的长治久安,因此我国一直以来十分重视粮食安全问题,将其作为治国理政的首要任务(吕捷 等,2013),而粮食安全的根基是保有足够数量和较好质量的耕地。因此我国一直坚持"十分珍惜和合理利用每寸土地,切实保护耕地"的基本国策,并在 1999 年通过修订实施的《土地管理法》以立法形式确立了其法律地位,这不仅表明耕地保护在国家行政管理中的重要地位,而且还说明耕地保护作为基本国策具有长期性和稳定性。应充分认识到,耕地保护,不仅仅是保护现代人的粮食安全,同时更是在保护未来子孙后代的粮食安全(张迪 等,2009)。我国政府历来十分重视耕地保护工作,然而,随着经济的快速发展,耕地减少的数量与速率也十分严重。

一方面,耕地保护和粮食安全成为悬在中国人民头上的一把利剑,美国世界观察研究所所长莱斯特·布朗甚至在 1994 年发表了《谁来养活中国——来自一个小行星的醒世报告》。在书中,他描述了中国日益严重的水资源短缺,高速的工业化进程对农田大量侵蚀、破坏,加上人口的增长,最后他得出结论:到 21 世纪初,中国为养活 10 多亿人口,可能要从国外进口大量粮食,这可能引起世界粮价上涨,将对世界的粮食产生重大影响。根据 2006~2018 年《国民经济和社会发展统计公报》,我国粮食产量从 2006 年的 4.97 亿 t 增加到 2015 年的 6.61 亿 t,但 2016 年出现下跌,到 2018 年粮食产量降为 6.58 亿 t(图 1.4)。而随着人口数量的不断增长,粮食消费总量也在持续平稳增加(郭修平,2016;尹靖华 等,2015),因此可以看出我国粮食产需仍处于紧平衡的状态(王文涛,2013)。据国家统计局重庆调查总队课题组预测,到 2020 年我国粮食消费总量将达到 7.3 亿 t,如此巨大的消费量,就需要有一定数量耕地作为保障。

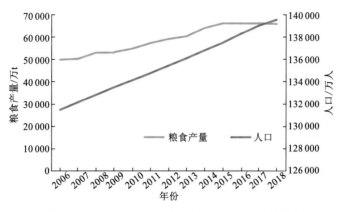

图 1.4　2006～2018 年中国粮食产量和人口统计图

另一方面，由于城市化规模与速度的加快，包括生态退耕等国家宏观政策的调控，国家耕地数量呈逐年下降趋势，已经快触及 1.2 亿 hm^2 的底线，《国家粮食安全中长期规划纲要（2008—2020 年）》也对我国耕地资源的现状进行了描述总结：受农业结构调整、生态退耕、自然灾害损毁和非农建设占用等影响，耕地资源逐年减少。据调查，2007 年全国耕地面积为 18.26 亿亩 [①]，比 1996 年减少 1.25 亿亩，年均减少约 1 100 万亩。目前，全国人均耕地面积 1.38 亩左右，约为世界平均水平的 40%。受干旱、陡坡、瘠薄、洪涝、盐碱等多种因素影响，质量相对较差的中低产田约占 2/3。土地沙化、土壤退化、"三废"污染等问题严重。《国家粮食安全中长期规划纲要（2008—2020 年）》中提到，随着工业化和城镇化进程的加快，耕地仍将继续减少，宜耕后备土地资源日趋匮乏，今后扩大粮食播种面积的空间极为有限。国土资源部 2001～2016 年发布的《中国国土资源公报》显示，我国耕地面积从 2009 年的 20.31 亿亩减少到 2015 年的 20.25 亿亩（图 1.5），耕地保护形势十分严峻。

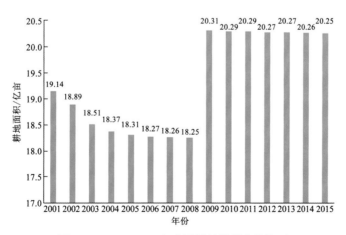

图 1.5　2001～2015 年中国耕地数量变化情况

① 1 亩 ≈ 666.67 m^2

由于城市化进程的加快及经济的高速发展，我国人地矛盾问题尤为突出。而依赖于以煤炭作为主要能源的现状使得这一危机更加加剧，据不完全统计，2006 年我国现有采煤沉陷土地达到 84.2 万 hm^2，而且这一数字还在不断增加。大量的沉陷土地位于我国主要粮食产区，其中黄淮海地区 90%以上为高产农业区，华东、华北的采煤沉陷地多位于基本农田保护区（程烨，2004）。胡振琪等（2006）对粮食主产区与矿产资源主产区分别进行了分析与定义，明确了矿–粮复合主产区的概念，认为矿–粮复合主产区为既属于粮食主产区，又属于矿产资源主产区的区域，复合主产区承担两项重要功能——粮食输出与矿产资源供给。在进一步对我国矿–粮复合主产区进行定量分析后，确定了我国基本农田下埋藏有煤炭资源的面积达到 32.56%，这一比例在东部某些高潜水位地区甚至更大，山东省济宁市任城区基本农田至少 79%位于煤田上方。在这一区域由于存在较高的地下水位，约 60%以上的土地在沉陷后将彻底绝产。在东部高潜水位煤粮复合区，地下煤炭开采后形成的沉陷地中，有 80%以上为优质高产的耕地，在季节性积水区原有耕地的粮食产量受到不同程度的影响，而常年积水区耕地则完全绝产，彻底丧失了原有的耕种能力（王培俊 等，2015），实际耕地面积不断减少，这给当地政府的耕地保护工作带来巨大的挑战。大量采煤沉陷土地的存在及持续增长的采矿活动将使得我国耕地保护的责任更加重大，确保粮食安全的目标面临更多挑战。

1.1.3　现有土地复垦技术

自 20 世纪 80 年代至今，经过三十多年的探索和实践，我国土地复垦比例已经提高到了 25%左右（王沈佳，2013），取得了巨大的成效。目前对采煤沉陷地采取的复垦措施，主要有直接利用法、土地平整、疏排法、梯田式复垦、挖深垫浅、煤矸石充填、粉煤灰充填等（胡振琪 等，2008），但这些复垦措施主要是针对煤炭全部开采结束地面稳沉后的土地，即"先破坏，后治理"，称为传统复垦方式，这种情况下，地下煤炭开采对地面的沉陷影响已十分严重，而且在高潜水位地区（Xiao et al.，2014c），由于地下潜水位较高（仅 1.5 m左右），地面稳沉后大面积耕地将沉入水中（张瑞娅 等，2016）而丧失耕种能力（肖武，2012），同时珍贵的表土资源也受到积水的浸没，营养成分有所流失，而且对沉陷积水区域进行复垦施工，其成本将会增加 30%左右（赵艳玲，2005），进而导致复垦后耕地率低、耕地质量差（胡振琪 等，2015a）、复垦成本高、复垦周期长等问题（胡振琪 等，2013b）。因此，有必要全面系统地分析地下开采与地面复垦耦合的机理，探究一种可以在土地沉入水底前或者将要沉入时对将要遭受沉陷破坏的土地进行提前规划、保护与治理的措施，从而提高复垦耕地率并降低复垦成本。

1.1.4　边采边复技术的重要性

在高潜水位煤粮复合区，由于其特殊的自然条件，以及同时肩负生产煤炭和粮食的重要任务，地下多煤层开采后对地面的沉陷影响更加严重，较高的地下潜水位又会致使沉陷后地面积水范围的进一步扩大和积水深度的增加，耕地受影响比例将会更高，复垦治理难度更大。同时在平原地区可用于充填复垦的物料相对较少，并不能将沉陷积水区百分之百恢复为耕地，深积水区大多根据当地实际情况发展水产养殖等（张瑞娅 等，2014；Zhang et al.，2014），耕地面积最终将减少约 1/3（胡振琪 等，2015b）。如安徽省淮北市，地下潜水位埋深仅 1.5 m 左右，2012 年底因煤炭开采形成的沉陷土地已达到 28 万亩，其中 43% 左右为沉陷积水区（张瑞娅 等，2014），并且 85% 以上为耕性良好的耕地资源，致使耕地保护形势更加严峻，粮食产量受到严重影响，致使这些地区的人均耕地面积减少到约 0.5 亩，比联合国环境署规定的最低粮食安全警戒线还要低，使原本就十分紧张的人地矛盾更加严重。

井工煤矿边采边复技术能够有效地保护珍贵的耕地资源、提高复垦耕地率、降低复垦成本、充分合理地利用土地资源，对高潜水位煤矿地区的采煤沉陷地治理起到极大的促进作用。因此，加强高潜水位采煤沉陷地的边采边复技术的研究实践，对高潜水位煤粮复合区耕地资源的保护，区域和国家粮食安全的保障，以及人地矛盾的缓解具有十分重要的现实意义。

1.2　研　究　进　展

1.2.1　国外研究进展

美国和德国是最早开始土地复垦的国家。1918 年美国印第安纳州的矿业主就开始在采空区复垦植树。美国在《1920 年矿山租赁法》中就明确要求保护土地和自然环境，德国从 20 世纪 20 年代开始在煤矿废弃地上植树，20 世纪 50 年代末许多国家加速了土地复垦的法规制定和复垦工程实践活动，比较自觉地进入了科学复垦的时代（胡振琪，1996）。

美国是世界上的 5 个产煤大国之一，目前 50% 以上的煤炭为露天开采。美国的矿山复垦源于对露天开采所引发的环境影响问题的担忧。早在 1918 年印第安纳州就有了在矿区植树、改善当地生态环境的活动，这是美国现代土地复垦的开端，为之后矿山土地复垦提供了借鉴和宝贵的经验。到 1930 年露天开采得到了广泛扩展，因此 20 世纪 30 年代末，各州开始颁布第一项法律来规范煤炭开采行业（胡振琪 等，2001），如西弗吉尼亚州于 1939 年、印第安纳州于 1941 年、伊利诺伊州于 1943 年、宾夕法尼亚州于 1945 年相继颁布了与土地复垦相关的法律法规。据统计，到 1975 年，已经有 34 个州根据当地实际情况制定了与土地复垦相关的法律法规（赵景逵 等，1991）。1977 年 8 月 3 日美国颁布《露天采矿管理与恢复（复垦）法》（Surface Mining Control and Reclamation Act）后，建立了"谁破坏、谁复垦"的原则，明确提出了煤矿在开采前必须先开展复垦规划（胡振琪 等，2001）。复垦方案的论证和环境影响评价是采煤前规划的核心内容，管理者希望通过制定煤矿区土地复垦与污染防治措施，从而达到采煤、经济效益与矿区复垦的一体化。为了约束采矿主们开展复垦工作，采矿企业在拿到相关采矿许可证之前，必须缴纳一定的复垦保证金。在采矿活动结束后，只有将在遭受损毁的土地全部复垦到采矿前规划的要求标准，预先缴纳的复垦保证金才能返还。实践证明，这种做法是非常有效的，自法案颁布后新开办的矿山土地复垦率基本上达到 100%。因此，不论是从法律角度出发还是自身利益出发，矿山企业真正做到了将复垦看作采矿活动的一部分，并且贯穿于生产周期的始末。对于采煤沉陷地来说，美国主要有两个复垦方向：①复垦至原土地使用类型；②复垦为湿地加以保护。而具体的复垦措施又分为三种（Darmody，1993）：①挖沟降水；②回填；③挖沟与回填相结合（卞正富，2000）。

德国煤炭资源丰富，开采历史悠久，早在 18 世纪 60 年代，就要求对开采后的土地进行复垦治理的记录（梁留科 等，2002），经过 60 年左右的发展开始系统地复垦。起初主要是种植各种树木，以构成完整的生态系统，第二次世界大战之后（Chang et al.，2000），随着煤炭开采影响范围的扩大，对矿区土地进行复垦和生态治理做出了法律规定，20 世纪 60～70 年代，先后注重植树造林和农业经济用途（Rheinbraun，1998），但 80 年代后因经济问题而忽视了复垦，两德合并后，对矿区的土地复垦，逐步转向保护生态循环系统和生物多样性（Gerhard，1998）。

澳大利亚对矿产开采后受扰动土地的复垦与治理十分重视（罗明 等，2012），被认为是世界上最先进且能成功治理受扰动土地与环境的国家。政府和矿山企业制定有一系列的政策、法律和法规，来尽量减少矿山开采对生态环境的不利影响，同时有专门的管理机构和人员对土地复垦进行监管，为了保证未来被损毁的土地得到复垦，矿山企业必须缴纳一定的保证金，并实行奖惩制度（Perrings，1989），并且在整个矿产开采和土地复垦过程中建立完善的生态环境实时动态监测系统（罗明，2013）。澳大利亚有着强烈的生态环境保护意识，而且十分注重对土地复垦的科学研究和应用实践（代宏文，1995），并实行公众全程参与（Arnstein，1969），这些都促使澳大利亚的土地复垦成为矿产开采者的自觉行为（周小燕，2014）。

印度目前的开采与消耗总量均为全球第三位，但是露天开采占所有开采煤炭资源的 81%，只有 19% 的煤产自井工开采，而且井工开采的主要方式为房柱式开采。对于露天开采矿山，一般在开采初期采用挖掘机、推土机等进行表土剥离并存放于表土场，以备后期复垦之用。为防止土壤肥力的丧失，所堆放的表土必须采取稳定加固和加肥增肥措施。当外排土场排弃结束后即安排土地复垦活动，主要进行造林种草。最终形成的采坑复垦建设成为湖泊，用于娱乐或用作水源（杨选民，1999）。

波兰对矿区土地复垦的要求也十分严格，并采取了很多技术措施，取得了明显效果。露天矿内排土场及时整理，有的撒上电站排弃的灰渣，以加固表土将来形成湖泊；对外排土场，则采取种树、种草、供农业用，或修路、建飞机场等。种树、种草采用飞机播种，两年后需经环保部门验收合格（Helmut，1983）。波兰井工开采比例高达 68%，其开采方法与我国类似，但波兰的人地矛盾没有我国突出，因此，其复垦工作主要集中在矸石山（卞正富，2000）。

俄罗斯位于欧亚大陆北部，国土面积居世界第一，拥有储量巨大的矿产资源，早在 20 世纪中期就开始注意对土地的复垦，1960 年颁布的《自然保护法》（王莉 等，2013）和 1968 年的苏联《宪法》（金丹 等，2009）中都以法律的形式强调了土地复垦的重要地位，之后在 2001 年的《俄罗斯联邦土地法典》，以及 2002 年的《俄罗斯联邦环境保护法》中都分别对土地复垦做出了特别的规定，同时俄罗斯具有优良的土地复垦管理机构和专业队伍（冀宪武 等，2013），使得俄罗斯的土地复垦取得了显著的成效。

加拿大有一句格言"我们的土地是从子孙那里借来的，而不是从祖辈那里继承来的"，因此十分注重保护珍贵的土地资源，联邦政府涉及土地复垦的法律、法规主要有《露天矿和采石场控制与复垦法》《加拿大采矿条例》《林业法规》《领区土地法》《矿山法》《环境评价法》（张涛 等，2009），各省和地区也会根据自身情况制定相关的法律、法规和相关政策（崔向慧 等，2012）。加拿大同样实行严格的监督机制和土地复垦保证金制度，用来保障和激励复垦工作的实地实施，保证金缴纳的计算依据同美国类似（Erickson，1995），并可根据实际情况做适当的调整（Costanza et al.，1990）。

相比之下，由于地下煤炭资源赋存情况不同，国外几大煤炭生产大国主要以露天开采为主（陈能诵，2011），其中印度露天煤矿的产量高达 80%～90%，美国的也达到了 65%左右。而且井工煤矿开采有对地面的沉陷影响，在不同地区会有很大的不同，例如在美国伊利诺伊州，采煤沉陷深度仅 0.5～2 m（Darmody，1995），只需对其进行平整、修复灌排等简单的复垦措施。国外很早就将复垦工作视为采矿活动不可或缺的组成部分，并以复垦保证金为核心约束，露天煤矿的采矿–复垦一体化技术已成熟。更为重要的是，国外多数国家人地矛盾不尖锐，因此采煤沉陷地复垦大多以生态治理为主，对复垦后的利用方向多样，采煤沉陷地的土地复垦研究不够深入，对采煤沉陷地边采边复的研究尚未见报道。

1.2.2　国内研究进展

煤炭是我国最主要的能源。由于我国 85%左右的煤炭产量来自井工开采，且多采用走向长壁全部垮落法管理顶板，土地下沉系数大，井工开采破坏土地占煤炭开采破坏土地的 91%（卞正富，2000），因此，采煤沉陷地复垦在我国矿山土地复垦中占有举足轻重的地位。

我国矿产资源开采历史源远流长，早在古代就有土地复垦的成功事例，如浙江省绍兴古城的东湖风景名胜区。近代的土地复垦开始于 20 世纪 50～60 年代，大多为矿山企业或科研院所自发进行的复垦治理和研究，以恢复种植农业作物，获得人们生活所必需的粮食等，如 1957 年辽宁的桓仁铅锌矿对尾矿池井巷复垦造田；唐山马兰庄铁矿利用剥离的岩石和尾矿砂进行复垦治理等，使复垦率达到了 85%以上（胡振琪 等，2008）。

到 20 世纪 80 年代我国的土地复垦开始进入研究探索阶段，随着经济的快速发展，大规模的矿产开采，导致大量土地遭到破坏，生态环境影响越来越严重，耕地急剧减少，人地矛盾日益激化，土地复垦引起了国家相关部门和社会各界的广泛关注。原煤炭工业部积极参考学习国外先进的土地复垦技术，在 1983 年开始了用于农业、林业、建筑等综合目标的"塌陷区造地复田综合治理"项目研究，1984 年成立了复垦设计研究室，并分别在 1985 年和 1987 年召开了第一次和第二次全国土地复垦学术研讨会（胡振琪，2009）。矿山企业也进行了各种复垦尝试。位于微山湖的大屯矿区利用煤矸石和粉煤灰回填采煤沉陷地，作为公用和民用建设用地及农业用地，利用矸石修垫铁路和农村道路的路基，保证其正常通行，取得了非常显著的成效，并于 1988 年受到原国家土地管理局的高度认可和奖励；在未来计划继续利用煤矸石和粉煤灰及南水北调的土方充填治理沉陷地，与科研单位合作研究预加高建筑物基础的实践，设立复垦管理部门，继续推进土地复垦工作的进行（孟以猛，1990）。其中煤矸石和粉煤灰回填沉陷地，然后建设工业厂房、学校、房屋及种植树木等，在徐州、肥城、开滦、淮北等矿区得到了广泛的应用（刘天泉，1986）。

　　1989 年 1 月 1 日《土地复垦规定》的实施奠定了土地复垦的法律地位（胡振琪 等，2011），加上《土地管理法》《煤炭法》《环境保护法》《矿产资源法》等相关法律修订后，都对土地复垦做出了明确的规定，各省甚至部分城市和县区也都根据自身实际情况制定了相关的实施办法和管理办法（潘明才，2000），使土地复垦的法律、法规、政策办法等逐步趋于完善。相应的土地复垦研究和实践也在各个科研院所和矿山蓬勃发展起来。林家聪等（1990）阐述了矿山勘探初期、规划设计过程中、进行基础建设和生产阶段，直至最后开采结束报废各个环节中应当考虑的土地复垦工作。孙绍先等（1990）受原国家土地局委托，提出了土地复垦方案编制中应当包括的八部分主要内容和图件资料等，以促进土地复垦方案规划的编制实施。之后还介绍了在淮北矿区广泛应用并取得显著经济效益的三种复垦措施：①将沉陷地利用煤矸石分层充填、分层碾压，从而复垦为建筑用地；②利用粉煤灰充填沉陷地，并建设实验房屋或种植农业作物；③利用挖深垫浅等技术将沉陷地复垦治理为农林牧副渔综合利用的生态农业区，这一技术在高潜水位矿区应用广泛（孙绍先 等，1991）。卞正富等（1993）介绍了高潜水位土地复垦的采矿、降低潜水位、农业耕作和灌溉、台田 4 项基本措施，并指出应当将以上措施有机结合起来，以快速高效地治理沉陷地。胡振琪等（1994）在总结分析我国土地复垦多年科学研究和实践应用的基础上，提出了一种复垦管理的新模式，阐述了政府、农民、企业、科技部门在其中应当发挥的积极作用，以及制定相关的复垦规划，采取工程复垦和生物复垦措施，并在复垦后采取相应的验收工作，充分利用复垦收益继续进行复垦等，并对这种新模式的特点和可行性进行了详细的分析研究。崔继宪（1997）介绍了我国煤炭井工开采对地面的沉陷影响、露天开采形成的挖损影响及生产过程中产生的固体废弃物造成的压占影响现状，并预测了未来土地损毁趋势，指出对煤矿区土地的复垦治理具有非凡的意义，总结了当时采用的几种复垦技术，包括对沉陷地采取土地平整、修建梯田、矸石充填、粉煤灰充填等具体的工程技术，实行生态农业复垦、生物复垦、微生物复垦等综合性复垦措施，对复垦后的土壤注意采取侵蚀控制，以及从源头防治的煤炭清洁开采及沉陷控制技术。1998 年土地复垦与可持续发展课题组对淮北市十多年的土地复垦经验进行了总结归纳，分析了土地复垦所带来的经济、社会和生态三方面效益，指出对沉陷地的复垦治理利用"功在当代、利在千秋"，对区域生态环境和可持续发展意义重大。

　　进入 21 世纪，为了保障土地复垦的实地实施，我国分别在 2006 年发布了《关于加强生产建设项目土地复垦管理工作的通知》、2007 年发布了《关于组织土地复垦方案编报和审查有关问题的通知》，以及 2009 年颁布了《矿山地质环境保护规定》，其中都强化了矿区土地复垦方案的编制、审查工作，使其成为获得开采许可的必要组成部分。这些都不断推进着我国土地复垦工作快速向前发展，土地复垦的比例更是从最初的不到 1%，逐渐提高到 12%，后来更是达到了 25% 左右（王沈佳，2013），但相比于其他发达国家 80% 左右的复垦率，我国复垦率还有很大的提升空间。因此，为了对《土地复垦规定》进行修订和完善，2011 年 3 月 5 日国务院颁布实行了《土地复垦条例》，紧接着国土资源部也发布了《土地复垦条例实施办法》，进一步对《土地复垦条例》进行细化，共同推动土地复垦的快速前进，其中明确了"新账"和"旧账"的复垦主体，建立了土地复垦的监督、约束和激励机制（赵蕾，2011）。同时对土地复垦的科学研究和实践更是得到了长足的发展，国家进一步加强了对土地复垦研究的支持，包括国家高技术研究发展计划、国家自然科学基金、国家科技支撑计划等资助的 33 项科研项目，研究成果获得了多项国家科技进步奖和省部级科技进步奖，同时也培养了大量的土地复垦专业人才（胡振琪，2009）。

由于我国煤矿开采历史较长，土地复垦技术兴起较晚，为了偿还历史欠账和规避风险，过去的研究重点是稳沉土地的复垦技术。经过多年来对已破坏的采煤沉陷地的复垦实践，人们越来越认识到采煤沉陷地实现动态预复垦的重要性，它对于保护和利用珍贵的表土资源、节约复垦成本和缩短破坏土地废弃闲置时间与复垦工期，都具有重要作用，因此，未稳沉采煤沉陷地的复垦研究就开始成为我国新的热点课题，目前已取得了一些进展。

（1）充填复垦技术。利用粉煤灰、煤矸石等充填材料充填造地复田，方法简单、经济、安全。周锦华等（2003）在皖北煤电集团有限责任公司刘桥二矿进行了煤矸石充填复垦未稳沉沉陷地为建筑用地的研究；刘学山等（1999）利用山东石横电厂原有设备和增加的输灰管道，将灰水直接充填到沉陷区。应用此种方法时，一般要求沉陷区与电厂的距离不大于 10 km，而且应注意沉陷区的隔水层，确保灰水不会渗透到井下。唐山吕家坨矿曾在大安各庄未稳定沉陷区试验修建了一个总面积 925 亩的动态复垦贮灰场，利用充灰 2‰~3‰ 的自然坡度，通过调整排灰口位置，实现了分期分区复垦（唐山市土地管理局，1999）。

（2）非充填复垦技术。李太启等（1999）研究了皖北煤电集团有限责任公司刘桥二矿开采两层煤、沉陷地要经过二次沉陷才能稳沉条件下的动态复垦技术。具体措施是：采用上行开采方式，先对第一个煤层进行跳采。跳采结束后，地表已经过第一次沉陷，但沉陷深度一般不大，要么还未积水，要么也是仅发生季节性积水。此时，可根据预计最大下沉值和规划的沉陷地复垦利用方向开始进行一次标高到位的复垦，复垦最佳时机为跳采后中央隔离工作面回采之前。

杨伦等（1999）研究了珲春矿区的多煤层、采煤工作面布置及回采顺序可不受常规约束条件下的动态复垦技术。其具体措施是：根据地质报告在平原区下方选择最终累计采厚能达到最大的部位，首先开采选定范围内的各煤层或使该范围内始终较其外围超前开采 1~2 个煤层。该选定范围即为集中（超前）开采区，开采完毕后再自上而下开采采区周围的各煤层，使地表逐渐形成既大又深的下沉盆地，以利地表水的汇集。当地表开始下沉，但尚未积水以前，在盆地底部开挖适当大小和深度的积水塘，再通过开挖的明沟或埋管排水，降低下沉盆地内的水位。通过排水，把积水塘的水位控制在一定的高度以下，从而使下沉盆地内积水塘四周的水稻田能正常生长。

董祥林等（2002）通过对朱仙庄矿七采区地表沉陷现状的反复研究和充分论证，提出对矿区沉陷地实施梯次动态复垦。在采场布置上采取"中间开花，上下同步"。先行治理中段沉陷区，后从深部沉陷区块段取土回填浅部沉陷块段，实行滚动治理。其具体工艺是根据采区内煤层赋存状况，合理布局回采工作面，厚薄煤层交替配采，使地表沉陷呈梯次动态变化。依据沉陷区综合治理规划，对浅部块段先行复垦还田；中部块段休耕期同治，"挖深垫浅"，形成精养鱼塘，发展水面养殖业；深部块段用固体废弃物充填，覆土后用于开发经济林地。

周锦华（1999）对兖州矿区综采放顶煤条件下，土地沉陷预复垦的可行性及复垦方法进行了论证。提出了三种具体的预复垦治理方法。第一种方法是用煤矸石进行预复垦，治理沉陷地。该方法主要结合矿井煤矸石排放，在将要开采的煤层前 1～2 个月，预先剥离即将沉陷的土地。在采动的过程中，结合矿井正常排矸，将矸石运至复垦沉陷区充填，矸石充填至设计厚度后，再用预剥离表土进行复土；第二种方法是预推土筑坝，修建精养鱼塘。该方法应在综放开采前 2～3 个月进行，为提高预复垦效率，应根据综放工作面推进速度和农田两季作物时间，对一季作物将受影响的沉陷地进行分区、分期预复垦治理。第三种方法是预取土挖深垫浅复垦沉陷缓坡地或积水沉陷地。该方法是将即将沉陷的土地表土取出，堆存至未来沉陷的缓坡地，待未积水缓坡地形成并基本稳定后，再平整缓坡地使之恢复至原有标高，将缓坡地复垦为高产农田。

（3）边采边复技术。基于对传统末端复垦治理方式的反思，借鉴露天煤矿采矿–复垦一体化的技术方法，胡振琪等（2013a）提出了井工煤矿边采边复技术的概念和内涵，即综合考虑地下煤炭开采措施、地面沉陷影响和复垦措施，从而实现地下煤炭开采与地面复垦的一体化；在已有地下煤炭开采造成的地面沉陷影响的情况下，阐述了边采边复的基本原理和操作步骤；研究了边采边复技术应用实施的复垦位置和范围、复垦时机、复垦标高三大关键技术；通过淮北煤矿实例规划验证了边采边复的技术优点；最后分析了边采边复适用的 5 大高潜水位煤炭基地，并对其应用效果进行了初步测算。

肖武（2012）提出了充分考虑地下煤炭开采和地面复垦的井上下耦合边采边复技术，分析了地下煤炭开采系统优化、地形因素和流域控制方法在其中发挥的作用，应充分利用地形特点和流域控制理念，对地下煤炭开采系统进行优化设计，从而尽可能地减少地面沉陷影响，提高复垦效率。王凤娇（2013）对单一采区 4 种不同开采顺序下形成的采煤沉陷地，进行了边采边复规划设计，在综合考虑复垦耕地率和土方投资的基础上，首先优选出固定开采顺序下的最佳边采边复方案，继而对比分析了 4 种不同开采顺序下边采边复方案的复垦效果，得出顺序跳采–顺序回采的开采顺序下，当开采第一个中间隔离工作面时，为最优的边采边复方案。刘坤坤（2014）模拟构建了 4 种不同的地表形态，并对不同地形情况下的采煤沉陷地进行了边采边复规划，表明地面原始地形对地下煤炭开采后，给地面带来的沉陷影响会有很大差异，从而利用边采边复技术复垦后的效果也会有所不同。

对于具体如何在地下煤炭开采过程中进行复垦，研究实践主要集中在建设用地复垦、选择最佳的复垦时间、采取适当的复垦标高等方面。

压煤村庄搬迁是地下煤炭开采沉陷带来的另一个难题（杨耀淇，2014），因此将采煤沉陷地复垦为搬迁新村用地的研究实践较多，如姜升等（2009）研究实施了动态沉陷地上新建搬迁村庄的规划设计，重点应当对房屋进行地基加固、抗变形设计，并采取相应的建筑与结构措施等，以保证新村建设的成功和人民的生命财产安全。赵海峰等（2010）研究了利用煤矸石充填动态沉陷地，作为新村建设用地的技术，指出应选择在未来沉陷影响较轻的区域进行充填，避免未来沉陷变形太大；其次不要在容易出现变形的复垦边界上建设建筑物；建筑物需采用相应的抗变形措施。

由于对未稳沉的沉陷地进行复垦治理，何时进行复垦直接关系复垦工程的成败和效益，对最佳复垦时间的研究较多，李太启等（1999）根据刘桥二矿具体地下煤炭开采情况，预计分析了煤炭开采对地面的沉陷积水影响，选择在中间隔离工作面开采过程中，地面未出现沉陷积水时，提前对地面进行相应的复垦治理，从而减少土地荒废，方便复垦机械施工，提高土地复垦效益。赵艳玲等（2008）在分析超前复垦时机相关影响因素的基础上，建立了华东地区单一工作面开采下，超前复垦表土剥离时机的数学计算模型，同时考虑雨季、农时、施工季节等实际情况最终确定最佳复垦时机，并通过实例分析计算，验证了该模型的适用性。肖武（2012）拓宽了边采边复技术复垦时机的含义，提出广义的复垦时机包括表土剥离时机、表土回填时机、土地平整时机、硬化工程时机等；基于单元法确定了表土剥离启动距、实时表土剥离角（距）；根据耕地不同功能设施耐沉陷移动和变形的不同，建立不同复垦时刻施工敏感区确定模型。胡家梁（2012）模拟研究了单一工作面开采下，8 个不同复垦时刻的边采边复方案，并对不同方案的复垦耕地率、工程量和投资等进行了测算，通过对比分析不同方案的复垦耕地率和复垦投资，得出当工作面推进方向达到充分采动时，为最佳复垦时机。

复垦标高是对未稳沉的沉陷地复垦时的另一个关键点，赵艳玲（2005）将动态预复垦的复垦标高分为两个方面：①复垦工程的最终高程——地面稳沉后的标高，并详细研究了耕地和水产养殖用地的标高；②动态预复垦施工标高，规划时需同时考虑后续沉陷和土层或充填材料的松散性。付梅臣等（2004）分析指出预复垦时，地面的倾斜方向要和之后沉陷方向相反，以利于沉陷后的土地平整。李树志等（2007）提出了以概率积分法为依据的动态预复垦专利：首先，通过预测区域内最终的下沉等值线，将受影响区域划分为小于 2 m、2～4 m、大于 4 m 三个区域；其次，将上述三个区域以 10～20 m 为边长分别构建矩形或者方形的施工参数计算区域；最后，通过有无煤矸石或者表土充填物，计算各个区域的复垦标高。韩奎峰等（2009）将数字高程模型引入矿区动态复垦规划设计中，指出动态复垦时的标高需考虑超前性，结合地下开采沉陷影响，规划为中间高两边低的"山峰"形状，并进行了挖填土方量的计算。陈慧玲（2016）模拟研究了单一煤层 6 个工作面开采下，理想状态和先堆积再平整的复垦标高，并进行了三维展示。

综合以上分析可以看出，近年来随着地下煤炭资源的不断开采，对未稳沉采煤沉陷地的复垦研究和探索实践逐渐增多，特别是对井工煤矿边采边复技术的研究越来越广泛，但仍有以下几方面需要进行深入的研究。

（1）对于单一工作面、单一煤层开采条件下的地面沉陷影响和边采边复规划设计较多，而对于多煤层开采下地面沉陷影响特征及应当采取的边采边复措施的研究探索较少。多煤层重复开采对地面造成的沉陷影响复杂多变，从而为边采边复的规划设计带来更多的难题，在多煤层开采下如何确定最佳的复垦布局，以及复垦时应当采取的施工标高，缺乏科学合理的规划设计依据。

（2）现阶段的边采边复规划设计，大多是在地下煤层开采计划确定的情况下，根据将要形成的沉陷影响，提前在地面采取相应的复垦措施。那么考虑地面保护和复垦需求，如何利用区域有利地势及河流、沟渠等分布情况，结合地下煤层赋存条件，有意识地规划调整地下开采方案，从而更好地保护土地、提高复垦效益，需要进行更为细致的研究。

第 2 章　高潜水位煤矿区概况与土地生态损毁特征

如前所述，两淮基地、鲁西（兖州）基地、河南基地、冀中基地、蒙东基地（东北部）5 大煤炭基地（涉及 8 省）中大部分地区为高潜水位地区，地下煤炭资源的开采导致地表沉陷后极易出现积水。同时，该区域为我国的粮食主产区域，耕地保护任务重，因此，该区域的采煤沉陷地治理难度最大。考虑集中连片，本章将重点关注除蒙东基地（东北部）以外的 4 大煤炭基地，涉及河北省、河南省、山东省、安徽省和江苏省中东部 5 省的采煤沉陷区。

2.1　高潜水位煤矿区的分布与地质采矿条件

高潜水位矿区主要分布于我国中东部平原的河北省、河南省、山东省、安徽省和江苏省，地理坐标介于 29°41′～42°40′N、110°21′～122°43′E。中东部 5 省煤炭资源丰富，是我国重要的煤炭资源生产基地。据《煤炭工业"十二五"发展规划》，区内包括 4 个大型煤炭生产基地（26 个矿区），分别为河北省的冀中基地、河南省的河南基地、安徽省的两淮基地和山东省的鲁西基地，4 大基地含煤面积占全国 14 个煤炭基地的 9.96%，煤炭资源保有储量占全国煤炭基地的 9.55%，为保障国家能源安全和经济社会快速发展做出了重要贡献（杨光华，2014）。该区域主要是黄淮海冲积平原，一般海拔不到 50 m，且地下水位较高，煤炭资源的规模开采已经导致地表耕地严重积水。

在中东部 5 省中，山东省和安徽省的高潜水位含煤区面积占本省含煤区比例分别达到 57.74% 和 39.04%（表 2.1），两省采煤沉陷积水现象特别严重。山东省兖州矿区、济宁矿区、枣滕矿区，安徽省淮北矿区、淮南矿区、皖北矿区、国投新集矿区，江苏省徐州矿区、丰沛矿区，河南省永夏矿区及河北省开滦矿区大型国有矿区的持续大规模煤炭开采导致地表耕地积水范围广、沉陷深度大，耕地面积已经并将持续减少。

表 2.1　中东部 5 省高潜水位含煤区面积及比例

研究区	高潜水位含煤区		占本省含煤区比例/%	包含矿区
	名称	面积/km²		
河北省	京唐含煤区	4 786.96	6.88	开滦矿区
河南省	徐淮含煤区	3 453.45	7.49	永夏矿区
安徽省	徐淮含煤区	19 221.81	39.04	淮北矿区、淮南矿区、皖北矿区、国投新集矿区
山东省	鲁西南含煤区	20 179.22	43.32	兖州矿区、济宁矿区、枣滕矿区、巨野矿区
	鲁中含煤区	5 416.38	11.86	新汶矿区
	徐淮含煤区	1 094.42	2.57	—

研究区	高潜水位含煤区		占本省含煤区	包含矿区
	名称	面积/km²	比例/%	
山东省	小计	26 690.02	57.75	—
江苏省	徐淮含煤区	2 432.20	9.80	徐州矿区
	鲁西南含煤区	1 976.51	7.43	丰沛矿区
	小计	4 408.71	17.23	—
合计		58 560.95	24.15	13 个矿区

中东部地区煤炭资源开采历史悠久,开发强度高、时间长、开采深度大、开采最为充分。绝大部分矿区可采煤层数量多、累计煤层厚度大、煤层倾角小、地表下沉系数大(厚松散层煤层初采时开采沉陷下沉系数接近或大于 1),多煤层重复开采导致地表耕地沉陷面积及深度都很大,并且地表耕地长期处于动态沉陷过程中。根据各个矿区介绍资料整理得出东部 5 省高潜水位矿区可采煤层数量及厚度见表 2.2。

表 2.2　中东部 5 省高潜水位矿区可采煤层数量及厚度

矿区	可采煤层数/个	可采煤层总厚度/m	矿区	可采煤层数/个	可采煤层总厚度/m
开滦矿区	3~5	14~15	济宁矿区	7	10
永夏矿区	4	6	枣滕矿区	10	12
淮北矿区	3~12	15	巨野矿区	6~8	12
淮南矿区	9~18	25~34	新汶矿区	9	12
皖北矿区	4	15	徐州矿区	9	15
国投新集矿区	24	22	丰沛矿区	4	10
兖州矿区	8	10~14			

2.2　高潜水位煤矿区的自然经济特征

2.2.1　地理位置与行政区划

高潜水位矿区主要分布于我国中东部平原的河北省、河南省、山东省、安徽省和江苏省,东临渤海与黄海,海岸线总长 4 465 km,占全国海岸线总长的 24.8%,下辖 71 个地级市,土地资源总面积 76.08 万 km²,占全国总面积的 7.92%(杨光华,2014)。

2.2.2　地形地貌

高潜水位矿区地貌复杂多样,山地、高原、平原、丘陵、盆地等类型齐全,地形起伏较大,最高海拔 2 882 m,位于河北省的小五台山,河北省北部及河南省西部海拔较高,其余区域均以平原为主,平原海拔一般在 50 m 以下,安徽省内一般小于 5 m,东部沿海平原普遍在 10 m 以下，平原总面积为 36.7 万 km²，占全国平原总面积的 32.0%；山地丘陵面积为 30.2 万 km²，占全国山地丘陵总面积的 31.6%，并且形成了独特的地貌景观，例如山东境内的泰山、安徽境内的黄山、河南境内的云台山和嵩山等。

2.2.3　气候状况

中东部 5 省宏观上属于暖温带–温带大陆性季风气候，由于纬度跨度较大，不同省份气候差异也比较明显。河北省位于中东部 5 省的最北端，属于温带大陆性季风气候，该地区四季分明，春季多风沙、夏季炎热多雨、秋高气爽、冬季寒冷少雪，全省年均降水量分布极不均衡，呈现东南多西北少的格局。安徽省位于东部 5 省最南端，由于该地区处于中纬度地带，随着季风的转变，气候也呈现明显的季节变化，特别是夏季降水丰沛，占年降水量的 40%～60%。中东部 5 省年累计降水量和平均温度均呈现南多北少的空间格局，安徽省南部的年累计降水量明显较高，最高值达到 2 209 mm；安徽省和江苏省的平均温度沿长江流域分布明显较高，这不仅与该地区的空间位置有关，还与该区域的地形相关，盆地周围高山环绕，热量不易散失，所以气温较高。

2.2.4　土地利用状况

据 2010 年完成的第二次全国土地调查数据，中东部 5 省土地资源总面积 76.08 万 km²，占全国总面积的 7.92%，其中耕地面积 32.95 万 km²，占全国耕地总面积的 24.34%；林地面积 14.91 万 km²，占全国林地总面积的 5.87%；草地面积 4.09 万 km²，占全国草地总面积的 1.42%；园地面积 2.53 万 km²，占全国园地总面积的 17.07%；城镇村及工矿用地面积 7.28 万 km²，占全国城镇村及工矿用地总面积的 25.32%；交通运输用地 2.13 万 km²，占全国交通运输用地总面积的 25.32%；水域及水利设施用地面积 8.57 万 km²，占全国水域及水利设施用地总面积的 20.09%（刘纪远 等，2014）。值得注意的是，该研究区的面积占我国总面积的 7.92%，而耕地、城镇村及工矿用地、交通运输用地、水域及水利设施用地均占全国相应地类面积的比例在 20% 以上，说明了该区域耕地面积大、人口居住密集、交通较为发达，是我国经济社会发展较好的地区。

图 2.1 为中东部 5 省各土地利用类型所占比例，耕地占中东部 5 省土地总面积的比例（地垦殖率）为 43.3%，林地占中东部 5 省土地总面积的比例（林地覆盖率）为 19.6%。该地区的地垦殖率比全国平均地垦殖率高出 29.21 个百分点，也再次证明了中东部 5 省是我国重要的粮食基地，为我国粮食生产做出了重要贡献。

从中东部 5 省土地利用分布状况看，中东部 5 省腹地主要以耕地为主，在河北北部、河南西部、安徽西南部等地形起伏较大的地区以山地和丘陵为主，主要分布的土地利用类型是林地和草地；水域主要分布在"两河三湖"，两河指我国第一大河（长江）和我国第二大河（黄河），三湖指太湖、洪泽湖、巢湖三大淡水湖，水域及水利设施面积占中东部 5 省总面积的 11.27%，比全国水域面积占比高出 6.82 个百分点，说明了该区域水资源丰富，有利于农作物的生长，适宜农业的发展。

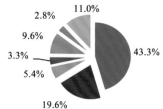

■ 耕地面积　　　　■ 林地　　　　■ 草地
■ 园地　　　　■ 城镇村及工矿用地　　　■ 交通运输用地
■ 水域及水利设施用地

图 2.1　中东部 5 省各地类所占比例

中东部 5 省人口密度大、耕地面积广、土壤肥沃，是我国重要的农田保护区。境内的华北平原是中国第二大平原，是我国重要的棉、粮、油生产基地，棉花和粮食产量分别占全国总产量的 40%和 18.4%。据统计年鉴数据，研究区土地面积占全国 7.92%，养育了占全国 29.72%的人口，耕地面积占全国 24.34%，粮食产量却占全国的 33.99%（表 2.3），所以该区域为保障我国农产品的供给和粮食安全做出了巨大贡献（胡振琪 等，2008）。

表 2.3　中东部 5 省耕地与粮食产量状况（胡振琪 等，2008）

区域		土地		人口		耕地		粮食	
		面积 /10^4 km^2	所占比例 /%	数量/10^4	所占比例 /%	面积 /10^4 km^2	所占比例 /%	产量/10^4 t	所占比例 /%
中国		960.00	100.00	136 782	100.00	135.38	100.00	60 702.61	100.00
研究区域	安徽省	14.01	1.46	6 083	4.45	5.91	4.37	3 415.83	5.63
	河南省	16.70	1.74	9 436	6.90	8.19	6.05	5 772.30	9.51
	河北省	18.85	1.96	7 384	5.40	6.56	4.85	3 360.17	5.54
	山东省	15.79	1.64	9 789	7.16	7.67	5.67	4 596.60	7.57
	江苏省	10.72	1.12	7 960	5.82	4.62	3.41	3 490.62	5.75
	合计	76.07	7.92	40 652	29.72	32.95	24.34	20 635.52	33.99

2.2.5　人口与经济状况

据国家统计年鉴数据，截至 2010 年底，中东部 5 省共有常住人口 40 013 万人，占全国总人口的 29.72%，平均人口出生率为 11.76‰，平均人口死亡率为 6.41‰，平均人口自然增长率为 5.35‰，比全国平均人口自然增长率高 0.56 个千分点。中东部 5 省的总面积只占全国总面积的 7.92%，由此可见，中东部 5 省利用 7.92%的土地养活了全国 29.84%的人口。

如图 2.2 所示，2000～2015 年，山东省、江苏省、河北省人口均平稳增长，虽然河南省、安徽省人口稍有波动，但中东部 5 省人口整体呈现上升趋势，其中山东省 15 年内增加了 849 万人，河北省增加了 751 万人，江苏省增加了 649 万人，安徽省增加了 51 万人，河南省减少了 8 万人；人口的变化不仅受区域内人口出生率和死亡率的影响，还与当地经

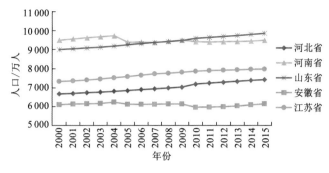

图 2.2　2000～2015 年中东部 5 省人口变化

济发展状况有关,经济的发展可以带动区域间人口的流动,从而引起人口的变化。

据国家统计年鉴数据,截至 2010 年底,中东部 5 省生产总值为 13.65 万亿元,占全国生产总值的 33.38%,其中第一、第二、第三产业产值分别是 1.37 万亿元、7.34 万亿元、4.95 万亿元,其比例为 10.0:53.7:36.3,其中第一产业中农、林、牧、渔的比例为 58.9:2.0:29.7:9.4,说明中东部 5 省的第一产业形成了以农业为主、林牧渔业为辅的发展格局,该地区的农业以种植业为主,2010 年粮食产量为 19 064.26 万 t,占全国粮食总产量的 34.89%,而该区域的面积只占全国的 7.92%,换言之,该区域利用全国 7.92%的土地生产了全国 34.89%的粮食,在养活生长在该区域的占全国 29.84%人口的基础上,还可以进行粮食的输出供给,为保障国家粮食供给贡献了力量,在国民经济发展过程中发挥了重要作用。

根据 2010 年全国 GDP 公里网格数据统计的东部 5 省各地级市的经济发展状况可知,江苏和山东等沿海市域的经济发展状况较好,而安徽、河南等内陆地级市经济较为落后,1 000 亿元以下的地级市全部分布在安徽、河南、河北的内陆地级市,而 2 000 亿以上的地级市只有两个分布在安徽和河南境内,其余大多分布在山东、江苏等东部沿海地区,这也从一定程度上体现了我国经济发展的不平衡性。

2.3　高潜水位煤矿区的开采沉陷与土地生态损毁特点

2.3.1　地表潜水位高,沉陷土地常年积水面积大

中东部平原矿区地表潜水位高,潜水位平均埋深介于 1～5 m,其中河北省开滦矿区潜水位埋深 1～3 m,河南省永夏矿区潜水位埋深 1～4 m,安徽省淮北、淮南、皖北等矿区潜水位埋深 1.5～3.5 m,江苏省丰沛矿区、徐州矿区潜水位埋深 1.0～1.5 m,兖州、济宁、枣滕等矿区潜水位埋深 1.5～3.0 m（鹿士明,2002）（表 2.4）。

表 2.4　高潜水位矿区潜水位埋深

研究区	含煤区	所含矿区	潜水位平均高度/m
河北省	京唐含煤区	开滦矿区	1～3
河南省	徐淮含煤区	永夏矿区	1～4

研究区	含煤区	所含矿区	潜水位平均高度/m
安徽省	徐淮含煤区	淮北矿区	1.5～3.5
		淮南矿区	
		皖北矿区	
		国投新集矿区	
江苏省	鲁西南含煤区	丰沛矿区	1～1.5
	徐淮含煤区	徐州矿区	
山东省	鲁中含煤区	新汶矿区	3～5
	鲁西南含煤区	兖州矿区	1.5～3.0
		济宁矿区	
		枣滕矿区	
		巨野矿区	

注:根据相关文献和各个矿区介绍资料整理得出

　　在地下煤炭开采影响波及地表以后,受采动影响的地表从原有标高向下沉降,在采空区上方地表形成一个比采空区大得多的沉陷区域,即下沉盆地(下沉深度大于 10 mm 的区域);由于平原矿区潜水位高,地表下沉后更加抬高了潜水位,使地下水埋深下降,从而使该区域产生季节性积水或常年积水,地表由采矿前的陆生生态环境演变为采矿后的水生生态环境(肖武 等,2014)。积水后在地表形成深浅不等、大小不一的各自封闭式的沉陷水面,其中部深、四周浅,类似于天然湖泊,水面面积从几亩到数千亩不等,积水深度与煤层开采厚度、潜水位标高、外河水位等因素有关。

　　安徽省淮南、淮北和山东省济宁、菏泽等地,开采沉陷导致耕地积水尤为严重。以安徽省淮南矿区为例,据多年的监测资料表明,采煤下沉 1.5～2.0 m,由于降水汇集和潜水出露地表开始形成常年积水区,当地表沉陷不明显时就会因为潜水位的季节性变化形成季节性积水区。随矿井的持续开采,地表进一步沉陷,沉陷区面积不断扩大,在外来水源排入或大气降水的作用下,季节性积水区大部分演变为常年积水区。据开采沉陷预测分析,随淮南矿区煤层群不断重复开采导致积水区面积占沉陷区面积的比重由 2012 年的 33%增加到 2050 年的 97%,最大积水深度从 2012 年的 10 m 增加到 2050 年的 20 m(表 2.5)。

表 2.5　淮南矿区不同年份采煤沉陷面积、积水面积、深度情况表

年份	塌陷面积/km²	积水面积/km²	最大积水深度/m	积水面积占塌陷面积比重/%
2012 年	168.0	56.0	10.0	33
2020 年	186.9	112.6	13.3	60
2030 年	275.2	195.4	16.2	71
2050 年	516.4	502.3	20.0	97

据统计,淮北市至 2012 年累计沉陷地 28 万亩,每年新增沉陷土地 0.8～1.0 万亩,预计至 2020 年新增沉陷地面积 23 万亩(深层沉陷面积 5 万亩,其中 80%为耕地)。其中,淮北矿区已形成的采煤沉陷地中,常年积水区面积占 35%,季节性积水区面积占 34%,仍可耕种的轻度减产区面积占 31%,在采煤沉陷地中耕地面积占 80%。

山东省济宁市至 2012 年累计沉陷土地 48 万亩,绝产耕地面积 30 万亩,减产耕地 17 万亩,每年新增沉陷地 4 万亩,预计至 2020 年沉陷地面积达 75 万亩,到 21 世纪下半叶沉陷地面积 400 万亩。菏泽市巨野矿区龙固矿、彭庄矿、郭屯矿已形成采煤沉陷地 1.03 万亩,其中常年积水 1 854 亩,季节性积水 2 100 亩;今后,巨野矿区每年新增采煤沉陷地 1.5 万亩,其中常年积水或季节性积水达 5 000 亩,2020 年积水面积 5 万亩,2025 年累计沉陷土地 19.4 万亩,闭矿时积水面积近 60 万亩,形成沉陷地近百万亩,占巨野矿区面积的 87%,将造成 32 万农民无地可种(Huang et al.,2014)。

2.3.2　多煤层重复开采,地表土地沉陷累计深度大

东部高潜水位矿区主要位于黄淮海冲积平原地带,地势平坦,海拔高度一般在 20～50 m,坡降一般为 1/5 000～1/10 000。东部地区煤炭资源开采历史悠久,开发强度高、时间长、开采深度大、开采最为充分。绝大部分矿区可采煤层数量多、累计煤层厚度大、煤层倾角小、地表下沉系数大,多煤层重复开采导致地表耕地沉陷面积及深度都很大,并且地表耕地长期处于动态沉陷过程中。

安徽省淮南矿区目前已有 110 余年的开采历史,可采煤层 9～18 层,可采煤层总厚度 25～34 m,平均厚度达 30 m,潘谢新矿区煤层倾角一般小于 10°,最大沉陷深度达 19.8 m,皖北地区每开采 1 m 深度煤炭地面沉陷 0.6～0.7 m。

山东省兖州、济宁等矿区煤炭开采始于 20 世纪 60 年代末,矿区内煤层赋存较厚,可采煤层在 7～10 层,大部分可采煤层总厚度达 8～12 m,较薄煤层也在 2～3 m,煤层倾角平均在 4°左右;山东省菏泽市巨野矿区 3 煤层厚 6～8 m,下沉系数 0.8～0.9,沉陷深度普遍在 4.8～7.2 m,煤层倾角平缓,一般 5°～10°。

江苏省徐州矿区、河北省开滦矿区开采历史均长达 100 多年,徐州矿区主要可采煤层 9 层,可采煤层总厚度达 15 m 左右。河北省开滦矿区主要可采煤层总厚度在 14～15 m。

大部分矿区属近水平厚松散层煤层群开采,导致地表多次重复沉陷,长达几十年沉陷区不能稳定,导致开采时间、沉陷时间、稳沉时间都很长,地表耕地累积沉陷深度少则 2～5 m,多则 20～30 m。

2.3.3　充填物料和表土缺乏,常年积水耕地无法 100%复耕

随着采煤沉陷地的日益增多,危害越来越大,引起了社会各界的高度重视,各级政府及自然资源管理部门高度重视,煤炭企业积极落实复垦责任,从落实科学发展观、构建和谐社会的高度出发,将采煤沉陷地治理作为改善生态环境、保障社会稳定、促进和谐发展的大事实事予以抓紧抓实,投入了大量人力、物力和财力,取得了较好的经济、社会和生

态效益。但是,受充填物料和覆土及复垦成本的影响,积水耕地无法100%复耕。

1. 从现有治理效果来看复耕率

据不完全统计,截至2012年,济宁市累计投入治理资金13.2亿元,治理面积22.9万亩,恢复耕地13.6万亩,耕地恢复率59%;菏泽市到2025年累计沉陷土地19.4万亩,治理面积15.7万亩,治理率81%,恢复耕地11.9万亩,形成7.5万亩水面;淮南市累计投入治理资金21亿元,治理面积3.3万亩;淮北市治理15万亩,恢复耕地8.1万亩,水域用地1.25万亩,养殖水面2.2万亩,预计到2020年综合治理利用沉陷地22万亩;河南煤业化工永煤公司累计沉陷地5万亩,累计投入治理资金15亿元,治理面积1.16万亩,恢复耕地7 810亩,养殖水面3 347亩;江苏省至2008年累计治理面积11.22万亩,耕地复垦率50%。从已治理成果可以看出沉陷区耕地恢复率有限,已治理沉陷地中耕地恢复率一般在50%~70%,未治理沉陷区域因沉降幅度大、地表长期积水,且受平原区填充物严重不足的影响,根本无法复垦为耕地,多作为养殖水面等加以利用,不可避免地导致沉陷区内耕地数量的大量减少。

2. 从复垦技术来看复耕率

采煤沉陷地复垦能恢复部分耕地,在一定程度上缓解矿区人地矛盾,为此,中东部地区土地复垦研究早就引起了各方学者的高度重视,已产生了以充填复垦、非充填复垦为代表的稳沉沉陷地复垦技术和以边采边复为代表的非稳沉沉陷地复垦技术。充填复垦技术和非充填复垦技术主要针对稳沉后的沉陷地,利用土壤和容易得到的矿区固体废弃物,如粉煤灰、煤矸石、尾矿渣、沙泥、湖泥、水库库泥和江河污泥等来充填采煤沉陷地,利用疏排法、挖深垫浅法等进行非充填复垦,使沉陷地恢复到设计地面高程来综合利用土地。但这些传统复垦方式普遍存在耕地恢复率低、土壤生产力不高、成本高、施工难度大、复垦时间长、可能造成土壤二次污染等缺陷。①疏排法、挖深垫浅等非充填复垦技术复垦时间长、耕地恢复率低;②煤矸石、粉煤灰、尾矿渣充填复垦需要大量的复垦材料,这些材料的运距大、经济成本高,且目前矿区已基本将煤矸石、粉煤灰等工业废弃物加以资源化利用,已没有足够的可供充填的煤矸石或粉煤灰。特别地,煤矸石等填充物所含的一些化学成分或重金属污染物可能造成土壤的二次污染,影响农作物的生长和农产品质量,《土地复垦条例》亦明确规定"禁止将重金属污染物或者其他有毒有害物质用作回填或者充填材料",现在各地基本不将煤矸石等作为充填材料进行沉陷地耕地复垦;③沙泥、湖泥、水库库泥和江河污泥等充填物数量少、多用作就近沉陷地复垦,且复垦成本高、难度大。以边采边复为代表的非稳沉沉陷地复垦技术虽然在理论上能大大提高耕地恢复率,但因复垦技术体系复杂目前尚处于研究阶段,只在山东、安徽等个别矿区进行了试验,大面积推广应用还需很长一段时间。

3. 从重点区域采煤沉陷地治理规划来看复耕率

《济宁市采煤塌陷地治理规划(2010—2020)》将引黄充填和湖泥充填等充填新技术

引入济宁市采煤塌陷稳沉地治理中,依据各县市区采煤塌陷地特点,充分利用河泥及湖泥等充填物分区域对塌陷地进行充填复垦,以最大限度地恢复耕地。北部引黄充填治理区利用距离黄河较近,黄河泥沙丰富的特点,规划采用引黄充填方式进行治理,规划期末耕地恢复率达到 91%;中东部生态治理区依据采煤塌陷地积水面积大、深的特点,规划打造矿山生产–塌陷地治理技术展示–休闲娱乐–度假为一体的旅游新亮点,对靠近城区的塌陷地,利用煤矸石、粉煤灰及城市建设垃圾等进行充填复垦,规划作为建设用地,以解决城区发展用地难题,规划期末耕地恢复率仅为 40%;南部沿湖湖泥充填治理区,在保护微山湖生态功能的前提下,采用抽湖底淤泥的方式对塌陷地进行充填复垦,规划期末耕地恢复率为 64%。从总体上来看,规划期内济宁市治理采煤塌陷地 25 324 hm²,恢复耕地 14 829 hm²,耕地恢复率为 59%(表 2.6)。

表 2.6　济宁市采煤塌陷地治理耕地恢复率情况

治理区域	治理方式	治理目标/hm²	恢复耕地/hm²	耕地恢复率/%
北部引黄充填治理区	引黄充填	5 659	5 176	91
中东部生态治理区	生态治理	12 039	4 772	40
南部沿湖湖泥充填治理区	湖泥充填	7 626	4 881	64
合计	—	25 324	14 829	59

《菏泽市巨野矿区采煤塌陷地治理总体规划(2011—2025)》将边采边复技术引入非稳沉塌陷地治理中,规划定位巨野矿区为"中国东部矿区采煤塌陷地边开采边治理的样板",将边采边复治理工程作为实现资源与环境协调开采,煤炭与粮食兼得,经济发展与生态文明并举的重要举措。边采边复采煤塌陷地治理工程,涉及太平镇、龙堌镇和田桥镇,主要治理龙堌煤矿的采煤塌陷地。该工程规划总治理规模 1 828 hm²,恢复耕地面积1 010 hm²,耕地恢复率 55%(表 2.7)。

表 2.7　菏泽市巨野矿区边采边复治理耕地恢复率情况

重点项目名称	涉及乡镇	治理目标/hm²	恢复耕地/hm²	耕地恢复率/%
龙堌煤矿近期重点治理项目	龙堌镇	918	555	60
龙堌煤矿中期重点治理项目	龙堌镇、太平镇	910	455	50
合计	—	1 828	1 010	55

《安徽省皖北六市采煤塌陷区综合治理规划(2012—2020 年)》预计 2020 年末,皖北六市塌陷面积将达到 101 208.52 hm²,通过对塌陷区农用地和农村居民点用地复垦,预计可恢复耕地 57 786.21 hm²,复垦耕地率达 57.1%,余下区域将复垦为林地、建设用地、精养鱼塘或水域等。治理规划中,将塌陷区积水深度小于 1.5 m 的区域作为重点治理区,优先治理成耕地或建设用地,1.5～3.0 m 的区域作为一般治理区,优先发展渔业养殖,大于3.0 m 的区域作为简易治理区,原则治理为湖泊、水库和旅游综合发展区域。

综合以上分析和治理规划实例可以看出,东部平原矿区因潜水位高和多煤层重复采动,地表耕地积水范围广、深度大,积水耕地复垦具有难度大、成本高、复垦周期长等特点,在这种情况下,受平原区充填物料和表土缺乏的影响,无论采取何种复垦技术,积水耕地恢复率都难以达到100%,矿区耕地面积减少趋势无法从根本上得到解决。

2.3.4 耕地丧失、村庄搬迁,人地矛盾突出

由于中东部矿区是粮食主产区,耕地资源丰富,人口也稠密,村镇密度大,煤炭资源压覆量大,村庄搬迁极其困难。压煤村庄的存在导致被村庄压占的煤炭资源不能得到及时的开采,不仅延迟了煤炭开采计划,降低矿山企业的收益,而且极大地浪费了煤炭资源。同时,压煤村庄搬迁中选址困难、成本高、周期长等也是引发矿地矛盾的导火索之一。由于搬迁不及时,周围煤炭资源的开采会导致村庄房屋出现裂缝、道路、电力等基础设施受损,危及当地居民的生命财产安全。

因此,高潜水位矿区是三农、四矿问题的集中地,其中耕地损毁、压煤村庄搬迁更是加剧了当地的人地矛盾。

第 3 章　边采边复技术原理与体系

我国真正重视土地复垦与生态修复始于 20 世纪 80 年代,原煤炭工业部在 20 世纪 80 年代初期借鉴国外的土地复垦经验提出了采煤沉陷地造地还田问题,1989～1991 年,国家土地部门先后在全国设立了多个矿区土地复垦试验示范点,这期间,中东部高潜水位矿区的土地复垦研究最具代表性。经过近 30 年的研究与实践,初步形成了以充填与非充填复垦为主要技术手段的采煤沉陷地治理技术。但是,目前所采取的复垦与治理措施都属于"末端治理",即"先破坏,后复垦",沉陷稳定后再采取措施,导致高潜水位矿区大面积耕地已经沉入水中、耕地恢复率低、复垦弹性差、环境长期恶化等问题。为此,有学者开始探讨未稳沉沉陷地的复垦技术,如"动态复垦""动态预复垦"等,笔者是在前期研究的基础上,通过多年的研究和示范区实践,提出"边采边复"技术,本章将介绍边采边复的概念与基本原理、支撑基础理论和关键技术。

3.1　边采边复的概念与基本原理

3.1.1　边采边复的概念与内涵

边采边复(concurrent mining and reclamation,CMR),也可称"边开采边修复"或"边开采边复垦",即通过开采计划、修复措施与特殊地物保护需求的协同,实现井工矿山采-复一体化。

边采边复强调开采工艺与复垦(修复)工艺的充分结合,以保证按采矿计划同步进行。其基本特征是以"采矿与修复的充分有效结合,也即采矿修复一体化"为核心,以"边采矿,边修复"为特点,以"提高土地恢复率、缩短修复周期、增加修复效益"为表征,并以"实现矿区土地资源的可持续利用及矿区可持续发展"为终极目标。

边采边复的基本内涵为地下采矿与地面复垦(修复)的有机耦合:一方面,基于既定的采矿计划,在土地沉陷发生之前或已发生但未稳定之前,通过选择适宜的复垦(修复)时机和科学的复垦(修复)工程技术,实现恢复土地率高、复垦(修复)成本低和复垦(修复)后经济效益、生态效益最大化;另一方面,通过优选采矿位置、采区和工作面的布设方式、开采工艺和地面复垦(修复)措施,实现土地恢复率高和地表损伤及复垦(修复)成本的最小化。

"预复垦"、"超前复垦"、"动态复垦"、"动态预复垦"与"边采边复"既有联系,又有区别。"预复垦"、"超前复垦"和"动态复垦"、"动态预复垦"往往是考虑既定采矿计划前提下的地面复垦(修复)措施,而边采边复技术从整个矿山开采过程的角度出发,不仅提出何时、何地、如何复垦(修复),而且指导整个采矿生产,是地上和地下措施的有机耦合。因此，边采边复的概念和内涵比"预复垦"、"超前复垦"和"动态复垦"更大、更深刻，但"预复垦"、"超前复垦"和"动态复垦"等已有研究为开展边采边复研究奠定了基础，也是边采边复技术体系的重要组成部分。现阶段边采边复主要还是基于井下采矿工艺和时序进行的复垦（修复）方案的优选，未来将逐渐过渡到井下采矿与井上复垦（修复）的同步进行。

3.1.2　边采边复的基本原理

笔者以传统稳沉后非充填复垦和边采边复所恢复土地率的对比分析阐述边采边复的基本原理。图 3.1 为沉陷稳定后采用非充填复垦时土地恢复示意图，在不考虑外来土源的情况下，采用挖深垫浅等措施，可在沉陷盆地的边缘区域复垦出部分土地，即 A 区与 B 区。

图 3.1　沉陷稳定后的复垦结果示意图

图 3.2 为边采边复时土地恢复示意图，其中图 3.2（a）为边采边复的动态过程，在土地即将沉入水中或部分沉入水中（仍存在抢救表土的可能性）时预先分层剥离部分表土与心土，交错回填至将要沉陷的区域，即图中的取土区与充填区。图 3.2（b）为边采边复的最终状态，通过边采边复可形成最终的复垦土地区：A 区、B 区、C 区。可见，边采边复较沉陷稳定后的复垦，可多复垦出区域 C，土地恢复率有较大提升。假设最终沉陷土地面积为 S，沉陷稳定后复垦恢复土地面积为 S_1，采用边采边复恢复土地面积为 S_2，则恢复土地率用 R_1 与 R_2 表示，即

$$R_1 = S_1 / S \tag{3.1}$$

$$R_2 = S_2 / S \tag{3.2}$$

式中：$S_1 = S_A + S_B$；$S_2 = S_A + S_B + S_C$。

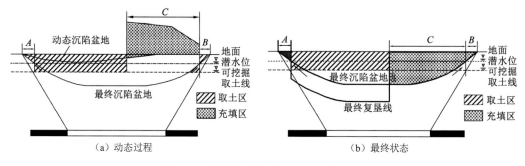

（a）动态过程　　　　　　　　　　　　（b）最终状态

图 3.2　边采边复的动态过程和最终状态

边采边复实际上是一种基于采前分析–采矿动态沉陷预测–复垦（修复）虚拟模拟的多阶段多参数驱动的复垦（修复）方案优选技术，其操作步骤如下所示。

（1）边采边复阶段的划分。根据开采计划，合理选择采矿单元及开采的时点作为沉

陷预测与复垦（修复）模拟的阶段。划分的阶段可以工作面为单位，也可根据需要将工作面再细分为数个开采单元。

（2）动态沉陷预计及土地损伤诊断。根据划分的边采边复的复垦（修复）阶段，分别进行动态沉陷预测，并依据采前地形和各个阶段地表移动变形的特点，进行土地损伤的评价与诊断，掌握土地损伤在各个阶段的基本情况，为复垦（修复）措施的选择奠定基础。

（3）各复垦（修复）阶段的复垦（修复）模拟。根据各复垦（修复）阶段的动态预测及土地损伤诊断，分别进行复垦（修复）方案的情景模拟，获得各阶段的恢复土地率、复垦（修复）成本等参数。

（4）复垦（修复）目标的确定。根据当地社会、经济、地质、采矿情况，确定土地复垦（修复）目标，既可以是恢复土地率最高的单一目标，也可以是恢复土地率、复垦（修复）成本等多个目标，需要依据当地的土地功能和利用需求进行确定。

（5）基于复垦（修复）目标与复垦（修复）模拟的边采边复方案决策。以复垦（修复）目标为导向，以复垦（修复）模拟为基础，对边采边复的时机选择、标高设计、复垦（修复）布局进行对比分析和决策，确定边采边复的具体方案。

3.1.3　基于格网单元边采边复技术原理

由于边采边复的最大特点是在地面未稳沉时采取措施，准确地掌握后续下沉是关键。从边采边复的操作步骤也可以看出，动态沉陷预计是前提。以往的开采沉陷研究与预测技术都是从地下出发，先研究地下单个开采单元对地面造成的影响程度及范围，再通过积分叠加等方式研究地下任意开采尺寸对地面造成的影响。土地复垦以地面为主，人们较为关心的是地面点会受到地下哪些区域煤层开采的影响。基于此，本书提出了格网单元的思想，建立地面上下格网单元的响应机制。首先由地面到地下，根据边界角圈定地下煤炭开采可能影响地面方格单元的煤层范围，再反过来由地下到地面，分析地表各方格单元的沉陷特点与规律，确定各方格单元适宜的复垦（修复）时间与复垦（修复）方向，指导地面复垦（修复）施工。基于格网单元边采边复计算的基本原理如图 3.3 所示。

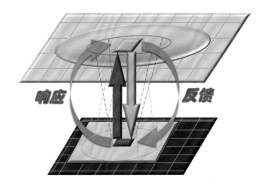

图 3.3　基于格网单元的边采边复技术基本原理示意图

1. 基于格网单元的地面服从地下的边采边复技术流程

以高潜水位地区某煤矿的开采工作面为例，采用格网法将地面划分成若干个方格单元，建立煤炭开采影响地面方格单元的煤层范围的计算模型，通过地面→地下→地面的土地复垦（修复）方法，科学划定复垦（修复）区域，实现地面复垦（修复）时序与井下煤层开采时序充分耦合。基于格网单元的地面边采边复流程图如图 3.4 所示。

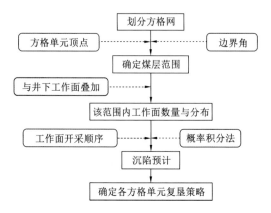

图 3.4　基于格网单元的地面边采边复流程图

1）地面方格单元划分

由于高潜水位矿区地势较为平缓,可将沉陷区划分成规则排列的正方形格网,每个格网作为复垦(修复)施工的最小单元,格网边长为 100～150 m,使用阿拉伯数字从上到下、从左到右依次编号,使任一方格单元编号为 $A(i,j)$,表示第 i 行 j 列的小方格网。

2）地面方格单元的井下煤层影响范围的确定

开采沉陷学中规定,在充分采动或接近充分采动的条件下,地表移动盆地主断面上盆地边界点至采空区边界的连线与水平线在煤柱一侧的夹角为边界角。根据边界角建立地面点受煤炭开采的煤层影响范围的模型。

在走向方向上,设置地面某一方格单元 $A(i,j)$,几何中心点坐标为 $O(x_i,y_i,z_i)$,$2R$ 范围内的煤层开采可能会对 O 点造成影响,R 的计算公式为

$$R=\frac{H}{\tan\delta} \tag{3.3}$$

式中:R 为地面点走向方向上煤层影响半径,m;H 为地面点到煤层的铅垂距离,m;δ 为走向边界角,(°)。

定义角度 θ 为能影响地面点 O 的煤层范围角,角度的值为走向边界角的余角,如图 3.5(a)所示。

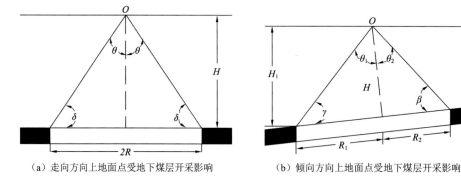

（a）走向方向上地面点受地下煤层开采影响　　　（b）倾向方向上地面点受地下煤层开采影响

图 3.5　地面点受地下煤层开采影响示意图

同理，在倾向方向上，R_1 和 R_2 范围内的煤层开采可能会对 O 点造成影响，R_1 和 R_2 的计算公式为

$$R_1 = \frac{H}{\tan\gamma} \tag{3.4}$$

$$R_2 = \frac{H}{\tan\beta} \tag{3.5}$$

式中：R_1 为地面点倾向下山方向上煤层影响半径，m；R_2 为地面点倾向上山方向上煤层影响半径，m；β 为下山边界角，（°）；γ 为上山边界角，（°）。

定义角度 θ_1 为能影响地面点 O 的煤层范围下山角，角度 θ_2 为能影响地面点 O 的煤层范围上山角，角度 θ_1 的值为上山边界角 β 的余角，角度 θ_2 的值为下山边界角 γ 的余角，如图 3.5（b）所示。根据边界角的余角可以确定影响地面点 O 的井下煤层范围。

以图 3.6 中地面任意方格单元 A（5，4）为例，确定影响地面各方格单元的煤层范围。假定煤层为单一近水平煤层，方格单元 A（5，4）的几何中心点为 O，O 点到煤层的铅垂距离 H 取值为 240 m，边界角 δ 为 62.4°，将 H、δ 值代入式（3.3）计算 R 为 125 m，煤层范围角 θ 为 δ 的余角 27.6°。

对方格单元 A（5，4）的 4 个顶点 a、b、c 和 d 以 27.6°角向煤层所在水平面进行投影，得到煤层所在水平面内以点 O' 为圆心，以过 a'、b'、c' 和 d' 4 个顶点为内接四边形的区域，该区域所包含的范围即为影响地面方格单元 A（5，4）的煤层区域。

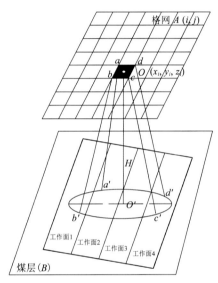

图 3.6　地面方格单元受地下煤层
开采影响图

3）地面方格单元的沉陷规律分析

将确定影响地面各方格单元的煤层范围与井下工作面叠加，得到位于该煤层范围内的工作面数量及空间分布情况。方格单元 A（5，4）的井下煤层影响范围内分布有 4 个工作面，左右呈对称状态分布，A（5，4）主要受工作面 2 和工作面 3 煤炭开采的影响。假定煤层平均埋藏深度为 220～270 m，煤层平均厚度为 2 m，属中厚煤层，工作面的开采方式为顺序开采，开采方向为 1→2→3→4。按照一个工作面为一个阶段，可将影响方格单元 A（5，4）的煤层区域分为 4 个开采阶段。

按照上述假定参数，采用概率积分法预测各方格单元在 4 个开采阶段的影响，然后分析各方格单元的沉陷规律。

第一阶段开采结束后，方格单元 A（5，4）受采动影响较小，地表略有下沉，无积水产生，只需采取简单的平整措施即可恢复土地的使用；第二阶段开采结束后，方格单元 A（5，4）受采动影响较大，下沉值已达到 1.61 m，大于地下潜水位埋深，地面产生季节性

积水,此时若不采取复垦措施,肥沃的土壤将沉入水中,丧失其利用价值;第三阶段开采结束后,方格单元 A(5,4)的沉陷程度进一步加剧,整个方格单元形成常年积水区,陆生生态系统退变为水生生态系统,此时再复垦,不仅丧失珍贵的表土资源,而且增加复垦难度,复垦率也大大降低;第四阶段开采结束后,方格单元 A(5,4)达到最终的沉陷状态,积水程度进一步加剧。因此,第二阶段是方格单元 A(5,4)最佳的复垦时间。方格单元 A(5,4)各开采阶段积水面积如图3.7所示。

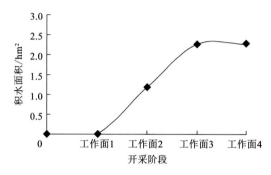

图 3.7　方格单元 A(5,4)各开采阶段积水面积图

地面沉陷模拟分析时,通常将地下潜水位埋深作为判断土地积水与否的分界线,将与潜水位埋深相等的下沉等值线作为临界积水线,根据临界积水线确定各方格单元的复垦方向:

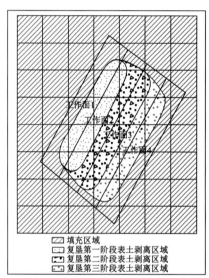

图 3.8　方格网复垦阶段与复垦方向图

（1）位于临界积水线内侧的方格单元应采取剥离表土措施;

（2）位于临界积水线外侧的方格单元应采取表土充填措施;

（3）位于临界积水线上的方格单元应根据充填或剥离面积所占的比重确定复垦措施。

方格单元 A(5,4)位于临界积水线内侧,因此地面应在第二阶段采取剥离表土措施。动态复垦时,复垦施工顺序通常与工作面的开采顺序相一致,各阶段复垦范围的划分应以最大限度地保护表土为目的。将方格网划分为3个复垦阶段,复垦顺序为从左至右依次剥离表土,各复垦阶段表土剥离范围如图3.8所示。

2. 考虑地面保护的井下开采工作面采序优化

井下矿物资源开采后形成采空区,进而导致上覆岩层垮落,通过各岩层逐步传播达到地表是一个渐变的过程。当采空区尺寸超过一定极值后,最上部基岩控制层发生断裂,随后垮落,其上部的软弱岩层和松散层随控制层的垮落而很快垮落,岩层间离层迅速闭合，下沉系数突然增大。在开采达到充分前，地表下沉率是随着地下开采尺寸变化而变化的。充分采动时，地表最大下沉值 W_{max} 与煤层法线采厚 M 在铅垂方向投影长度的比值称下沉系数 q。在地质采矿条件基本相同的情况下，地表最大下沉值与开采深度 H 和开采尺寸 D 有关，D/H 值越大，表示采动程度越大。实际观测表明，通常采空区的开采尺寸 D 达到和超过（1.2～1.4）H 时，地表可达到充分采动程度，地表下沉系数不再增加，否则为非充分采动。也就意味着，在开采未达到充分采动时，地表的最大下沉值不会出现。可据此优化地下工作面的开采顺序，控制开采过程中地面积水出现的时间。

针对上述问题，提出一种延长地表土地使用时间的地下工作面采序优化方法。通过地下工作面开采顺序的优化，改变地表最大下沉出现的时间，从而一定程度上延长地表土地的使用时间。该方法通过分析所在地区非充分采动条件下的地表下沉移动规律，对地下工作面的采序进行优化，从而改变地表最大下沉值出现的时间，相对延长地表土地的使用时间。最终使得地下的煤炭都能采出，既保证了煤炭回采率，同时也一定程度上兼顾了地面土地特别是耕地的使用时间，是一种顾及地表的绿色开采方式。

1）获取地表下沉系数拟合曲线

明确采矿所在地区非充分开采条件下的地表下沉系数拟合曲线：根据采矿所在地区实际观测数据，进行地表下沉系数曲线拟合，横坐标为 D/H，D 为开采尺寸，H 为采深，纵坐标为下沉系数修正参数 y_w，修正参数 y_w 由下式获得：

$$y_w = \frac{q_{fc}}{q} \tag{3.6}$$

式中：q_{fc} 为非充分采动的下沉率；q 为充分采动下的下沉系数。

2）确定地面临界积水的下沉系数修正参数 y_w

设采矿所在地区地下潜水埋深为 G，则地面临界积水的下沉系数修正参数 y_w 通过式（3.7）计算得到

$$y_w = \frac{G}{qM\cos\alpha} \tag{3.7}$$

式中：G 为潜水埋深，m；q 为充分采动下的下沉系数；M 为煤层采厚，m；α 为煤层倾角，（°）。

3）确定地面临界积水条件下的地下开采尺寸 D_c

根据步骤 2）确定的修正参数 y_w，在该地区非充分开采地表下沉系数的拟合曲线上找到对应的横坐标 a_c 值，则地面临界积水条件下的地下开采尺寸的宽度 D_c 可由下式获得：

$$D_c = a_c H \tag{3.8}$$

式中：a_c 为拟合曲线上 y_w 对应的横坐标；H 为开采深度，m。

4）优化地下工作面开采的顺序

根据步骤 3）所确定的地下开采尺寸 D_c，若地下工作面尺寸为宽度 A×推进长度 B；则工作面的采序优化原则为：连续开采的工作面数量 n 为 $nA < D_c$。

3.2 边采边复的支撑基础理论

土地复垦是一个涉及多学科的综合性应用学科,边采边复是土地复垦的一部分,当然也是综合性应用学科。土地科学、环境科学、开采学等相关学科基础理论的综合应是边采边复的基础理论,本书仅介绍支撑性基础理论。

3.2.1 开采沉陷学

地下矿产采出后,开采区周围岩土体的原始应力平衡状态受到破坏,岩土体出现位移和变形,应力重新分布,达到新的平衡。在此过程中,岩土体上出现的位移和变形称为开采沉陷(mining subsidence)。开采沉陷不仅可能对矿山工程本身造成影响和危害,还可能对其他岩土工程及含水层和地面的工程和耕地造成影响及危害,它早已成为采矿工程中的一个重大科学技术课题而受到人们关注。

经过近百年实践特别是近 20 多年的研究,该类问题已逐渐发展成为采矿和岩体力学学科中一个相对独立的分支学科。其研究内容、基本理论和技术方法即被概括为矿山开采沉陷工程。其研究和服务的对象较广,包括建(构)筑物下采矿与保护,水体下和近水体采矿与水体保护,铁路、公路下采矿与保护,巷道附近采矿及井巷保护,采矿区山体崩塌和滑坡的原因分析与防治,开采沉陷区新建建(构)筑物的可行性分析,矿山各类各级受护物的安全矿柱设计,矿体的最佳开采顺序,矿山开采沉陷与土地保护、利用与治理等。

矿山开采沉陷工程学的研究内容主要有:采矿引起岩土体位移与变形的机理和规律,减小岩土体位移与变形的采矿技术,采动区建(构)筑物变形的机理与规律及其保护加固措施,受采动影响的岩土体及建(构)筑物变形的监测与预计技术,受护建(构)筑物保护矿柱设计技术,矿区与开采沉陷有关的环境影响评价与保护技术及矿区建设规划等。

1. 矿山开采沉陷规律

在地下开采前,岩体在地应力场作用下处于相对平衡状态。当局部矿体采出后,在岩体内部形成一个采空区,导致周围岩体应力状态发生变化,从而引起应力重新分布,使岩体产生移动变形和破坏,直至达到新的平衡。随着采矿工作进行,这一过程不断重复。它是一个十分复杂的物理、力学变化过程,也是岩层产生移动和破坏的过程,这一过程和现象称为岩层移动。

当地下矿层开采后,采空区直接顶板岩层在自重应力及上覆岩层重力的作用下,产生向下的移动和弯曲。当其内部应力超过岩层的应力强度时,直接顶板首先断裂、破碎并相继冒落,而基本顶岩层则以梁、板形式沿层面法线方向移动、弯曲,进而产生断裂、离层。随着工作面的向前推进,受采动影响的岩层范围不断扩大。当开采范围足够大时($0.2H \sim 0.3H$,H 为采深),岩层移动发展到地表,在地表形成一个比采空区范围大得多的下沉盆地。

根据观测和研究，在岩层移动过程中，开采空间周围岩层的移动形式可归结为以下几种。

（1）弯曲——这是岩层移动的主要形式。地下矿层开采后，便从直接顶板开始沿层面法线方向产生弯曲，直到地表。

（2）岩层垮落（或称冒落）——矿层采出后，采空区周边附近上方岩层便弯曲而产生拉伸变形。当拉伸变形超过岩层的允许抗拉强度时，岩层破碎成大小不一的岩块并冒落充填于采空区。此时，岩层不再保持其原有的层状结构。这是岩层移动过程中最剧烈的形式，通常只发生在采空区直接顶板岩层中。

（3）煤被挤出（又称片帮）——一部分采空区边界矿层在支承压力作用下被压碎挤向采空区，这种现象称为片帮。由于增压区的存在，矿层顶底板岩层在支承压力作用下产生竖向压缩，从而使采空区边界以外的上覆岩层和地表产生移动。

（4）岩层沿层面滑移——在开采倾斜矿层时，岩石在自重重力的作用下，除产生沿层面法线方向的弯曲外，还会产生沿层面方向的移动。岩层倾角越大，岩层沿层面滑移越明显。沿层面滑移的结果，使采空区上山方向的部分岩层受拉伸甚至断裂，而下山方向的部分岩层则受压缩。

（5）垮落岩石下滑（或滚动）——矿层采出后，采空区为冒落岩块所充填。当矿层倾角较大、而且开采自上而下顺序进行，下山部分矿层继续开采而形成新的采空区时，采空区上部垮落的岩石可能下滑而充填新采空区，从而使采空区上部的空间增大、下部空间减小，使位于采空区上山部分的岩层移动加剧而下山部分的岩层移动减弱。

（6）底板岩层隆起——底板岩层较软时，矿层采出后，底板在垂直方向减压而水平方向受压，导致底板向采空区方向隆起。

冲积层的移动形式是垂直弯曲，不受矿层倾角影响。在水平矿层条件下，冲积层和基岩的移动形式是一致的。

应该指出，以上 6 种移动形式并非一定同时出现在某一个具体的岩层移动过程中。

矿层采出后，使围岩体产生移动，当移动变形超过岩体的极限变形时，岩体被破坏。由于岩体破坏后其导水性能提高，对水体下采矿至关重要，在水体下采矿中将上覆岩层划分为三带：垮落带、裂缝带和弯曲带；将底板以下岩体也分为三带：底板采动导水破坏带、底板阻水带和底板承压水导升带。

2. 地表移动变形及破坏规律

1）地表移动的基本概念

I. 地表移动盆地

当地下工作面开采达到一定距离后，地下开采便波及地表，使受采动影响的地表从原有标高向下沉降，从而在采空区上方地表形成一个比采空区大得多的沉陷区域，这种地表沉陷区域称为地表移动盆地，或称下沉盆地。在地表移动盆地的形成过程中，逐渐改变了地表的原有形态，引起地表标高、水平位置发生变化，从而导致位于影响范围的建（构）筑物、铁路、公路等被破坏。从地表移动的力学过程及工程技术问题的需要出发，地表移动的状态可用垂直移动和水平移动进行描述。常用的定量指标有：下沉、水平移动、倾斜、曲率、水平变形、扭曲和剪应变。目前，对前 5 种指标研究得比较充分，而后两种指标使用得较少，一般工程问题中不使用。

（1）下沉。地表点的沉降叫下沉，用 w 表示，是地表移动向量的垂直分量。用本次与首次观测点的标高差表示，即

$$w_n = H_{n0} - H_{nm} \tag{3.9}$$

式中：w_n 为地表点的下沉，mm；H_{n0}、H_{nm} 分别为地表 n 点首次和 m 次观测时的高程，mm。

式（3.9）计算出的下沉，正值表示测点下沉，负值表示测点上升，它反映一个点不同时间在垂直方向上的变化量。

（2）水平移动。地表下沉盆地中某点沿某一水平方向的位移叫水平移动，用 u 表示。用本次与首次测得的从该点至控制点水平距离差表示，即

$$u_n = L_{nm} - L_{n0} \tag{3.10}$$

式中：u_n 为地表 n 点的水平移动，mm；L_{n0}，L_{nm} 分别为首次和 m 次观测时地表 n 点到观测线控制点 R 间的水平距离，mm。

水平移动正负号的规定为：在矿层倾斜断面上，指向矿层上山方向的移动为正值，指向矿层下山方向的移动为负值；在走向断面上，指向走向方向的移动为正，逆向走向方向的移动为负。

（3）倾斜。地表倾斜是指相邻两点在竖直方向的下沉差与其水平距离的比值，用以反映地表移动盆地沿某一方向的坡度，通常用 i 表示。即

$$i_{m-n} = \frac{w_n - w_m}{l_{m-n}} = \frac{\Delta w_{m-n}}{l_{m-n}} \tag{3.11}$$

式中：i_{m-n} 为 m、n 两点的平均倾斜变形，mm/m；l_{m-n} 为地表 m、n 点间的水平距离，m；w_m、w_n 分别为地表点 m、n 的下沉值，mm。

倾斜实际是两点间的平均斜率。倾斜的正负号规定为：在矿层倾斜断面上，指向上山方向的倾斜为正，指向下山方向的倾斜为负。在走向断面上，指向走向方向的倾斜为正，逆向走向方向的为负。

（4）曲率。地表曲率是两相邻线段的倾斜差与两线段中点间的水平距离的比值，用以反映观测线断面上的弯曲程度，即

$$k_{m-n-p} = \frac{i_{n-p} - i_{m-n}}{\frac{1}{2}(l_{m-n} + l_{n-p})} \tag{3.12}$$

式中：i_{m-n}、i_{n-p} 分别为地表 $m-n$ 和 $n-p$ 点间的平均斜率，mm/m；l_{m-n}、l_{n-p} 分别为地表 $m-n$ 和 $n-p$ 点间的水平距离，m；k_{m-n-p} 为 $m-n$、$n-p$ 线段的平均曲率，mm/m²。

曲率有正负之分，地表下沉曲线上凸为正，下凹为负。为了使用方便，曲率变形有时以曲率半径 R 表示，即

$$R = \frac{1}{k} \tag{3.13}$$

（5）水平变形。地表水平变形是指相邻两点的水平移动差与两点间水平距离的比值，通常用 ε 表示。由下式进行计算

$$\varepsilon_{m-n}=\frac{u_n-u_m}{l_{m-n}}=\frac{\Delta u_{n-m}}{l_{m-n}} \tag{3.14}$$

式中：u_n、u_m 分别为 n、m 点的水平移动，mm；l_{m-n} 为 m、n 点的水平距离，m；ε_{m-n} 为 m、n 点的水平变形，mm/m。

水平变形反映线段的拉伸和压缩，正值表示拉伸变形，负值表示压缩变形。

对于扭曲和剪切变形，由于用得比较少，本书不予介绍。

II. 充分采动和非充分采动

（1）充分采动。充分采动是指地下矿层采出后地表下沉值达到该地质采矿条件下应有的最大值，此时的采动状态称为充分采动。此后，开采工作面的尺寸继续扩大，地表的影响范围也相应扩大，但地表最大下沉值却不再增加，地表移动盆地将出现平底。为加以区别，通常把地表移动盆地内只有一个点的下沉达到最大下沉值的采动状态称为刚好达到充分采动，此时的开采称为临界开采（critical mining），地表移动盆地呈碗形。地表有多个点的下沉值达到最大下沉值的采动情况，称为超充分采动，此时的开采称为超临界开采（supercritical mining），地表移动盆地呈盆形。现场实测表明，当采空区的长度和宽度均达到或超过 $1.2H_0 \sim 1.4H_0$（H_0 为平均开采深度）时，地表达到充分采动。

（2）非充分采动。采空区尺寸（长度和宽度）小于该地质采矿条件下的临界开采尺寸时，地表最大下沉值未达到该地质采矿条件下应有的最大下沉值，称这种采动为非充分采动。此时，地表移动盆地呈碗形。工作面在一个方向（走向或倾向）达到临界开采尺寸而另一个方向未达到临界开采尺寸时，也属非充分采动。此时的地表移动盆地呈槽形。

III. 地表移动盆地的主断面

地表移动盆地内各点的移动和变形不完全相同，在正常情况下，移动和变形分布具有的规律为：①下沉等值线以采空区中心为原点呈椭圆形分布，椭圆的长轴位于工作面开采尺寸较大的方向；②盆地中心下沉值最大，向四周逐渐减小；③水平移动指向采空区中心，采空区中心上方地表几乎不产生水平移动，开采边界上方地表水平移动值最大，向外逐渐减小为 0。水平移动等值线也是一组平行于开采边界的线簇。

由于下沉等值线和水平移动等值线均平行于开采边界，移动盆地内下沉值最大的点和水平移动值为 0 的点都在采空区中心，通过采空区中心与矿层走向平行或垂直的断面上的地表移动值最大。通常就将地表移动盆地内通过地表最大下沉点所做的沿矿层走向和倾向的垂直断面称为地表移动盆地主断面。沿走向的主断面称为走向主断面，沿倾向的主断面称为倾向主断面。

从以上定义可以看出，地表非充分采动和刚达到充分采动时，沿走向和倾向分别只有一个主断面；而当地表超充分采动时，地表则有若干个最大下沉值，通过任意一个最大下沉值沿矿层走向或倾向的垂直断面都可成为主断面，此时主断面有无数个。当走向达到充分采动、倾向未达到充分采动时，可作无数个倾向主断面但只有一个走向主断面，反之也成立。

从主断面的定义可知，水平和缓倾斜煤层开采时，地表移动盆地主断面有如下特征：

（1）在主断面上地表移动盆地的范围最大；

（2）在主断面上地表移动量最大；

（3）在主断面上不存在垂直于主断面方向的水平移动。

由于主断面的上述特征，在研究开采引起的地表移动变形分布规律时，为简单明了起见常首先研究主断面上的地表移动变形。在水平矿层条件下，主断面一般位于采空区中心。在倾斜矿层开采条件下，倾向主断面位于采空区中心，走向主断面偏向矿层下山方向，用最大下沉角确定。所谓最大下沉角，就是在倾向主断面上由采空区的中点和地表移动盆地的最大下沉点（在基岩面的投影点）的连线与水平线之间在矿层下山方向一侧的夹角，用 θ 表示。

2）地表移动盆地边界的确定

I. 地表移动对建（构）筑物的影响

地下开采引起的地表移动变形，使位于移动影响范围内的建（构）筑物产生移动变形，当建（构）筑物移动变形大于其允许值时，建（构）筑物将被损害。建（构）筑物不需维修仍能保持正常使用所允许的地表最大变形值，称为临界变形值。在有关规程中规定，我国长度小于 20 m 的砖石结构建筑物的临界变形值为：倾斜 $i=3$ mm/m，曲率 $k=0.2$ mm/m^2，水平变形 $\varepsilon=2$ mm/m。如果建（构）筑物所处地表的变形值达到上述临界变形值中的某一个指标，则认为建（构）筑物可能会受到损害。

不同类型的建（构）筑物对各种变形反应的敏感程度亦不同，下面分别介绍各种移动变形对建（构）筑物的影响。

（1）下沉和水平移动对建（构）筑物的影响。地表均匀地、平缓地下沉和水平移动可使建（构）筑物位置发生变化，但不会使建（构）筑物内产生较大附加应力，也不会使其损害。在高潜水位矿区，当下沉值较大时，地下水出露地表或内涝积水，可使建（构）筑物淹没水中而影响其使用。

（2）地表倾斜对建（构）筑物的影响。地表倾斜会使位于其影响范围内的建（构）筑物歪斜，特别是底面积很小而高度大的建（构）筑物，如水塔、烟囱、高压线铁塔等，如果地表倾斜过大，则可能使建（构）筑物重心偏离基础底面，使其倾覆。倾斜会使铁路、公路、管线等坡度发生改变，增加行车阻力，改变水流方向。

（3）地表曲率对建（构）筑物的影响。地表曲率变形使建（构）筑物地基产生弯曲，从而使建（构）筑物产生附加应力。正曲率（地表上凸）可使建（构）筑物中间受力大、两端受力小。产生倒八字形裂缝，负曲率则可使建（构）筑物中间受力小两端受力大，产生正八字形裂缝。

（4）地表水平变形对建（构）筑物的影响。地表水平变形通过建（构）筑物基础与周围土体的摩擦力而传递给上部建（构）筑物，使建（构）筑物产生附加应力和压应力，导致建（构）筑物拉坏和压坏，在门窗洞口、墙体、基础上产生裂缝。拉伸变形使管道、电缆拉断，使铁路钢轨轨缝加大。压缩变形使轨缝挤死，从而导致铁轨上鼓或侧弯而发生行车事故等。

II. 地表移动边界

按照地表移动变形值的大小及其对建（构）筑物及地表的影响程度，可将地表移动盆地划分出三个边界：最外边界、危险移动边界和裂缝边界。

（1）移动盆地的最外边界。移动盆地的最外边界，是指以地表移动变形为 0 的盆地边界点所圈定的边界。在现场实测中，考虑观测的误差，一般取下沉 10 mm 的点为边界点，最外边界实际上是下沉 10 mm 的点圈定的边界。多年来的观测表明，有时水平移动为 10 mm 的边界较下沉为 10 mm 的边界大，有的学者建议取两者的最外边界作为移动盆地的最外边界。

（2）移动盆地的危险移动边界。移动盆地的危险移动边界，是指以临界变形值确定的边界，表示处于该边界范围内的建（构）筑物将会产生损害，而位于该边界外的建（构）筑物则不会产生明显的损害。我国一般采用 $i=3$ mm/m、$k=0.2$ mm/m^2 和 $\varepsilon=2$ mm/m 三个临界变形值中最外一个值确定的边界为危险移动边界。

值得注意的是，不同结构的建（构）筑物能承受最大变形的能力不同，各种类型的建（构）筑物都对应有相应的临界变形值。如华东地区部分村庄多采用泥浆砌筑，当拉伸变形达到 1.0～1.5 mm/m 时，房屋即遭破坏。在确定移动盆地的危险移动边界时，用相应建（构）筑物的临界变形值圈定会更接近于实际情况。

（3）移动盆地的裂缝边界。移动盆地的裂缝边界，是指根据移动盆地的最外侧的裂缝圈定的边界。

III. 角量参数

描述地表移动盆地形态和范围的角量参数主要有 5 种：边界角、移动角、裂缝角、松散层移动角、充分采动角。

（1）边界角。在充分采动或接近充分采动条件下，地表移动盆地主断面上盆地边界点（下沉为 10 mm）至采空区边界的连线与水平线在矿柱一侧的夹角称为边界角。当有松散层存在时，应先从盆地边界点用松散层移动角画线和基岩与松散层的交接面相交，此交点至采空区边界的连线与水平线在矿柱一侧的夹角称为边界角。按不同的断面，边界角可区分为走向边界角、下山边界角、上山边界角、急倾斜矿层底板边界角，分别用 δ_0、β_0、γ_0、λ_0 表示。

（2）移动角。在充分采动或接近充分采动条件下，地表移动盆地主断面上三个临界变形中最外边的一个临界变形值点至采空区边界的连线与水平线在矿柱一侧的夹角称为移动角。当有松散层存在时，应从最外边的临界变形值点用松散层移动角画线和基岩与松散层交接面相交，此交点至采空区边界的连线与水平线在矿柱一侧的夹角称为移动角。按不同断面，移动角可区分为走向移动角、下山移动角、上山移动角、急倾斜矿层底板移动角，分别用 δ、β、γ、λ 表示。

（3）裂缝角。在充分采动或接近充分采动条件下，地表移动盆地主断面上，移动盆地最外侧的地表裂缝至采空区边界的连线与水平线在矿柱一侧的夹角称为裂缝角。按不同断面，裂缝角可区分为走向裂缝角、下山裂缝角、上山裂缝角、急倾斜矿层底板裂缝角，

分别用 δ''、β''、γ''、λ'' 表示。

（4）松散层移动角。松散层移动角用 φ 表示，它不受矿层和基岩倾角的影响，主要与松散层的特性有关。

（5）充分采动角。在充分采动条件下的地表移动盆地主断面上，移动盆地平底的边缘（在地表水平线上的投影点）和同侧采空区边界的连线与矿层在采空区一侧的夹角称为充分采动角。按不同断面，充分采动角可区分为走向充分采动角、下山充分采动角、上山充分采动角，分别用 φ_3、φ_1、φ_2 表示。

3）地表移动变形规律

地表移动变形规律，是指地下开采引起的地表移动和变形的大小、空间分布形态及其与地质采矿条件的关系，包括地表移动盆地主断面内的移动变形分布规律、地表移动稳定后全面积移动分布规律等。

由于地表移动变形规律受地质采矿条件的影响，不同地质采矿条件下的地表移动变形规律存在一定差异。下面叙述的规律是典型化和理想化的结果，需满足 4 个条件：①深厚比 H/m（开采深度与开采厚度之比值）大于 30。这种条件下的地表移动变形在空间和时间上都具有明显的连续性和一定的分布规律；②地质采矿条件正常，无大的地质构造（如大断层和地下溶洞等），并采用正规循环的采矿作业；③采空区为规则的矩形；④不受临近工作面开采的影响。

I. 水平矿层非充分采动时地表移动盆地主断面内地表移动和变形分布规律

（1）下沉曲线的分布规律：在采空区中央上方地表下沉值最大，从盆地中心向采空区边缘下沉逐渐减小，在盆地边界点处下沉为 0，下沉曲线以采空区中央对称。

（2）倾斜曲线的分布规律：盆地边界至拐点间倾斜渐增，拐点至最大下沉点间倾斜逐渐减小，在最大下沉点处倾斜为 0。在拐点处倾斜最大，有两个相反的最大倾斜值，倾斜曲线以采空区中央反对称。

（3）曲率曲线的分布规律：曲率曲线有三个极值，两个相等的最大正曲率和一个最大的负曲率，两个最大正曲率位于边界点和拐点之间，最大负曲率位于最大下沉点处；边界点和拐点处曲率为 0；盆地边缘处为正曲率区，盆地中部为负曲率区。

（4）水平移动分布规律与倾斜曲线的分布规律相似，即盆地边界至拐点间水平移动渐增，拐点至最大下沉点间水平移动逐渐减小，在最大下沉点处水平移动为 0。在拐点处水平移动最大，有两个相反的最大水平移动值，水平移动曲线以采空区中央反对称。

（5）水平变形曲线与曲率曲线的分布规律相似，水平变形曲线有三个极值，两个相等的最大拉伸变形和一个最大压缩变形，两个最大拉伸变形位于边界点和拐点之间，最大压缩变形位于最大下沉点处；边界点和拐点处水平变形为 0；盆地边缘区为拉伸区，盆地中部为压缩区。

II. 水平矿层充分采动时地表移动盆地主断面内地表移动和变形分布规律

与水平矿层非充分采动时地表移动盆地主断面内地表移动和变形分布规律相比，水平矿层充分采动时地表移动盆地主断面内地表移动和变形具有的特点为：①地表移动盆地的最大下沉值已达到该地质采矿条件下的最大值,即充分采动条件下的地表最大下沉值;②在最大下沉点处,水平变形和曲率变形值均为零,在盆地中心区出现两个最大负曲率和两个最大压缩变形值,位于拐点和最大下沉点之间;③拐点处下沉为最大下沉值的一半;水平变形曲线、曲率曲线以拐点反对称。

Ⅲ. 水平矿层超充分采动时地表移动盆地主断面内地表移动和变形分布规律

与水平矿层充分采动时地表移动盆地主断面内地表移动和变形分布规律相比,水平矿层超充分采动时地表移动盆地主断面内地表移动和变形分布规律为:①下沉盆地出现平底,在该区域内各点下沉值相等并达到该地质采矿条件下的最大值;②在平底区内,水平变形、倾斜、曲率均为 0 或接近于 0,各种变形主要分布在采空区边界上方附近;③最大倾斜和最大水平移动位于拐点处,最大正曲率、最大拉伸变形位于拐点和边界点之间,最大负曲率、最大压缩变形位于拐点和最大下沉点之间;④盆地平底区内水平移动理论上为 0,实际存在残余水平移动。

Ⅳ. 倾斜矿层（15°<α≤55°）非充分采动时地表移动盆地主断面内地表移动和变形分布规律

与水平矿层非充分采动时地表移动盆地主断面内地表移动和变形分布规律相比,倾斜矿层（15°<α≤55°）非充分采动时地表移动盆地主断面内地表移动和变形分布规律具有的特征为:①地表移动变形曲线失去对称性和相似性,即下沉曲线、倾斜曲线、曲率曲线、水平变形曲线、水平移动曲线均不关于采空区对称或反对称,移动变形曲线偏向下山方向,水平移动曲线和倾斜曲线、水平变形曲线和曲率曲线已不相似;②最大下沉点偏向下山方向,上山下沉曲线比下山陡,影响范围小;③拐点不与采空区中央对称,偏向下山方向;④指向上山方向的水平移动增加,指向下山方向的水平移动减小,最大拉伸变形在下山方向,最大压缩变形在上山方向。

Ⅴ. 急倾斜矿层（α>55°）非充分采动时地表移动盆地主断面内地表移动和变形分布规律

与倾斜矿层非充分采动时地表移动盆地主断面内地表移动和变形分布规律相比,急倾斜矿层（α>55°）非充分采动时地表移动盆地主断面内地表移动和变形分布规律具有的特征为:①下沉盆地形态的非对称性十分明显,下山方向的影响范围远大于上山方向的影响范围;②随着矿层倾角增大,地表下沉曲线由对称的碗形逐渐变为非对称的瓢形;③当矿层倾角接近 90°时,下沉盆地剖面又转变为对称的碗形或兜形;④随着矿层倾角增加,最大下沉点位置逐渐移向矿层上山方向,当矿层倾角接近 90°时在矿层露头上方;⑤在松散层较薄情况下,可能只出现指向上山方向的水平移动;⑥在开采厚度大、采深较小时,地表煤层露头处可能出现塌陷坑。

4）地表动态移动变形规律

地下矿层采出后引起地表沉陷是一个非常复杂的时间和空间发展过程。随着采矿进行,不同时间回采工作面与地表点的相对位置不同,开采对地表点的影响也不同。地表点的移动经历了开始移动→剧烈移动→移动停止的全过程。研究采动过程中的地表移动规律,对于铁路、公路、建(构)筑物下采矿十分重要。

I. 地表点的移动轨迹

当地表点与工作面相对位置不同时,地表点的移动方向和大小不同。据地表最大下沉值点从开始移动到移动停止的全过程,可将地表点移动分为以下4个阶段。

(1)当工作面由远处向某点(假定为 A)推进时,移动波及 A 点,A 点开始下沉。随着工作面推进,A 点下沉速度由小逐渐变大,此时 A 点的移动方向与工作面推进方向相反,此时为移动的第一阶段。

(2)当工作面通过 A 点正上方继续推进时,A 点的下沉速度增大并逐渐达到最大下沉速度,A 点的移动方向近于铅垂方向,此时为移动的第二阶段。

(3)当工作面继续推进并离开 A 点后,A 点的移动方向与工作面推进方向相同,此时为移动的第三阶段。

(4)当工作面远离 A 点一定距离后,回采工作面对 A 点的影响逐渐减小,A 点下沉速度逐渐趋于 0,点 A 移动停止,此时为移动的第四阶段。移动稳定后,A 点的位置并不在其起始位置的正下方,一般略偏向回采工作面停采线一侧。

上面描述的位于采空区中心的最大下沉点的移动过程,它反映地表点移动的全过程。由于地表点所处位置不同,地表其他点的移动轨迹也不一定均完成上述全过程,而只是上述过程的一部分。位于开切眼一侧的地表点只有指向工作面推进方向的移动,而位于停采线一侧的地表点只有逆向工作面推进方向的移动。总体而言,地表点的移动特点为:①移动方向开始都指向工作面,移动稳定后的移动向量均指向工作面中心;②点移动轨迹的弯曲程度与工作面推进速度有关,工作面推进速度越大点移动轨迹曲线的弯曲程度越小,反之亦然。

II. 采动过程中地表下沉的变化规律

在走向主断面上,工作面由开切眼推进到一定距离时,岩层移动开始波及地表。通常把地表开始移动(下沉为 10 mm)时的工作面推进距离称为起动距(约为 $1/4H_0 \sim 1/2H_0$,H_0 为平均开采深度)。随着工作面再推进,地表移动盆地的范围和移动量均增加。当工作面推进到一定位置时,地表达到充分采动,地表移动最大值达到该地质采矿条件下的最大值。工作面再推进,地表移动范围增大,但地表下沉量不再增加,当工作面停止推进后,地表移动范围和移动量较推进过程中有所增大,说明地表动态移动量和移动范围小于稳定后的移动量和移动范围。

在工作面推进过程中,工作面前方的地表受采动影响而下沉,这种现象称为超前影响。将工作面前方地表开始移动(下沉 10 mm)的点与当时工作面的连线和水平线在煤柱一侧的夹角称为超前影响角,用 ω 表示。开始移动的点到工作面的水平距离 l 称为超前影响距,超前影响角 ω 和超前影响距 l 有如下关系:

$$\omega = \arctan \frac{l}{H_0} \qquad (3.15)$$

式中：H_0 为平均开采深度，m。

Ⅲ. 工作面推进过程中的下沉速度

下沉速度的计算公式为

$$v_n = \frac{w_{m+1} - w_m}{t} = \frac{H_{m+1} - H_m}{t} \tag{3.16}$$

式中：w_{m+1} 为第 $m+1$ 次测得的 n 号点的下沉量，mm；w_m 为第 m 次测得的 n 号点的下沉量，mm；t 为两次观测的时间间隔天数；H_{m+1}、H_m 分别为第 $m+1$ 次和第 m 次测得的 n 号点的高程，mm。

地表最大下沉速度达到该地质采矿条件下的最大值，最大下沉速度点的位置滞后工作面一固定距离，此固定距离称为最大下沉速度滞后距，用 L 表示，这种现象称为最大下沉速度滞后现象。把地表最大下沉速度点与相应的回采工作面连线和煤层（水平线）在采空区一侧的夹角，称为最大下沉速度角，用 ϕ 表示，其计算公式为

$$\phi = \text{arccot}\,\frac{L}{H_0} \tag{3.17}$$

式中：L 为滞后距，m；H_0 为平均开采深度，m。

影响最大下沉速度角的主要因素是岩石的物理力学性质、采深与采厚之比（H_0/m）、工作面推进速度。一般规律是：H_0/m 越大、岩石越坚硬，工作面推进速度越快，滞后角越小。

Ⅳ. 地表移动的持续时间

地表移动的持续时间（或移动总时间），是指在充分采动或接近充分采动情况下，地表下沉值最大的点从移动开始到移动稳定持续的时间。移动的持续时间应根据地表最大下沉点求得，因为在地表移动盆地内各地表点中，地表最大下沉点的下沉量最大、下沉的时间最长。苏联专家阿威尔辛按下沉速度大小及对建（构）筑物的影响程度不同将地表点的移动过程分为以下三个阶段。

（1）开始阶段——下沉量达到 10 mm 的时刻为移动开始时刻。从移动开始至下沉速度达到 1.67 mm/d（或 50 mm/月）时刻为移动开始阶段。

（2）活跃阶段——下沉速度大于 1.67 mm/d（或 50 mm/月）的阶段。在该阶段内地表点的下沉占总下沉的 85%～95%，地表移动剧烈，是地面建（构）筑物损坏的主要时期，因此也称该阶段为危险变形阶段。

（3）衰退阶段——从下沉速度小于 1.67 mm/d（或 50 mm/月）起至 6 个月内地表各点下沉累计不超过 30 mm 时为移动衰退阶段。

开始阶段、活跃阶段、衰退阶段这三个阶段的时间总和，称为移动过程总时间或移动持续时间。

影响地表移动持续时间的因素主要是岩石的物理力学性质、开采深度和工作面推进速度。一般规律为：开采深度越大、覆岩越坚硬，地表移动持续时间越长，反之亦然。采深在 100～200 m 时，地表移动持续时间一般为 1～2 年，有的可达十几年，但大多数不会超过 5 年。

5）地表破坏规律

地下开采之后，地表移动除出现连续移动盆地外，在大多数情况下地表还会产生非连续破坏现象。这种现象一般有两种形式：地表裂缝和台阶、塌陷坑和塌陷槽。了解地表破坏发生和发展的特征、形态及其与覆岩破坏的关系，对防止产生非连续性地表破坏、保证水体下安全采煤具有重要意义。

I. 地表裂缝和台阶

在一定条件下，地表移动盆地外边缘拉伸变形区可能产生裂缝。裂缝的深度、宽度与有无第四系松散层及其厚度、性质和变形值大小有关。国内外观测表明，塑性大的黏土，一般在地表拉伸变形值超过 6～10 mm/m 时地表才发生裂缝。塑性小的黏土、砂质黏土、黏土质砂或岩石，当地表拉伸变形达到 2～3 mm/m 时即发生裂缝。地表裂缝一般平行于工作面边界发展，但在推进工作面前方地表可能出现平行于工作面的裂缝。这种裂缝深度和宽度较小，随工作面推进先张开而后逐渐闭合。

裂缝的形状一般呈楔形，上口大，越往深处越小，到一定深度尖灭。当地表存在较厚表土时，地表裂缝深度一般小于 5 m，对于采厚较大的综采放顶煤开采情况，地表裂缝深度可达十几米。当地表不存在表土或表土较薄时，地表裂缝深度可达数十米。当采深小且基岩为坚硬岩层时，这种裂缝可使地表与采空区连通。

在采深和采厚比值较小时，地表裂缝的宽度可达几十毫米，裂缝两侧可出现落差而形成台阶。台阶落差的大小取决于地表移动值的大小。

地表除出现张口裂缝外，在某些特殊情况下还可能出现剪切式压密裂缝。常见有三种情况：①断层导致的压密裂缝；②软弱夹层导致的压密裂缝；③重复开采时下沉盆地边缘区主裂缝面导致的压密裂缝。

II. 塌陷坑和塌陷槽

开采缓倾斜矿层和倾斜矿层时，地表破坏的主要形式是出现裂缝，但在某些特殊地质开采条件下地表也可能出现漏斗状塌陷坑和塌陷槽。其类型主要有：①浅部不均匀开采引起的塌陷坑；②松散沙层进入井下引起的漏斗状塌陷坑；③急倾斜矿层开采引起的漏斗状塌陷坑；④开口大裂缝引起的漏斗状塌陷坑；⑤导水断层引起的漏斗状塌陷坑；⑥岩溶塌陷引起的漏斗状塌陷坑等。

3. 概率积分法修正模型

因为中东部高潜水位地区多为黄淮海冲积平原区，松散层厚度大，传统的概率积分法边界收敛效果不好，有学者提出了概率积分法模型的修正模型。地表下沉盆地的形状和范围主要是由单元下沉影响函数的形式决定，概率积分法的地表单元下沉盆地表达式为

$$w(x)=\frac{1}{r}\mathrm{e}^{-\frac{x^2}{r^2}} \tag{3.18}$$

式中：r 为主要影响半径，m；x 为地表某点坐标。

从式（3.18）可知影响函数曲线开口大小的主要因素是 r。考虑在厚松散层条件下，

概率积分法模型在下沉盆地中间区域拟合较好、两端拟合较差的实际情况,因此修正模型的最大下沉值应与原模型的最大下沉值一致,理想的模型与原模型相比应该是最大下沉值及附近区域不变而曲线的两端收敛较原先缓慢。基于此,如改变模型中的 r 是根本达不到理想效果的,但式(3.18)中两个 r 所在的位置对函数形状的影响有所不同,为说明问题将第一个 r 记为 r_1,第二个 r 记为 r_2。实际上对函数最值起更大作用的是 r_1,对函数边缘收敛起更大作用的则是 r_2,函数曲线如图 3.9 所示。

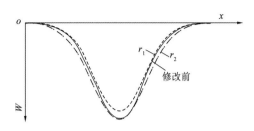

图 3.9　修改前后单元下沉曲线对比

　　由上可知,仅改变 r_2 所在位置值的大小而保持 r_1 不变,下沉曲线收敛性可得到控制。在概率积分法模型中,并未考虑厚松散层这一特殊因素,只考虑煤层上覆基岩的作用,实际上地表沉陷是由上覆基岩和松散层综合作用的结果,故在新模型中必须考虑松散层厚度这一因素,下沉盆地边缘收敛缓慢的特性,极有可能与其不容忽略的厚度有关,故在式(3.18)中的 r_2 位置加入一项新参数,以调整影响函数的收敛性,使其适合厚松散层的情形,所以修正模型单元下沉盆地表达式如下:

$$w(x)=\frac{1}{r}\exp\left(\frac{-\pi e^2}{\left[r+\left(H/h\right)^n\right]^2}\right) \tag{3.19}$$

式中:H 为平均采深,m;h 为松散层厚度,m;n 为松散层影响系数。

　　从中可以看出,式(3.19)比式(3.18)多一项 $(H/h)^n$,从上述分析可知,H/h 值始终大于 1,h 越大,盆地边缘收敛越缓慢,H/h 的值越小,所以 n 就得越大,即松散层影响系数 n 与松散层厚度 h 呈正相关。n 是一个潜在的参数,无明显的物理意义,不可直接在图上求取,因此松散层厚度这一影响因素就不能不考虑。在松散层很小的情况下,一般不考虑其影响,即使考虑,n 的取值也会很小,接近于 0,修正模型与原模型基本一致,在厚度不可忽略的情况下,研究发现 $(H/h)^n$ 可取值为 kr,即影响半径的 k 倍,k 一般取 0.2～0.4,从而可求出 n 的取值,即

$$n=\frac{\lg(kr)}{\lg(H/h)}$$

类似概率积分法,可以求出半无限开采时地表下沉预计公式如下:

$$w(x)=\frac{w_0}{2}\frac{\left[r+\left(\frac{H}{h}\right)^n\right]\operatorname{erf}\left[\frac{\sqrt{\pi}}{r+\left(\frac{H}{h}\right)^{n\cdot x}}\right]}{r} \tag{3.20}$$

对上式分别求一阶导、二阶导可得地表倾斜 $i(x)$ 和曲率 $k(x)$ 预计公式:

$$i(x) = \frac{w_0}{2r} \exp\left[\frac{-\sqrt{\pi}x^2}{\left(r + \left(\frac{H}{h}\right)^n\right)^2}\right] \tag{3.21}$$

$$k(x) = -\frac{w_0}{r\left(r + \left(\frac{H}{h}\right)^n\right)^2} \exp\left[\frac{-\sqrt{\pi}x^2}{\left(r + \left(\frac{H}{h}\right)^n\right)^2}\right] \tag{3.22}$$

按照阿维尔申的基本假设，水平移动 $U(x)$ 和水平变形 $\in(x)$ 仍可按下式计算

$$U(x) = b \cdot r \cdot i(x) \tag{3.23}$$

$$\in(x) = b \cdot r \cdot k(x) \tag{3.24}$$

其中：b 为水平移动系数。

对于有限开采，采用叠加原理计算即可。

3.2.2 绿色开采

煤炭开采造成的环境破坏是非常严重的，大大超出了矿区环境容量，也就是说，我国煤炭开采是以牺牲环境为代价的。而煤炭作为我国主要能源的状况在短期内难以改变，为了避免煤炭开采对矿区环境的继续破坏，国家和煤炭行业必须考虑煤炭资源与环境协调开采问题，转变煤炭开采理念，依靠技术进步，将煤炭生产活动对自然资源和生态环境的影响降至最低程度。为此，钱鸣高院士于 21 世纪初提出了煤矿绿色开采的理念（钱鸣高 等，2003）。

煤矿绿色开采是指考虑环境与资源保护的煤炭开采方法。具体来说，煤矿绿色开采及相应的绿色开采技术，在基本概念上是从广义资源的角度认识和对待煤、瓦斯、水、土地、矸石等一切可以利用的资源；基本出发点是从开采的角度防止或尽可能减轻开采煤炭对环境和其他资源的不良影响；基本手段是控制或利用采动岩层破断运动；目标是取得经济效益的同时，实现最佳的环境效益和社会效益。煤矿绿色开采具有以下三个方面的内涵与特点。

（1）对原有矿井废弃（或有害）物观念的转变。从广义资源的角度来说，在矿区范围内的煤炭、地下水、瓦斯、土地、煤矸石、矿井地热及煤层附近的其他矿床都是宝贵的资源，都应该作为矿区的开发对象而加以利用。而传统煤炭开采中仅将煤炭作为资源对待，其他的并没有作为资源来对待，有的甚至作为有害物来对待。

原来对矿井瓦斯的定义是：瓦斯是矿井中主要以甲烷为主的有害气体。事实上，瓦斯是清洁能源，1 m³ 瓦斯可发电 3～3.5 kW·h。

原来对矿井水文地质类型的定义是：根据矿井水文地质条件、涌水量、水害情况和防治水难易程度等划分类型，这个定义是将矿井水作为水害来对待的。事实上，在防治地下水的同时可将矿井水资源加以利用。

矸石是开采产生的固体废弃物，但也可作为沉陷地的复垦材料、采空区充填骨料及制砖材料等。

（2）从源头上采取措施减轻开采对环境的破坏。从煤炭开采的角度采取措施，即从源头消除或减少采矿对环境的破坏，而不是先破坏后治理，这符合循环经济原则。如通过采矿方法的改变和调整来实现地下水资源的保护、减缓地表沉陷及减少瓦斯和矸石的排放等。

（3）基于采动岩层破断运动规律，岩层运动不仅对矿山压力造成影响，而且煤层开采后引起的岩层"变形–破断–移动"是造成一系列采动损害与环境问题的根源。岩体不破坏，水与瓦斯流动、地表沉陷与土地破坏等环境问题都不会发生。因此，绿色开采的基本手段是控制岩层运动，防止和减少采动对环境的不良影响。

绿色开采是绿色矿山建设的基础。绿色开采的提出是实现我国煤炭资源科学开采的必然要求，符合科学采矿的三原则要求，即安全原则、环保原则、经济原则。绿色开采的提出也符合我国煤炭循环经济的发展要求，满足循环经济的"3R"原则，即减量化原则（reducing）、再利用原则（reusing）、资源化原则（recycling）。

钱鸣高等（2003）最早提出了煤矿绿色开采的概念，阐述了它的内涵和技术体系（图 3.10）。绿色开采的理论基础为：开采后岩层中的关键层运动形成的节理裂隙与离层规律及瓦斯与地下水在破断岩层中的渗流规律。绿色开采技术的主要内容包括：保水开采、建筑物下采煤与离层注浆减沉、条带与充填开采、煤与瓦斯共采、煤巷支护与部分矸石的井下处理、煤炭地下气化等。

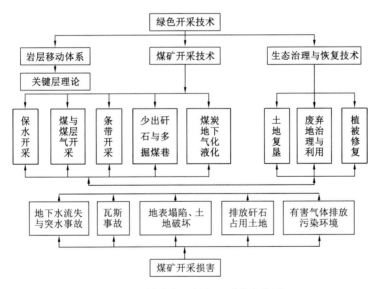

图 3.10　煤矿资源绿色开采技术体系

（1）开采技术涉及三个方面（钱鸣高，2007）：①采矿方法的改变，如地面建筑物保护的充填与条带开采（含条带充填）技术、采空区及离层区充填技术、煤与瓦斯共采技术、保护地下水资源开采技术–保水开采技术、煤炭地下气化技术；②为保护土地而考虑的开采后土地的复垦（修复）；③加强煤巷支护技术，不出或少出矸石。

（2）绿色开采技术的理论基础问题。开采的环境问题都由采动引起，因此与开采后造成的岩层运动有关（岩体不破坏，上述问题都不会发生）。岩层运动不仅对工作面矿山压力有影响，而且造成岩体的松动。造成了岩体内"裂隙场"，由此影响离层的发育状态及位置和地表沉陷，从而改变了瓦斯与地下水在裂隙岩体内的渗流规律。绿色开采的理论基础有：①采动岩体"节理裂隙场"分布及离层规律；②开采对地表的影响规律；③液体与气体在裂隙岩体中的渗流规律；④岩层控制（主要是煤巷支护）与岩体应力场分布规律。岩层中的关键层对整个岩层运动及岩体内"裂隙场"起控制作用，因此与绿色采矿密切相关，岩层控制的关键层理论是绿色采矿的基础理论（钱鸣高，2007）。"绿色开采"的内涵是努力遵循循环经济中绿色工业的原则，形成一种与环境协调一致的、努力去实现"低开采、高利用、低排放"的开采技术。

3.2.3　可持续发展理论

可持续发展理论既可追溯到古代文明的哲理精神，又蕴含了现代人类的认识和实践。它以人与自然的关系、人与人的关系作为研究基础，探讨人类活动对生态环境的影响和反馈、人类对自身活动的理性调控、人与自然的演化规律、人类社会的伦理道德规范，最终实现人与自然之间的协调一致及人与人之间的和谐统一。

1980年3月世界自然保护联盟（International Union for Conservation of Nature，IUCN）发表《世界自然保护大纲》，标志着可持续发展思想的正式形成。该报告首次提到"可持续发展"一词，并明确要求各国政府改变目前只注重开发，以致和环境保护脱节的做法，宣传将两者紧密联系起来。

1987年，挪威前首相布伦特兰夫人主持由21个国家的环境与发展专家组成的联合国世界环境与发展委员会（World Commission on Environment and Development，WCED），并在其著名的《我们共同的未来》宣言中，正式提出了可持续发展的概念：既要满足当代人的需求，又不要对后代人满足其自身需求的能力构成危害的发展。虽然可持续发展有很多种不同侧重的解释，但布伦特兰夫人所做出的概括，得到了最广泛的接受和认可，并在1992年联合国环境与发展大会上获得与会者的认同。

可持续发展的概念包括两方面内容：一方面，是人类的需求（包括弱势人士的需求），也就是人类赖以生存的条件，人类的基本需求应被置于最优先的地位；另一方面，要考虑的是环境限度或承载能力，如果环境的承载极限被突破，必将影响自然界支持当代和后代人的生存能力。

1. 可持续发展战略

可持续发展的目标是世世代代持续的经济繁荣，要达到社会公平和环境优美，是经济、社会、环境"三位一体"的协调和统一的发展。在人类可持续发展系统中，生态、环境、资源是基本条件，经济增长是基础，社会进步则是目的。只有在繁荣的经济和稳定的社会条件下，即使环境退步，仍能有雄厚的实力和良好的机制使其得以恢复。

可持续发展的经济目标是追求质量和效率，它所提倡的"生态–环境–资源"的目标是使系统达到良性循环,必须有限制地发展,而且要与自身的承载力相协调。可持续发展的社会目标是实现社会公平和人口适度增长。

2. 可持续发展的基本原则

可持续发展综合了经济、社会、生态环境三大目标,将自然环境与社会环境结合起来讨论发展,充分体现了时空上的整体性。强调资源、环境与经济的一体化发展,三者不可偏废其一;强调人类在时间和空间上的共同发展,而不是某时段、某几代人的发展;强调可持续发展是全人类的共同选择,而不是某些国家和地区所追求的目标。

1) 公平性原则

所谓公平原则是指机会选择的平等性。公平性原则包括代内公平和代际公平,以及公平分配有限资源三个方面。可持续发展认为人类若要真正实现发展与进步,一定要在当代人之间实现公平性,同时也要在当代人与未来各代人之间实现公平性,向所有人提供实现美好生活愿望的机会。可持续发展要把消除资源浪费和消除贫困结合,给当代各国、各民族、各地区、各群体以公平的分配权和发展权。这是可持续发展与传统发展模式的根本区别之一。而目前,发达国家人口仅占世界人口的 1/4,却消耗了全球能源年耗量的 75%、木材年耗量的 85%、钢材年耗量的 72%,这种有限资源的不公平分配现状,是人类发展与进步的很大障碍。同时,人类不应为了眼前的利益而损害后代人也同样享有公平利用自然资源的权利,不能"吃祖宗饭,断子孙路"。

2) 可持续性原则

人与自然间的公平性。人类不是自然的主宰,不能对大自然恣意妄为,不能违反自然界的客观科学规律,人与自然界应该保持互惠共生的和谐发展关系。人类的经济和社会活动一旦超越了资源与环境的承载能力,必将导致自然资源过度消耗和环境恶化,从而损害地球上的自然系统。为此,人们必须调整自己的生活和发展方式,在生态系统可能承受的范围内确定自己的消耗标准。同时,人类的经济和社会发展不能超越资源与环境的承载能力。

3) 共同性原则

地球的整体性与相互依赖性。地球系统是一个有机的整体,其各子系统之间具有相互依赖、相互影响的关系。各国、各地区的政策和方针、行动方案、实施步骤等虽千差万别,但与可持续发展战略的总目标应该是一致的,必须为实现总目标而全球联合行动。

4) 需求性原则

传统发展观以刺激消费需求和生产需求作为推动经济增长的一个重要手段,而可持续发展在保证人类公平分配权的基础上,还将需求权从人类延伸到自然界。它包括三个子系统,首先是人类基本需求子系统,其中包括物质需求与精神需求;其次是环境需求子系统,其中包括环境自净需求及环境保持需求;最后是社会发展需求子系统,这包括当代人的发展需求,同时又能保护后代人的发展需求。

3.2.4　土壤重构理论

土壤是植物赖以生存的基础,没有良好的土壤母质,作物与植被的建立就无从谈起或者说很难达到良好的效果。有关研究表明,现代复垦技术研究的重点应该是土壤因素的重构而不仅仅是作物因素的建立,为使复垦土壤达到最优的生产力,构造一个较优的土壤物理、化学和生物条件是最基本的和最重要的内容。

1. 土壤重构的概念及重要性

土壤重构(soil reconstruction 或 soil restoration)即重构土壤,是以工矿区破坏土地的土壤恢复或重建为目的,采取适当的采矿和重构技术工艺,应用工程措施及物理、化学、生物、生态措施,重新构造一个适宜的土壤剖面和土壤肥力因素,在较短的时间内恢复和提高重构土壤的生产力,并改善重构土壤的环境质量。

传统的土地复垦技术,不考虑土壤重构,往往导致土层顺序的颠倒。图 3.11(a)虽然做了改进,但是 2、3 层土的顺序还是颠倒了。

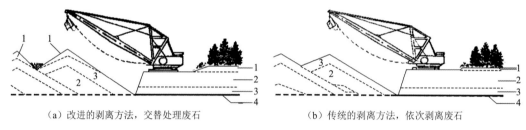

(a)改进的剥离方法,交替处理废石　　　　(b)传统的剥离方法,依次剥离废石

图 3.11　传统复垦工艺示意图
1 为表层土壤;2 为页岩、砂岩;3 为酸性层页岩、砂岩;4 为煤

土壤重构的实质是人为构造和培育土壤,其理论基础主要来源于土壤学科。土壤重构可以是土壤剖面及土壤肥力因素的重组重建,或简单地整理、归还和复原。土壤重构所用的物料既包括土壤和土壤母质,也包括各类岩石、矸石、粉煤灰、矿渣、低品位矿石等矿山废弃物,或者是其中两项或多项的混合物。所以在某些情况下,复垦初期的"土壤"并不是严格意义上的土壤,真正具有较高生产力的土壤,是在人工措施定向培肥条件下,重构物料与区域气候、生物、地形和时间等成土因素相互作用,经过风化、淋溶、淀积、分解、合成、迁移、富集等基本成土过程而逐渐形成的。

在矿区土壤重构过程中,人为因素是一个独特的而最具影响力的成土因素,它对重构土壤的形成产生广泛而深刻的影响,可使土壤肥力特性短时间内即产生巨大的变化,减轻或消除土壤污染,改善土壤的环境质量;另外,人为因素能够解决土壤长期发育、演变及耕作过程中产生的某些土壤发育障碍问题,使土壤的肥力迅速提高。但是,自然成土因素对重构土壤的发育产生长期、持久、稳定的影响,并最终决定重构土壤的发育方向。因此,土壤重构必须全面考虑自然成土因素对重构土壤的潜在影响,采用合理有效的重构方法与措施,最大限度地提高土壤重构的效果,并降低土壤重构的成本和重构土壤的维护费用。

2. 土壤重构的类型

按煤矿区土地破坏的成因和形式，土壤重构主要可分为三类：采煤沉陷地土壤重构、露天煤矿排土场土壤重构和矿区固体污染废弃物堆弃地土壤重构。

按土壤重构过程的阶段性，可分为土壤剖面工程重构及进一步的土壤培肥改良。而土壤剖面工程重构又包括地质剖面的重构及在此基础之上的表层土壤的重构和地貌景观的重塑。土壤培肥改良措施包括施肥措施、耕作措施和林灌草措施等。

按复垦所用主要物料理化性质的不同，可分为土壤的重构、软质岩土的土壤重构、硬质岩土的土壤重构、废弃物填埋场及堆弃地的土壤重构等。

在不同土壤类型区，自然成土因素对重构土壤的影响和综合作用不同，土壤的发育和形成过程各异。按区域土壤自然地理因素和地带土壤类型来划分，土壤重构可分为：红壤区的土壤重构、黄壤区的土壤重构、棕壤区的土壤重构、褐土区的土壤重构、黑土区的土壤重构等。

复垦土壤重构可分为工程措施重构与生物措施重构（包括微生物重构）。工程措施重构主要是采用工程措施（同时使用相应的物理措施和化学措施），根据当地重构条件，按照重构土地的利用方向，对沉陷破坏土地进行的剥离、回填、挖垫、覆土与平整等处理。工程措施重构一般应用于土壤重构的初始阶段。生物措施重构是工程措施重构结束后或与工程措施重构同时进行的重构"土壤"培肥改良与种植措施，目的是加速重构"土壤"剖面发育，逐步恢复重构土壤肥力，提高重构土壤生产力，生物重构是一项长期的任务，决定了土壤重构的长期性。

沉陷地土壤重构根据所采取的工程措施可分为充填重构与非充填重构。充填重构是利用土壤或矿山固体废弃物回填沉陷区至设计高程，但一般情况下很难得到足够数量的土壤，而多使用矿山固体废弃物来充填，这既处理了废弃物，又复垦了沉陷区被破坏的耕地，其经济效益、环境效益显著，一举而多得。主要类型有：煤矸石充填重构、粉煤灰充填重构与河湖淤泥充填重构等。但某些废弃物可能造成土壤、植物与地下水的污染。

非充填重构是根据当地自然条件和沉陷情况，因地制宜地采取整治措施，恢复利用沉陷破坏的土地。据分析估计，矿区固体废弃物只能满足约 1/4 沉陷区充填重构的需要，还有约 3/4 的沉陷区得不到充填物料，应该进行非充填复垦重构措施。非充填复垦重构措施包括疏排法重构、挖深垫浅重构、梯田法重构等重构方式。

土壤重构根据目的和用途可分为农业土壤重构、林业土壤重构、草业土壤重构，其中农业土壤重构的标准最高。农业土壤重构是将恢复后的土地用于作物种植，是沉陷区土壤重构的重点研究目标，它要求重构土地平整、土壤特性较好、具备一定的水利条件。工程重构结束后应及时进行有效的生物重构措施，进一步改良培肥土壤。林业土壤重构是将重构后的土壤作乔灌种植，是重构物料特性较差时的主要重构方式，它对重构土壤层的标准要求较低，地形要求亦不是很严，允许地表存在一定坡度。林业土壤重构一般应该侧重其环境效益与生态效益，在此基础上才能谈到经济效益。所选重构树种应该对特定恶劣立地条件有较强的适应性。对采用有害废弃物重构的土地，可栽植能吸收降解有害元素的抗性树种,达到减少和净化重构土壤的目的。草地土壤重构国内研究较少,西方发达国家相关研究较多,可与乔灌措施相结合使用。

3. 土壤重构的原理及模型

土壤重构的研究对象是工矿区破坏土地,虽然本书只涉及煤矿区,但其范围可延伸到其他类型矿区及工程项目建设区废弃地土壤的重构,以及因自然因素或人为因素形成的退化土壤。

土壤重构的目标用地可分为农业用地、林业用地和草地三类。农业用地包括种植粮食、蔬菜、油料、果树等用地;林业用地包括林木、灌木、干果、园林等用地;草地包括牧草地、草坪地。土壤重构的目标又可区分为阶段性目标和最终目标。矿区破坏土地的土壤重构方向,应该是根据区域土地利用总体规划,并由破坏土地的具体情况、岩土条件、当地的社会经济条件及区域土壤地理、生态环境等条件所决定。土壤重构是一个长期的过程,面对的重构条件往往十分复杂和恶劣,某些情况下不能一次性地恢复为农田,过渡性的、阶段性的目标是必需的。例如可以视具体条件先将破坏土地恢复为林业用地或草地,利用先锋植物对土壤的改良作用逐步培肥净化土壤,使之逐渐发育为具备农业种植条件的土壤。

1)土壤重构的一般方法及其依据

土壤重构的方法因具体重构条件而异,不同采矿区域、不同采矿类型、不同采矿与复垦阶段的土壤重构方法各不相同,一般方法可概括如图 3.12 所示。

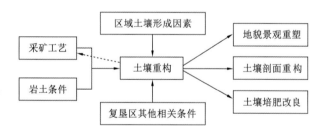

图 3.12 复垦土壤重构的一般方法

土壤重构方法的确定首先要考虑当地的采矿工艺和岩土条件;其次,土壤重构方法应该考虑重构后的土壤要与区域自然成土条件相协调;第三,土壤重构还要考虑破坏土地的利用方向、复垦投资、法律要求等其他一些相关因素。另外,土壤重构包括地貌景观重塑、土壤剖面重构和土壤培肥改良等几方面内容。

I. 采矿工艺及岩土条件对土壤重构方法的影响

土壤重构要以具体的采矿工艺和当地的岩土条件为基础,不同的采矿工艺和岩土条件要求采取不同的重构方式:井工采煤往往造成不同程度的地表沉陷,沉陷地的土壤重构可采用直接利用法、修整法、疏排法、挖深垫浅法,充填法等方法;露天土壤重构应该十分注重采排工艺的紧密结合,不考虑土壤重构的采排工艺必然会大大增加土壤重构的难度和成本，一般要求对表土进行剥离和回填，以及地质剖面重构及地貌景观重塑；对少土区来说，表土的剥离与回填最为关键；在无土区，则需要对各扰动层次进行样品分析，选择合适层次的物料作为替代"土壤"覆盖于表层；黄土区土层深厚，对表土的剥离与回填要求不高，但是需要采取有效的水土保持措施防止水土流失，恢复植被，重建生态；在土壤重构的初期，偏重工程措施和物理化学方法，复垦的后期则多用生物生态措施。

Ⅱ. 区域土壤形成因素对土壤重构方法的影响

区域土壤形成因素必然对重构土壤产生长期的稳定的影响，并最终决定重构土壤的发育方向。土壤重构虽然是人为构造和培肥土壤，但是，人工措施只有与自然成土因素相协调，全面考虑自然成土因素对重构土壤的影响，才能有效地发挥作用，从而使重构土壤最终与生态环境相协调，降低重构土壤的维护和管理费用。

Ⅲ. 复垦区域其他相关条件对土壤重构方法的影响

复垦区破坏土地利用方向的依据是相关法律法规及区域土地利用总体规划，它们决定了破坏土地是否恢复为农林草用途，此为土壤重构的依据。复垦的投资是土壤重构的资金保证，复垦资金的多少，关系土壤重构工艺和措施的选择，从而影响重构土壤的质量。

Ⅳ. 土壤重构的方法步骤

对剧烈扰动的复垦土地，首先需要进行地质剖面的重构和地表景观的重塑，并重建地表与地下水文系统。在此基础上进行与植物生长密切相关的表层土壤剖面重构，构造适宜作物生长的剖面层次，在本阶段，工程措施是主要的。然后是重构土壤的培肥改良，在此阶段，物理、化学与生物措施是主要的。另外需要指出的是，土壤剖面重构阶段并不排斥土壤培肥改良措施。

2）土壤重构的原理及模型

Ⅰ. 采矿–复垦一体化的土壤重构原理及模型

采用"分层剥离、交错回填"的土壤重构原理，使破坏土地的土层顺序在复垦后保持基本不变、更适宜于作物生长。其基本原理与方法如下。

（1）根据当地地质和土壤条件和复垦需要，将上覆岩土层划分为若干层（如分为上部土层和下部岩石层）。

（2）将复垦区域划分为若干条带或块段。

（3）分层剥离岩（土）层并通过错位的方式交错回填以实现土层顺序的基本不变或按期望的顺序进行构造。

下面以上覆岩土层划分为两层（如分为上部土层和下部岩土层）为例介绍土壤重构的原理并推导数学模型。

（1）条带式倒堆工艺的土壤重构原理。该方法多见于区域条带式露天矿采用开采–复垦一体化技术。如图 3.13 所示，将第 1 条带的上部土层和下部岩土层分别剥离并堆放在开采复垦区域旁边，如果是采煤的话，第 1 条带此时可以采煤了，第 2 条带的上部土层也剥离并堆放在旁边的上部土层堆上，将第 2 条带的下部岩土层剥离并填充在第 1 条带

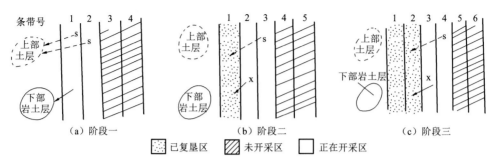

图 3.13　上覆岩（土）层分为两层的条带式倒堆工艺的土壤剖面重构原理

← - - - s 上部土层　　← x 下部岩层

的采空区上，再将第 3 条带的上部土层继续填充在第 1 条带上就构成基本层序不变的第 1 条带新构土壤，即

第 1 条带新土壤=第 2 条带下部岩土层+第 3 条带的上部土层

相应的：第 2 条带新土壤=第 3 条带下部岩土层+第 4 条带的上部土层。

因此，可总结出规律如下：

$$\begin{cases} 第\,i\,条带新土壤=第(i+1)条带下部岩土层+第(i+2)条带上部土层 \\ \qquad\vdots \qquad\qquad\qquad\vdots \qquad\qquad\qquad\vdots \\ 第\,n-1\,条带新土壤=第\,n\,条带下部岩土层+第1、2条带上部土层 \\ 第\,n\,条带新土壤=第1条带下部岩土层+第1、2条带上部土层 \end{cases} (i=1,2,\cdots,n-2)$$

（2）其他开采类型的土壤重构原理。对于其他类型开采方法的土壤重构，可以通过划分若干块段，通过块段间的交错回填，达到构造出土层顺序基本不变的新造土壤。其原理和新构造土层的公式与条带式倒堆工艺的公式一致，只不过将开采条带变成开采块段，详见图 3.14。

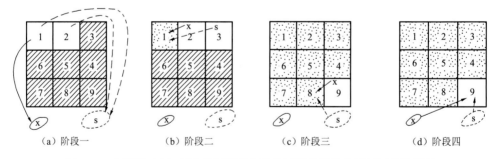

图 3.14　上覆岩（土）层分为两层的划分为开采块段的土壤剖面重构原理

（3）通用土壤重构原理与数学模型。对任意 m 层上覆岩（土）的通用土壤剖面重构的基本原理和数学模型：设上覆岩（土）层分为 m 层，自上而下的岩（土）层为 $L_1, L_2, \cdots, L_m$，开采条带或块段数为 n，那么，在开切阶段，开采区域的外部将形成 m 个土堆，分别用 $L_1', L_2', \cdots, L_m'$ 表示。

其中：L_1' 由第 1, 2, $\cdots$, m 条带的 L_1 土层混合而成的土堆；

　　　　L_2' 由第 1, 2, $\cdots$, $m-1$ 条带 L_2 土层混合而成的土堆；

　　　　　　　$\vdots$　　　　　　　　　　　$\vdots$

　　　　L_{m-1}' 由第 1, 2 条带的 L_{m-1} 土层混合而成的土堆；

　　　　L_m' 由第 1 条带的 L_m 土层混合而成的土堆。

新构造的土壤的结构如下：

第 i 条带新土壤 $= \sum\limits_{j=1}^{m} [i+m-j+1]$ 条带的 L_j 岩土层，$i=1, 2, \cdots, n-m$；

第 $n-(m-k)$ 条带新土壤 $= \sum\limits_{j=1}^{k} L_j' + \sum\limits_{j=k+1}^{m} [n-(m-j)]$ 条带的 $L_{[m-(j-(k+1))]}$，$k=1, 2, \cdots, m-1$；

第 n 条带新土壤 $= \sum\limits_{j=1}^{m} L_j$。

（4）特殊条件的土壤重构原理与数学模型。上述"分层剥离、交错回填"通用公式仅考虑维持原土壤的土层顺序，由于重构条件的复杂性，在复垦的实际操作时也会有例外，为取得最佳的复垦效果，有时需要根据土壤中各土层的物理化学特性，将其中的某一层回填作为表土层。在借鉴条带式倒堆工艺的交错回填公式的基础上，根据土壤重构原理，借鉴条带式倒堆工艺的交错回填公式，给出任意 x 层土壤（软岩）作为重构"土壤"表土替代层的交错回填公式，进一步丰富和拓展土壤重构的"分层剥离、交错回填"理论的内涵。其重构的数学模型如下：

$$F_i = L_{X, m+i+1-X} + \sum_{j=1, j\neq X}^{m} L_{j, m+i+1-j} \qquad (i=1, 2, 3, \cdots, n-m)$$

$$F_{n-m+k} = \sum_{j=k+1}^{m} L_{j, n+k+1-j} + \sum_{j=1, j\neq X}^{k} L_j' + L_X' \qquad (k+1\geqslant X, k=1, 2, 3, \cdots, m-1)$$

$$F_{n-m+k} = L_{X, n+k+1-X} + \sum_{j=1}^{k} L_k' + \sum_{j=k+1, j\neq X}^{m} L_{j, n+k+1-j} \qquad (k+1\leqslant X, k=1, 2, 3, \cdots, m-1)$$

$$F_n = L_X' + \sum_{j=1, j\neq X}^{m} L_j'$$

II. 挖深垫浅复垦土壤剖面重构的原理与方法

挖深垫浅中复垦土壤剖面重构（土方工程）主要以"分层剥离、交错回填"的土壤重构原理为依据，主要工艺可概括如下（图 3.15）。

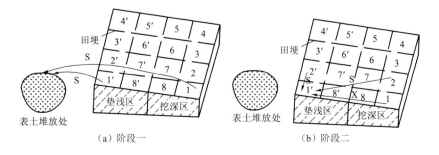

（a）阶段一　　　　　　　　　　　　（b）阶段二

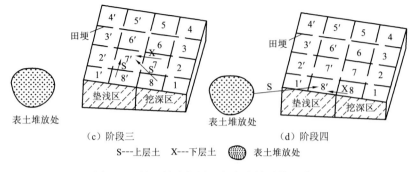

（c）阶段三　　　　　　　　　　（d）阶段四

S---上层土　　X---下层土　　 表土堆放处

图 3.15　挖深垫浅复垦工艺中土壤重构示意图

（1）把"挖深区"和"垫浅区"划分成若干块段（依地形和土方量划分），并对"垫浅区"划分的块段边界设立小土（田）埂以利于充填。

（2）将土层划分为若干层（通常为两个层次，一是上部 20～40 cm 的上层土 S，二是下层土 X）。

（3）按照"分层剥离、交错回填"的土壤重构原理进行复垦，使复垦后的表土层厚度增大（理论上可达到两层表土），使复垦土地明显优于原土地，其重构的数学模型如下：

i'块段土壤结构=(i+1)块段上层土+i 块段下层土+(i+1)'块段预剥离的上层土

其中，i=1,2,…,n–1（n 为划分的块段数）。

n'块段的结构=1 块段上层土+n 块段下层土+1'块段预剥离的上层土

Ⅲ. 表土重构原理与方法

在某些情况下，可以单独进行表土的剥离与回填，而不考虑其他土层的重构，其重构的方法是：根据挖掘机械的宽度，由外到里（沉陷中心）预算出每一挖掘机械宽度范围内的土方量，然后将复垦区划分成不同的复垦条带和取土区，每一条带大致为挖掘机械宽度的整数倍数，最后由外向里层层剥离，如图 3.16 所示。

先将第 1 条带的表土层和取土区的表土层剥离，并堆积在复垦区外［图 3.16（a）］，然后从取土区取生土填在第 1 条带，再将第 2 条带表土移至第 1 条带［图 3.16（b）］，以此类推［图 3.16（c）、图 3.16（d）］，最后将剥离的第 1 条带表土层和取土区表土层回填到第 n 条带及各层整平［图 3.16（e）］。复垦后土层的剖面结构可表示如下：

第 i 条带土壤剖面＝第 i 条带下部生土+取土区下部生土+第 i+1 条带表土
+第 1 条带与取土区表土回填（i=1,2,…,n–1）

第 n 条带土壤剖面＝第 n 条带下部生土+第 1 条带与取土区表土回填

施工后，外围复垦耕地用于发展生态农业，中心取土塘区用于水产养殖或蓄水、排水、水上公园等。

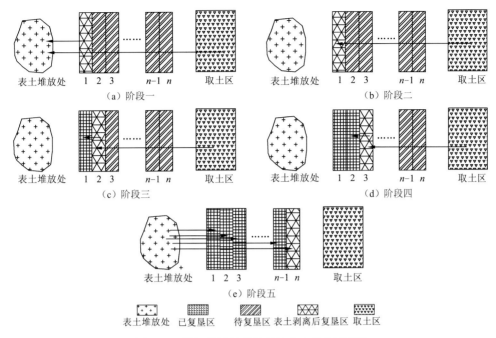

图 3.16 挖深垫浅的条带复垦表土外移剥离法

3.2.5 环境经济理论

对环境经济学最简洁的表述是：这是研究经济发展和环境保护之间的相互关系的学科，是经济学和环境科学交叉的学科。但从本质上，这是一门经济学的分支。其基本立场，使用的分析方法，思考问题的逻辑，都应该是经济学的。

不少人认为经济才是环境问题的根源所在。因为在人们的印象中，经济的繁荣带来的浓烟滚滚、黑臭的河水和绝迹的生物，破坏了田园诗般优美的环境。产业革命以来经济发达地区的环境破坏似乎就是最好的证明。尽管如此，人们还是常常在经济增长与环境恶化之间做出倾向于前者的选择。这些现象揭示了经济与环境关系中前者的主导作用或基础作用。人类损害环境不是因为不喜欢环境，而是出于其背后的经济利益。因此，不消除或弱化经济运行中的那些不利于环境的因素，环境保护将是非常艰难的。

有人认为不需要对环境问题进行专门的经济学研究。以为自然资源的供给与其他生产要素的供给似乎没有本质性的差别，只需要运用经济学的一般理论加以研究就可以了。但过去一些年环境经济学和可持续发展的研究进展表明，这一领域中确实有一些一般经济学无法成功应对的问题，甚至有一些对当前主流经济理论提出挑战的问题。所以，这一学科无论是在理论上还是实践上，其存在都是必要的，而且这种必要性还会增加。

环境经济学是关于经济对环境的影响、环境对经济的重要性，以及采取适当措施对经济活动加以控制，使得环境、经济及其他社会目标能够实现均衡的学科。将道德中立的化学品与以污染物身份出现的化学品区别开来的是经济学。例如，污染者之所以排放二氧化硫是因为二氧化硫是公众需要的某种商品的副产品。消费者需要某种与二氧化硫相伴随的商品，但同时也获得了二氧化硫污染的负效用（损害）。环境问题的实质是经济问题——生产者和消费者的行为和要求。撇开经济问题,大多数环境问题就无法与政策发生关系。

在现代经济系统中,对于大多数的商品和服务,人们有赖于市场使得生产者的供给与消费者的需求相匹配,从而生产出"恰当"数量的污染和消费品。所谓污染问题,其实意味着市场不能有效运作,从而"生产"出了超乎社会期望的污染量。由此引发的问题是:造成污染的动因是什么?消除污染的成本有多少?污染控制的社会收益是什么?污染控制的成本与收益如何恰当均衡?采取何种管理机制确保均衡实现。有时,这些问题是简单明了的,而有时又是极其复杂的。

简单地说,在一个环境经济学者的眼里,一切环境问题的本质是经济问题。从化学家的角度看,一切环境问题都是化学问题。环境问题的高度复杂性使人们都像是盲人摸象,但强调环境问题的经济学本质是必要的,原因有:①所有损害环境的行为都有经济上的驱动力,不消除这种驱动力,环境保护将不可能是有效的;②一切较为普遍的,或长期存在的环境损害通常都是经济制度上的原因,这是有关环境问题的制度根源;③与环境保护有关的技术经济学、产业经济学、投入产出分析等,是环境保护的技术和工程不可缺的。

3.3　边采边复关键技术

现阶段边采边复主要还是基于井下采矿工艺和时序进行的地面复垦(修复)方案的优选,未来会逐渐过渡到井下采矿与地面复垦(修复)的同步进行。因此,现阶段边采边复的核心是对未稳定的采煤沉陷问题采取措施,其实质是保土、保地(提高恢复土地率)的复垦(修复)技术,它受地质采矿条件、开采工艺、开采沉陷理论与方法等因素的影响较大,其实施的关键技术在于复垦(修复)范围与布局的确定、复垦(修复)时机的选择、复垦(修复)标高和施工工艺设计,即解决"何地复垦(修复)""何时复垦(修复)""如何复垦(修复)"这三个问题。

3.3.1　复垦(修复)范围和水土布局的确定

土地复垦的首要工作是要确定复垦(修复)的范围大小。由于边采边复是对未稳定的采煤沉陷问题采取措施,部分区域在采取治理措施时可能未出现明显的损毁特征,一般需要根据地下煤炭赋存情况,事先分析清楚开采后地面损毁的分布及演变特点,因地制宜地确定可采取治理措施的位置与范围。一般情况下,边采边复位置在即将开采或正在开采的工作面的上方,具体位置与范围往往结合复垦(修复)时机的选择而确定,关键在于沉陷土地动态复垦(修复)边界的确定。

对于高潜水位矿区,开采沉陷后地面出现积水是必然的,因此,地面复垦(修复)后会存在水面与土地两种类型,即水土布局。由于边采边复实施时地面未稳定,积水区域尚在动态形成过程中,不是最终状态,需要综合考虑后续下沉和沉陷的最终状态、施工成本、耕地保护需求等确定水土布局。

3.3.2　边采边复时机优选

边采边复是对未稳定的沉陷地，可以是沉陷前，也可以在沉陷过程中的任一不同时点，还可以在沉陷后复垦（修复），不同时间点复垦（修复），复垦（修复）的难易程度、恢复土地率等是不一样的，因此复垦（修复）时机的选择至关重要。复垦（修复）时机选择太提前，复垦（修复）工程受未来采动影响就比较大，同时如何说服农民同意提前动土复垦（修复）也是一大难题；但也不能太滞后，太晚复垦（修复），大量土地已经进入水中，复垦（修复）难度加大，恢复土地率低。一般情况下要在沉陷地大面积积水前进行施工，以减少工程施工的难度和费用，而且不影响表土的剥离保护。因此，复垦（修复）时机的选择是边采边复的关键技术之一，直接关系复垦（修复）工程的成败。

3.3.3　边采边复耕地标高确定和施工工艺设计

施工标高是保障边采边复工程成败的关键，尤其是耕地，关系地面稳定后能否耕作。对于边采边复耕地标高设计，主要根据单一煤层与多煤层开采条件下地表沉降程度，结合地表实际的地形地貌确定。单一煤层开采由于属于一次损毁，相应的标高设计可一步到位。多煤层开采条件下，标高设计应该是动态过程，应采用开采沉陷模拟试验，分析各阶段地表下沉量在空间上的分布，结合地表地形图分析矿区动态 DEM 模型，从而确定各阶段耕地复垦（修复）标高。边采边复是在开采过程当中动态实施的，工程实施后，经复垦（修复）的土地还要进一步受到后续开采的影响，仍要进一步下沉，并将经受积水的侵蚀，如果标高设计不合理，复垦（修复）过的耕地还将沉入水下或者土地质量受到影响，也就失去边采边复的意义，所以边采边复的耕地标高设计要充分考虑超前性，要求在后续沉陷影响后，使耕地的标高尽量满足耕种的需求。

同样因为边采边复是提前治理，工程类型需区分临时措施和永久措施，此外，为保证复垦（修复）土地的质量，施工工艺优化也很重要。

上述关键技术在后续的章节中分别进行叙述。

3.4　边采边复技术体系

由于边采边复的目的、复垦（修复）后土地利用类型、煤层赋存条件等不同，边采边复技术的分类方法也有所不同，主要有以下几类（图 3.17）。

（1）根据复垦目标的不同，可分为生态修复型边采边复技术和耕地保护型边采边复技术。其中耕地保护型边采边复技术又可分为保土增地型边采边复技术及引土增地型边采边复技术。

（2）依据井上下响应机制和耦合特征，可分为基于地下开采计划的地面边采边复技术、考虑地面保护的井下开采控制技术和井上下协同采复技术。

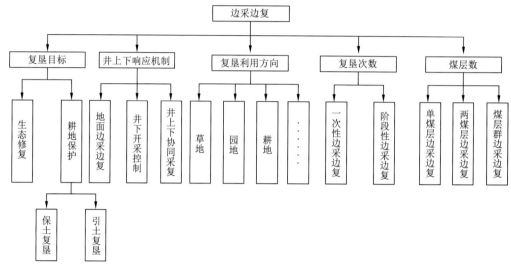

图 3.17   边采边复技术体系

（3）依据煤层赋存情况可分为单煤层的边采边复技术、两煤层的边采边复技术和煤层群边采边复技术。

（4）对于多煤层矿区，各个煤层开采时间不一，随着地下煤层的依次开采，地面将受到重复性损毁。因此，根据地面沉陷情况导致的复垦次数，也可分为一次性边采边复和阶段性边采边复。

（5）依据边采边复后土地的利用方向，可以分为耕地型边采边复技术、林地型边采边复技术、园地型边采边复技术、草地型边采边复技术等。原则上，以复垦（修复）为原地类为主，若损毁严重，无法恢复为原地类，则在进行适宜性评价之后，复垦（修复）为合适的地类。

3.4.1   基于复垦（修复）目标的边采边复技术

1. 耕地保护型边采边复技术

以耕地保护为主要目的，复垦（修复）后的土地利用方向以耕地为主，其核心是提高复垦（修复）土地率，主要的复垦（修复）形式分为保土和引土。

1）保土增地型边采边复技术

传统的土地复垦（修复）均是在采煤沉陷地稳沉后进行复垦（修复），恢复土地率低、复垦（修复）周期长，尤其是在东部高潜水位地区，大量的土地已经沉入水中，无法耕种。这就需要在土地沉入水中之前，进行表土剥离，合理堆积后，再进行回填，在不引入外来土源的情况下，就能充填沉陷区，达到保土的目的，提高复垦（修复）土地率。

2）引土增地型边采边复技术

充填复垦在我国采煤沉陷地各种复垦技术中一直占有很重要的地位。当前，我国在稳沉沉陷地充填复垦技术上已经拥有"煤矸石充填""粉煤灰充填""污泥、城市垃圾充填"等多种成熟的充填复垦技术,在非稳沉沉陷地上进行动态充填预复垦的技术也取得了诸多成果。但是挖深垫浅复垦的耕地面积较少,煤矸石或粉煤灰充填需要大量的复垦材料,而且运距大,经济成本高,充填后填充物所含的一些化学成分或重金属对农作物生长和产品质量都有影响,况且目前矿区已基本将煤矸石、粉煤灰等工业废弃物加以资源化利用,没有足够的可供充填的煤矸石或粉煤灰。

基于此,笔者提出引黄河泥沙充填引土增地型耕地边开采边修复技术体系。引用黄河泥沙进行充填,不仅可以合理利用黄河水沙资源,而且能够最大限度地增加耕地面积,缓解矿区人地矛盾;在恢复耕地的同时十分有利于降低黄河河床高程,提高防洪效益,能够解决引黄济青、济津工程的淤泥处置难题。

2. 生态修复型边采边复技术

当复垦(修复)出的土地并不能完全恢复为耕地时,可以考虑结合复垦(修复)后的实际情况,将复垦(修复)区域重建为生态园区、湿地公园等,因地制宜,合理利用复垦(修复)土地。

生态修复型边采边复除要求复垦(修复)出尽可能多的土地外,更加侧重于修复区域的生态环境恢复。按照景观生态学原理,在宏观上设计出合理的景观格局,在微观上创造出合适的生态条件,通过采取工程、生物及其他综合措施来恢复和提高生态系统的功能,逐步实现矿区的可持续发展。

3.4.2　基于井上井下响应机制的边采边复技术

1. 基于地下开采计划的地面边采边复技术

在地下开采计划已经确定的情况下,只能通过对地面修复方式的优选来进行边采边复。即根据已有的矿山开采资料及地质条件,经过沉陷预计,计算未来可能的沉陷情况,根据各个阶段的沉陷预计情况,进行地面边采边复规划设计,优选最佳的地面复垦(修复)时机及复垦(修复)范围和标高。

2. 考虑地面保护的开采控制技术

为保护地面建构筑物,最大限度地减少地下开采对地面的损毁,优化地面复垦(修复)工程,对地下工作面的开采进行适当的调整,以达到地面保护的效果。例如,采用双对拉工作面开采技术,可有效保护地面房屋。通过研究单一采区不同开采顺序下地表的损毁情况及对应的修复方式,发现当采用"顺序跳采–顺序全采""顺序跳采–两端逼近全采""两端逼近式开采"三种方式时,在开采前对地面进行提前统一的表土剥离及复垦(修复),可以在一定程度上延长地面土地的使用时间,土地利用最大化,复垦(修复)施工难度降低,复垦(修复)效率提高。

3. 井上下协同采复技术

建立井上井下两者之间的相互响应、相互反馈的机制,既考虑地面保护来调整地下开采,又根据地下开采计划,优选复垦(修复)方案,以达到采矿–修复协同控制的目标。

第4章　边采边复的范围确定与水土布局优化技术

由前所述，边采边复的首要工作是确定复垦（修复）的位置、范围和水土布局。由于边采边复是对未稳定的采煤沉陷问题采取措施，部分区域在采取治理措施时可能未出现明显的损毁特征，边采边复的位置、范围和水土布局的确定必须依据地下煤炭赋存情况、开采计划、土地复垦（修复）目标、目的等综合确定。

4.1　边采边复的范围确定

边采边复技术需要解决的第一个问题就是"何地复垦（修复）"。由于边采边复是对处于动态沉陷过程中的土地采取复垦（修复）措施，首先需要准确地划定复垦（修复）范围。对于高潜水位地区，耕地是最主要的土地利用类型，同时也是除房屋之外对损毁最敏感的土地利用类型，因此，一般以耕地损毁的边界作为边采边复范围确定的依据。

4.1.1　耕地损毁边界界定

煤炭开采后产生的下沉盆地、水平变形和倾斜都对耕地产生不同方式、不同程度的影响。在开采沉陷学中下沉盆地的最外边界是以地表移动和变形都为 0 的盆地边界点所圈定的边界，考虑观测误差，一般取下沉为 10 mm 的点为边界点。

然而下沉 10 mm（即下沉盆地边界）并未开始对耕地产生影响，若按此边界来对土地进行复垦（修复）或作为征地、补偿边界都将大大增加投资费用；而若按此边界做土地复垦（修复）方案，将大大增加土地复垦（修复）费用。

为了准确合理地圈定耕地损毁范围，耕地损毁边界定义为：由开采沉陷引起的地表移动或变形对耕地开始产生影响的边界点所圈定的边界，即为耕地损毁边界。

在高潜水位地区，地下煤炭开采后，下沉致使地面产生季节性积水或永久性积水，引起土壤的盐碱化和沼泽化，同时倾斜产生的附加坡度、水平变形产生的裂缝，使耕地出现跑水、跑肥、影响灌溉等破坏，导致农作物减产甚至绝产。具体参见图 4.1。

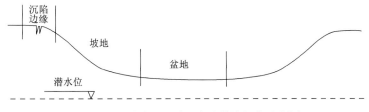

图 4.1　平原矿区开采沉陷对耕地损害示意图

1. 下沉对耕地的影响分析

下沉对耕地的影响主要表现为地表下沉，潜水位抬高，导致土壤含水量增加，或引起土壤盐碱化，甚至产生季节性或常年积水，影响作物的生长和产量，导致农作物减产或绝产。假设地表下沉为 W_p 时，影响土壤的有效水分或引起盐渍化，即开始对耕地产生影响。

2. 水平变形对耕地的影响分析

水平变形对耕地产生的影响主要为，当水平变形达到一定的程度时，地面产生裂缝，影响耕地及作物的生长。

地下煤层开采后，开采影响传递到地表，使地表产生移动，同时由于地表各点之间的移动量不均衡，从而产生了变形，当其拉伸变形达到或超过土体的极限抗拉强度时，地表就可能产生裂缝。开采沉陷引起的地表裂缝大小不同，有的非常细小，有的上口宽度可达 0.2～0.3 m，深度可达 20 m 以上，更有甚者上口宽度可达 1～2 m，裂缝深度可达数十米。由于裂缝的存在，在外界自然力量作用下，使得土壤被加速侵蚀，造成土壤、母质和水的损失，从而降低了土壤的肥力，影响农作物的产量。

裂缝的宽度和深度与表土层的厚度、塑性大小和地表发生拉伸变形的大小有密切关系。对于塑性小的砂质黏土、岩石或黏土质砂，拉伸变形值达到 2～3 mm/m 时就有可能出现裂缝；而对于塑性大的黏性土，出现裂缝的拉伸变形值一般可能会超过 6～10 mm/m。由此可见，裂缝的发育与水平变形的大小存在直接关系，但由于裂缝的发育又与表土层的厚度、塑性大小有关，即水平变形值的多少与该研究区域的表土层的厚度、塑性大小等有关。

由此可知，不同表土层厚度和塑性，发育裂缝的水平变形值也不同。如据某现场观测表明，黄土在水平变形达到 2 mm/m 左右即可出现微小的裂缝，即当黄土出现裂缝时水平变形 $\varepsilon = 2$ mm/m（假设地表开始发育裂缝时的水平变形值为 ε_p）。

3. 倾斜对耕地的影响分析

地表倾斜使地面产生附加坡度，改变了原来的地形，对耕地灌溉产生了一定的影响，从而影响了农作物的正常生长；并且加剧了水土流失，土壤退化严重。

地表倾斜改变了耕地的原有坡度，从而改变了农作物灌溉时的流水方向和速度，进而改变土壤对灌溉水的渗透性和土壤的含水性，影响灌溉的效果，甚者导致土壤有机质等养分流失，加剧土壤贫瘠。

假设当倾斜为 i_p（也可以假设对耕地产生附加坡度为 B_p）时，开始对耕地开始产生影响。

4.1.2　耕地损毁边界确定方法

耕地损毁边界有可能是下沉对耕地产生影响所圈定的，也有可能是水平变形产生裂缝或倾斜产生附加坡度对耕地的影响所圈定的边界。定义对耕地开始产生影响的数值称为耕地损毁临界值,包括耕地损毁临界下沉值、临界倾斜值和临界水平变形值。

1. 耕地损毁临界下沉值

定义对耕地生产力开始产生影响的下沉值为耕地损毁临界下沉值,用 W_p 来表示;该临界下沉值 W_p 根据矿区煤层所在区域的地面标高、丰水期潜水位标高及作物根层的地下水临界深度确定,即

$$W_p = H_0 - H_{q丰} - h_{临埋} \tag{4.1}$$

式中:W_p 为耕地损毁临界下沉值,m;H_0 为地面标高,m;$H_{q丰}$ 为丰水期潜水位标高,m;$h_{临埋}$ 为地下水临界深度,m。

2. 耕地损毁临界倾斜值对应的下沉值

定义对耕地生产力开始产生影响的倾斜值为耕地损毁临界倾斜值,用 i_p 来表示;定义对耕地生产力开始产生影响的附加坡度为临界附加坡度,用 $P_{临}$ 来表示;$P_{临}$ 由保证农作物不减产的最大坡度要求和原有地形坡度坡向共同决定,即式(4.1),此临界附加坡度 $P_{临}$ 对应的倾斜值即为耕地损毁临界倾斜值 i_p,即

$$P_{临} \leqslant \pm P_{农} - P_{地} \tag{4.2}$$
$$i_p = 18 \times P_{临} \tag{4.3}$$

式中:$P_{临}$ 为开采对耕地生产力开始产生影响的附加坡度,(°);$P_{农}$ 为保证农作物不减产的最大坡度要求,当产生的附加坡度方向与原地形坡度方向相同时取"+",产生的附加坡度方向与原地形坡度方向相反时取"−",(°);$P_{地}$ 为原始地形坡度,(°);i_p 为耕地损毁临界倾斜值,mm/m;

根据开采沉陷理论,将临界倾斜值 i_p 通过积分运算转换为临界倾斜值对应的下沉值 W_{i_p},即

$$W_{i_p} = \frac{W_{max}}{\sqrt{\pi}} \int_{-\sqrt{\ln(i_p r / W_{max})}}^{\infty} e^{-\lambda^2} d\lambda \tag{4.4}$$

式中:W_{i_p} 为耕地损毁临界倾斜值对应的下沉值,m;W_{max} 为最大下沉值,m;i_p 为耕地损毁临界倾斜值,mm/m;r 为主要影响半径,m。

3. 耕地损毁临界水平变形值对应的下沉值

定义对耕地生产力开始产生影响的水平变形值为耕地损毁临界水平变形值,用 ε_p 来表示;临界水平变形值 ε_p 可以通过实测法、相似模型法、经验法和计算法4种方法获得。其中,实测法是根据地表移动观测站得到的地表裂缝发生时间和观测数据,求得地表裂缝临界水平变形值;相似模型法是将煤矿地质条件按一定的比例用相似材料做成模型进行模拟开采,分析、推测实际地表可能出现的地表裂缝临界水平变形值;经验法是根据当地土壤质地、结构、已开采破坏情况,或者参考矿山已有观测站资料,凭经验确定可能发生地表裂缝的临界水平变形值;计算法的计算公式为

$$\varepsilon_p = 2(1 - \mu^2) \cdot c \cdot \tan(45° + 0.5\phi) / E \tag{4.5}$$

式中：ε_{p} 为耕地损毁临界水平变形值，mm/m；μ 为土壤的泊松比；c 为土壤的黏聚力，MPa；ϕ 为内摩擦角，(°)；E 为弹性模量，MPa。

根据开采沉陷理论将临界水平变形值 ε_{p} 通过积分运算转换为临界水平变形值对应的下沉值 $W_{\varepsilon_{\mathrm{p}}}$，即

$$W_{\varepsilon_{\mathrm{p}}} = \frac{W_{\max}}{\sqrt{\pi}} \int_{-\sqrt{\ln(\sqrt[3]{\varepsilon_{\mathrm{p}} r / 2\sqrt{\pi} b W_{\max}})}}^{\infty} \mathrm{e}^{-\lambda^2} \mathrm{d}\lambda \tag{4.6}$$

式中：$W_{\varepsilon_{\mathrm{p}}}$ 为耕地损毁临界水平变形值对应的下沉值，m；$W_{\max}$ 为最大下沉值，m；ε_{p} 为耕地损毁临界水平变形值，mm/m；b 为水平移动系数。

4. 耕地损毁边界模型的建立

根据以上分析可得，耕地损毁边界对应的下沉值为临界下沉值 W_{p}、临界倾斜值 i_{p} 对应的下沉值 $W_{i_{\mathrm{p}}}$ 及临界水平变形值 ε_{p} 对应的下沉值 $W_{\varepsilon_{\mathrm{p}}}$，三者中的最小值，即

$$W_{\mathrm{g}} = \min\left\{ W_{\mathrm{p}}, \frac{W_{\max}}{\sqrt{\pi}} \int_{-\sqrt{\ln(i_{\mathrm{p}} r / W_{\max})}}^{\infty} \mathrm{e}^{-\lambda^2} \mathrm{d}\lambda, \frac{W_{\max}}{\sqrt{\pi}} \int_{-\sqrt{\ln(\sqrt[3]{\varepsilon_{\mathrm{p}} r / 2\sqrt{\pi} b W_{\max}})}}^{\infty} \mathrm{e}^{-\lambda^2} \mathrm{d}\lambda \right\} \tag{4.7}$$

式中：W_{g} 为耕地损毁边界对应的下沉值，m；min{} 为取最小值。

5. 耕地损毁范围圈定

采用开采沉陷预计软件对研究区进行预计，获得下沉等值线，选择下沉值为 W_{g} 的下沉等值线即为耕地损毁边界，其圈定的范围即为耕地损毁范围。

4.2 边采边复的水土布局优化技术

4.2.1 水土布局的优化原则

对于高潜水位矿区边采边复技术实施后最终以水域与耕地部分的布局（即水土布局）为表现。因此，水土布局技术对于边采边复有着十分重要的意义。而在水土布局优化技术中，应遵循三个原则：耕地优先原则、因地制宜原则和统一规划、统筹安排原则。

1. 耕地优先原则

地下煤炭被采出之后，地表的损毁形式主要为沉陷，由于地下潜水位较高，在地表沉陷较严重区域就会形成大面积积水，大量耕地沉入水中，耕地面积大幅度减少，而轻度损毁区的耕地质量也会下降，影响正常耕作。因此，在进行边采边复规划时，应当将增加耕地作为复垦（修复）的主要目标，将复垦（修复）出的土地优先用于耕作，尽可能多地恢复耕地面积，从而缓解矿区人地矛盾的日益突出，促进矿区农业生产、社会经济与生态环境的可持续发展。

2. 因地制宜原则

从实际出发,根据研究区被损毁后土地沉陷面积、程度的不同,周边的基础设施情况,尤其是损毁现状及当地区位、经济水平等实际情况,采取不同的土地复垦工程措施,合理确定其利用方向。针对该矿区下沉大、潜水位高的特点,本着保护耕地的原则,尽量将季节性积水区域复垦(修复)成耕地,对常年积水的沉陷土地复垦(修复)成养殖水面,但不能盲目追求高的复垦(修复)目标。同时,还应对损毁区域内配套农田水利设施进行重建与修复,尽快恢复土地生产力。

3. 统一规划、统筹安排原则

在进行因地制宜土地复垦(修复)的同时,要兼顾土地利用总体规划,同时结合矿区总体布置及工作面开采的进度,对研究区的土地复垦(修复)工作进行统一的规划,统筹安排各部门的协作关系,合理设计复垦(修复)方案,保障复垦(修复)后土地具有长期稳定的利用价值,以求达到提高土地恢复率、缩短复垦(修复)周期、增加复垦(修复)效益的目标,实现最佳的社会和生态、经济综合效益。

4.2.2　基于土方平衡的单煤层条件下水土布局优化方法

基于土方平衡的水土布局优化方法旨在确定最佳的土方剥离区域与回填区域(考虑在无外来土源的情况下),达到最大限度保护和利用土资源,最大限度地提高复耕率,同时减小亩均复垦成本。确保矿产资源开采与土地保护的协调发展,创建和谐绿色矿山。

1. 方法概述

基于土方平衡的水土布局优化方法主要适用于单一煤层,包括基于概率积分法的采煤沉陷预测与地理信息系统相结合,获得各断面的下沉剖面线,根据下沉剖面线从沉陷盆地边缘至盆地中心,依次等距确定多种土方剥离与回填的范围,进而估算各种剥离与回填范围内的土方剥离量与土方回填量,当土方剥离量与回填量趋于相等时所确定的剥离与回填范围,作为最优的水土空间布局。具体步骤如下,技术流程见图4.2。

(1)收集矿区相关数据,包括矿区的地质条件、采矿计划、原始地面高程、水文条件、土壤条件。

(2)获得采煤沉陷预计下沉等值线:根据步骤(1)获得的矿区地质条件和采矿计划预测出矿区采煤沉陷预计下沉等值线。

(3)各断面下沉剖面线的获取:利用步骤(2)得到的采煤沉陷预计下沉等值线与矿区开采前的原始地面高程结合,建立地面沉陷高程模型,从而获得沉陷盆地内各个断面上的下沉剖面线。

(4)最优的水土空间布局的确定:在步骤(3)获得的沉陷盆地内各个断面上的下沉剖面线中选取倾向和走向的主断面,自沉陷盆地边缘至盆地中心,依次等距确定土源剥离的情景条件,进而估算各情景条件下的土方剥离量(V_1)与复垦所需土方回填量(V_1'),若

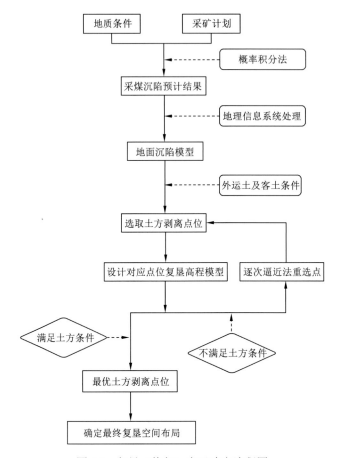

图 4.2　复垦（修复）布局确定流程图

$V_1 - V_1' < 0$，则挖方量小于填方量，需要客土才能满足该复垦（修复）布局；

$V_1 - V_1' > 0$，则挖方量大于填方量，剥离区域过大，剥离土方需要外运；

$V_1 - V_1' = 0$，则挖方量等于填方量，剥离与回填区域最优。

本方法主要的技术优点如下。

（1）通过沉陷预计与建立地面沉陷高程模型，获得主断面走向与倾向方向的下沉剖面线，等距确定土源剥离与回填的区域，通过两端逐次逼近的方法，以土方平衡为条件进行模拟与优选，从而最终确定该地质采矿条件下边采边复最佳的复垦（修复）布局，实现了解救珍贵土资源并充分利用、复耕率最大化、亩均复垦成本最小化的目的，是边采边复思想予以实现的关键技术。

（2）通过在地面沉陷高程模型上确定的最优水土布局（即确定土源剥离区域与回填区域），可以预先知道复垦（修复）范围，有利于制定更合理的复垦（修复）计划和管理决策，有利于估算复垦（修复）工程量和确定复垦（修复）时机等。

（3）通过两端逐次逼近的方法，优选出最佳的复垦（修复）布局，能最大限度地抢救矿区土资源并且将其充分利用不浪费，最大限度地减小了复垦（修复）工程量、降低了亩均复垦（修复）成本，同时确保了最高的复耕率。

2. 实例分析

山东平原地区某一高潜水位矿区,矿区内煤层平均埋藏深度在 800.0 m 左右、煤层平均厚度在 5.0 m 左右,地表自然高程在+43.2～+44.6 m,地面坡度在 0°～2°,地势较平缓,地下潜水位埋深在 2.5～3.0 m。

首先,通过实地调查和资料收集,获取矿区基本信息数据。包括:①采矿区自然条件信息,如地面高程、潜水位埋深、土地利用现状图;②矿区地质条件信息,如煤层开采厚度、煤层埋藏深度、煤层倾向方位角、下沉系数、水平移动系数、影响传播角;③矿区采矿计划信息,如采煤工作面布置、采煤工作面开采顺序、开采方向、采掘工程平面图;④明确矿区修复过程中的客土与外运土条件。研究范围为矿区内的单一采区,采区内共分为 7 个工作面,每个工作面尺寸为 1 800 m×200 m,地表下沉系数为 0.8;研究区没有客土土源和外运土场地,复垦尽可能做到挖填土方平衡。

其次,运用概率积分法,根据调查得到的数据,在计算机软件上预计出矿区采煤沉陷后的下沉等值线。等值线之间下沉等间距设为 0.25 m,其中最大下沉值为 3.87 m。

再次,根据矿区地表高程信息在计算机软件上建立起矿区原始地表高程数据模型,在原始地表高程数据模型下将采煤沉陷后的下沉数据信息进行叠加,叠加后得出矿区地面沉陷高程数据模型。从而获得沉陷盆地内各个断面上的下沉剖面线。矿区沉陷面积为 763.82 hm^2,其中损毁耕地面积共 637.17 hm^2,造成沉陷积水面积共 210.00 hm^2。

最后,假设在地面沉陷前进行边开采边修复,选取最终采煤沉陷后地面走向主断面的下沉剖面,自沉陷盆地边缘至盆地中心,依次等距确定土源剥离的情景条件,进而估算出各情景条件下的土方剥离量(V_{I})与复垦所需土方回填量(V_{I}'),如图 4.3 所示。

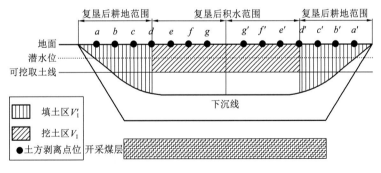

图 4.3　复垦布局剖面图

先等距离划分下沉剖面线(a～g 及 a'～g')分别选取 a-a'(情景 1)、b-b'(情景 2)、c-c'(情景 3)、d-d'(情景 4)、e-e'(情景 5)、f-f'(情景 6)、g-g'(情景 7)为土方剥离区域,建立 7 种情景。进而计算 7 种情景下土方剥离量(V_{I})与复垦所需土方回填量(V_{I}'),各情景下的剥离量与回填量如图 4.4 所示,可以看出当从两端逼近筛选至 d-d'时,挖填土方量基本一致,此时为最优的复垦(修复)布局模式。

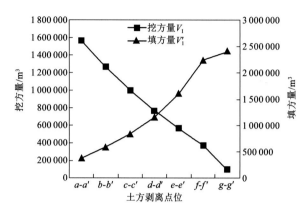

图 4.4　不同情景条件下挖填土方量变化图

4.2.3　多煤层条件下水土布局动态确定方法

在多煤层开采条件下,随着地面受煤层开采扰动次数的增加,地面受沉陷影响的程度就越大,沉陷积水深度越深,因此通常将位于复垦(修复)范围边缘的受煤层开采扰动次数较少、且地面不会出现积水的区域规划为耕地,而在复垦(修复)范围中部受煤层开采

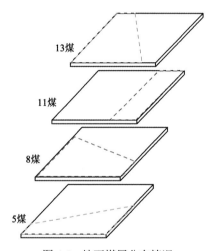

图 4.5　地下煤层分布情况

扰动次数多、最终沉陷影响严重且沉陷积水较深的区域规划为水域。

假设某研究区地下开采煤层共涉及 4 层,从上到下依次为 13 煤、11 煤、8 煤和 5 煤(图 4.5)。根据地下煤层开采计划,11 煤开采时间为 1987年;13 煤开采时间为 1988 年;5 煤开采时间为2005 年;8 煤开采时间为 2007 年。

利用概率积分法基本原理,对地下 4 个煤层开采引起的沉陷影响进行预测分析,规划对全部煤炭开采完引起的最终沉陷范围内的土地进行复垦(修复),即复垦(修复)范围为最终沉陷影响范围。然后根据不同区域受沉陷影响的不同情况,如复垦(修复)范围内不同区域受煤层开采扰动次数、沉陷影响时间间隔和沉陷引起的地面积水情况等(表 4.1),初步确定复垦(修复)后土地利用的方向(图 4.6)。

表 4.1　地面不同区域采煤沉陷影响

区域名称	地面受扰动次数	地面受影响持续时间/年	第一、二次扰动间隔/年	第二、三次扰动间隔/年	第三、四次扰动间隔/年	地面积水时间
10-1	4	20	1	17	2	1987 年后
10-2	4	20	1	17	2	1998 年后
10-3	4	20	1	17	2	2005 年后

续表

区域名称	地面受扰动次数	地面受影响持续时间/年	第一、二次扰动间隔/年	第二、三次扰动间隔/年	第三、四次扰动间隔/年	地面积水时间
10-4	4	20	1	17	2	2007 年后
10-5	4	20	1	17	2	
9-1	3	20	18	2		1987 年后
9-2	3	20	18	2		2005 年后
9-3	3	20	18	2		2007 年后
9-4	3	20	18	2		
6	3	20	1	19		
11	3	19	17	2		
5	3	18	1	17		
7	2	19	19			
4	2	18	18			
2	2	2	1			
13	2	2	1			
1	1	1				
3	1	1				
8	1	1				
12	1	1				

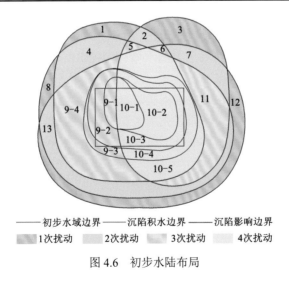

——初步水域边界　——沉陷积水边界　——沉陷影响边界
▨1次扰动　▨2次扰动　▨3次扰动　▨4次扰动

图 4.6　初步水陆布局

　　区域 1、区域 3、区域 8 和区域 12 仅受到一次煤层开采的扰动，采煤沉陷影响较小，而且地面最终也不会出现积水现象，因此复垦（修复）后可规划为耕地。

　　区域 2、区域 4、区域 7 和区域 13 会受到两次煤层开采的扰动，采煤沉陷影响也比较轻微，且地面在全部煤层开采后，也不会出现积水现象，因此复垦（修复）后也可规划为耕地。

区域 5、区域 6、区域 11 和区域 9-4 会受到三次煤层开采的扰动，以及区域 10-5 会受到 4 次煤层开采的扰动，但直至地下煤层全部开采结束后，这些区域仍不会出现积水现象，因此同样可考虑复垦（修复）为耕地。

区域 9-1、区域 9-2 和区域 9-3 会受到三次煤层开采的扰动，以及区域 10-1、区域 10-2、区域 10-3 和区域 10-4 会受到 4 次煤层开采的扰动，且最终沉陷后会出现积水，但由于采用边采边复技术提前挖深取土，可获取更多的土方用作充填，可考虑将最终积水范围内的一部分土地复垦（修复）为耕地，从而提高耕地恢复率。

而且区域 9-1、区域 10-1、区域 10-2、区域 9-2、区域 10-3、区域 9-3 和区域 10-4 会随着煤层的不断开采先后出现积水且最大积水深度逐渐增加，其中区域 9-1、区域 10-1 在 1987 年 11 煤开采后最先出现积水；区域 10-2 在 1988 年 13 煤开采后出现积水，同时区域 9-1、区域 10-1 由于 1 年后 13 煤的开采，其沉陷积水深度将会增加；区域 9-2、区域 10-3 在 2005 年 5 煤开采后出现积水，同时区域 9-1、区域 10-1、区域 10-2 由于 17 年后 5 煤的开采，其沉陷积水深度将会进一步增加；区域 9-3 和区域 10-4 在 2007 年 8 煤开采后出现积水，同时区域 9-1、区域 10-1、区域 10-2、区域 9-2、区域 10-3 由于 2 年后 8 煤的开采，其沉陷积水深度将会继续增加。因此将复垦（修复）范围中心区域，受煤层开采影响严重、积水较深的区域规划为水域，同时考虑实地复垦（修复）施工情况，将水域规划为规则的长方形，如 4.6 所示。

在进行复垦施工时，通常需要将最终受沉陷影响较严重的初步规划为水域的地区，在其受沉陷影响十分严重之前，提前挖深，尽可能多地抢救出土方，并将其充填到水域外围受沉陷影响较轻的初步规划为耕地的地区，使其重新恢复到能够正常耕种的状态，因此将最终沉陷较深、需提前挖掘获取土方的水域称为挖深区，而在水域外围受沉陷影响较轻、通过充填恢复利用的耕地称为充填区。初步划定复垦（修复）布局后，如果在无外来土源和充填材料的情况下，通常需要根据实际复垦施工时充填区和挖深区的挖填土方量来确定最终的复垦（修复）布局，即以充填区和挖深区的挖方量和填方量是否平衡为优选标准，确定最终的复垦（修复）布局。具体可参照 4.2.2 小节执行。

第5章　边采边复时机优选

由前所述,"何时复垦(修复)"是边采边复技术的另一个关键技术,即复垦(修复)时机的选择问题,该问题也是边采边复中最难解决的问题。严格来说,复垦(修复)时机为多个,即任何时刻都可以开始复垦(修复),但不同时刻开始复垦(修复)面对的采煤沉陷现状及未来下沉均不同,会影响水土布局和复垦(修复)标高设计,因此复垦(修复)时机选择是关键中的关键。

5.1　边采边复时机定义及特点

5.1.1　边采边复时机的特点

和众多工程施工类项目一样,边采边复时机通常被认为是复垦(修复)工程开始的时间,赵艳玲(2008)认为"复垦时机指复垦工程实施开始的时间"。然而,在边采边复条件下,复垦(修复)时机具有更为丰富的内涵。图5.1即为复垦(修复)时机的"三向性"。

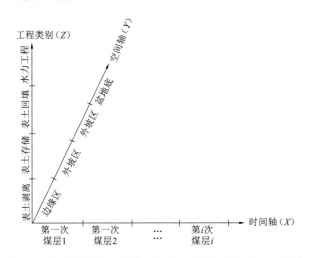

图 5.1　边采边复技术复垦(修复)时机选择的"三向"性

(1)复垦(修复)时机的选择在时间序列上具多样性。由于井工开采的特殊性,往往涉及多层开采,因此,土地经常需要经历一次以上的复垦(修复)措施,即复垦(修复)时机在时间阈上的非唯一性,如图5.1中X轴所示。

(2)复垦(修复)时机的选择具有空间差异性。在地下开采的动态影响下,地表点的移动是一个非常复杂的过程,对于沉陷盆地的各个部分,从影响开始到最终盆地状态的形成是一个时空变化过程,针对不同的区域,其复垦(修复)的时机在空间上是具有差异的，即便是沉陷盆地中的相同区域，其复垦（修复）时机也有所不同。例如，靠近开切眼处的沉陷盆地边缘缓坡区域复垦（修复）时机要先于靠近沉陷盆地边缘缓坡区域。此外，以表土剥离工程为例，不同空间位置的剥离时间是有差异的，而非某一特定、唯一的时间，如图 5.1 中 Y 轴所示。

（3）复垦（修复）时机的选择在工程类别上具有多元性。复垦（修复）方向的确定是在对地质采矿条件、自然环境、经济状况等因素的综合分析基础上确定的，针对不同复垦（修复）方向的单元，采取的措施也有所不同，如盆地底部由于在后期可能全部会没入水中，其复垦（修复）利用的方向为综合养殖水域，只需要采取表土剥离措施即可，反之，对于盆地边缘复垦（修复）方向为耕地的单元，所经历的工程更为复杂。由此，对特定单元，根据细分的复垦（修复）工程的差异，不同复垦（修复）阶段的复垦（修复）时机在选择上也具有多元性，如图 5.1 中 Z 轴所示。

此外，复垦（修复）时机还具有发散性，即"一物多值，一值多物"，一个复垦（修复）单元可对应多个复垦（修复）时机（表土剥离时机、回填时机、平整工程时机、水利设施建设时机）。相对应的，一个复垦（修复）时机（表土剥离时机）也可对应多个复垦（修复）单元，如图 5.2 所示。

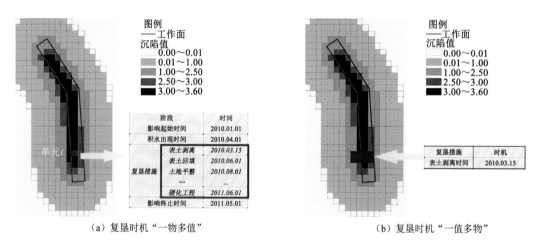

（a）复垦时机"一物多值"　　　　　　　　　　　（b）复垦时机"一值多物"

图 5.2　复垦（修复）时机的"一物多值"与"一值多物"

5.1.2　复垦（修复）时机的定义

边采边复的复垦（修复）时机与一般的工程项目对比，具有更为丰富的内涵。如土地整理工程，可以划分为土地平整工程、农田水利工程、田间道路工程和其他工程。一般而言，土地整理的各项工作都是按照顺序次序进行，具有施工周期短、施工强度大的特点，从施工到最后的验收往往只需要数月。而边采边复工程是在一个复杂的地上地下耦合的过程中进行施工，具有时间序列多样性、空间差异性、工程类别的多元性及发散性等特点，其分项工程可能会交叉进行。因此，边采边复的时机与土地整理等类似的工程施工类项目时间进行类比，不具备可比性。

边采边复需要承受"地下生产"这一外力的持续作用，具有更为丰富的内涵。狭义的定义往往认为复垦（修复）工程开始的时间即为某一采矿影响地区复垦（修复）工程开始的时机，由于复垦（修复）工作往往以土壤重构为目的，以表土剥离为手段，在绝大多数情况下，土地复垦（修复）的时机即被认为是表土剥离的时机。

因此，本书根据沉陷与复垦（修复）的特点，综合考虑复垦（修复）时机在时间、空间、工程类别上的分化性，认为：边采边复的复垦（修复）时机是区域内不同煤层开采条件下各单元各类复垦（修复）措施采取、实施及衔接过程的组合集。不同的复垦（修复）时机，在空间上对应不同的复垦（修复）单元、在时间上代表不同的复垦（修复）阶段及多样的复垦（修复）策略，如图 5.3 所示。

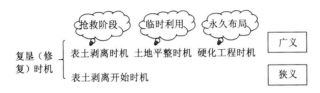

图 5.3　广义与狭义复垦（修复）时机关系

5.1.3　复垦（修复）时机优选的原则

对于某一特定单元或区域而言，复垦（修复）工作首要需要确保能在土地没入水中之前采取措施预先剥离表土，保护土源，确保复垦耕地率；其次，确保复垦（修复）后附属措施，如田间道路、农田水利设施等能经受住后续下沉的扰动影响（肖武 等，2015）。

复垦（修复）时间过早，工程遭受后续下沉的扰动程度增大，可能导致复垦（修复）失败；复垦（修复）时间过晚，土地没入水中后表土损失殆尽，难以保证后续复垦（修复）的土源，确保复垦率。因而，考虑正在沉陷土地与复垦（修复）的关系与特点，认为表土剥离时间与硬化工程实施时间是复垦（修复）时间选择中的关键性问题，尤为重要。其中，表土剥离时机能确保表土没入水中之前进行抢救性剥离。硬化工程时机指的是复垦（修复）工程中各项永久性的配套工程，如：道路、浆砌石排灌工程、灌溉机井等，由于此类工程大多需要进行土石方与衬砌施工，相对于土地工程，其抗扰动的能力较差，且破坏后较难修复。

总而言之，复垦（修复）时机优选的目的是通过理清井上下采矿，复垦（修复）活动在时间、空间上的布局特点，合理安排、统筹规划，一方面保证提高复垦耕地率，节约复垦（修复）成本；另一方面保证复垦（修复）工程能承受后续下沉的影响，确保复垦（修复）工程的成功。

可见分析采煤扰动下，土地受损的演化过程，建立科学合理的复垦（修复）时机模型，是复垦（修复）工程取得成功的关键。

5.2　边采边复时机优选的动态模拟基础

采煤沉陷土地复垦技术经过近 30 年的发展，已经取得了很多实践成果，但开采沉陷对土地的动态影响过程研究较少提及。对耕地受扰动的动态发展过程、演变规律进行分析与模拟是对其进行治理的前提与基础。因此，本节将动态沉陷预测技术与地理信息系统（geographic information system，GIS）结合，提出地表沉陷的动态情景模拟和可视化技术，为边采边复的复垦（修复）时机选择提供技术基础。

5.2.1　开采沉陷及其在土地复垦中的应用

开采沉陷，作为井工矿区开采的必然结果，自煤炭地下开采开始即出现，对开采沉陷机理的研究最早主要是从唯象学出发，15 世纪，英国和比利时已经有了预防开采损害的法律（阿维尔辛，1959）。进入 20 世纪后，开采沉陷获得了空前的发展，而我国对地表沉陷预测的系统研究是从 20 世纪 60 年代初开始的。1965 年，刘宝琛等出版了《煤矿地表移动的基本规律》一书，将概率积分法全面引入我国矿区地表移动预计。刘天泉等（1965）较早地对急倾斜煤层开采时的地表沉陷进行了研究。仲惟林等（1980）发展了概率积分法的参数计算方法，耿德庸等（1980）提出了参数计算的岩性综合评价系数。何国清等（1982）建立了碎块体理论。何万龙（1985）等根据大量观测资料得出了山区地表移动计算公式，白矛等（1983）提出了条带开采时地表移动计算的方法。李增琪（1983）应用积分变换法推导了层状岩层移动的解析解。张玉卓（1989）应用边界元法研究了断层影响下地表移动规律。

对开采沉陷这一过程进行研究，是为了利用所获得的地表移动的知识更好地服务地下煤炭开采，同时保护地表环境。采煤沉陷是矿山生产损毁地表的主要表现形式，采煤沉陷地的治理一直是重中之重，而沉陷预测技术能指导采煤沉陷地治理规划。

根据开采沉陷学理论，局部矿体被采出后，在岩体内部形成一个空洞，其周围原有的应力平衡状态受到破坏，引起应力的重新分布，直至达到新的平衡，这一过程和现象称为岩层移动。矿体开采面积扩大到一定范围后，岩层移动发展到地表，使地表产生移动和变形。在开采影响波及到地表以后，受采动影响的地表从原有标高向下沉降，从而在采空区上方地表形成一个比采空区面积大得多的沉陷区域，称为下沉盆地。赵艳玲（2005）定义了开采沉陷与动态预复垦的关系，如图 5.4 所示为走向与倾向主断面上下沉盆地随工作面推进而形成的过程，以及下沉盆地与地下水位的关系。从图中可以看出，在图 5.4（a）位置时，走向主断面的下沉已经波及到地表，但最大下沉点的标高高于地下水位，而倾向主断面的地表还没有下沉，此时有沉陷坡地出现；在图 5.4（b）位置时，走向主断面的下沉盆地扩大，最大下沉点的标高接近于地下水位，倾向主断面的地表出现下沉。此时，若处于雨季，有季节性积水的可能；在图 5.4（c）位置时，走向主断面的下沉盆地内出现常年积水，倾向主断面的最大下沉点标高接近于地下水位；在图 5.4（d）位置时，工作面回采结束，走向与倾向的最大下沉点重合，常年积水区域增大。

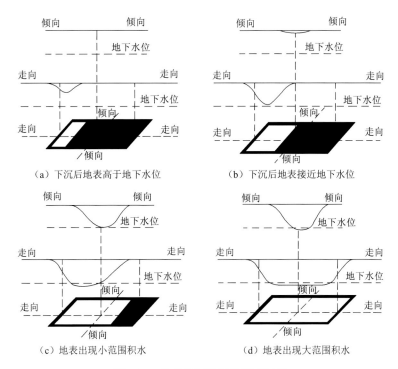

（a）下沉后地表高于地下水位　　　　（b）下沉后地表接近地下水位

（c）地表出现小范围积水　　　　（d）地表出现大范围积水

图 5.4　地表下沉盆地的形成过程

　　根据获得的这些理论，以往学者将其应用于土地复垦工作中。但大部分的研究只是分析最终的下沉与变形等值线图及对地表的影响（周复旦 等，2010；罗敏详，2009）。较少提及开采沉陷对土地的动态扰动过程。如 2011 年颁布的《土地复垦条例》，也只是要求确定采矿证（30 年）服务年限内土地损毁的程度，同时以 5 年为一个阶段，分阶段预测各个阶段的沉陷影响。

　　实际上，地下煤层采出后引起的地表沉陷是一个时间和空间过程。随着工作面的推进，不同时间的回采工作面与地表点的相对位置不同，开采对地表点的影响也不同。地表点的移动会经历一个由开始移动到剧烈移动，最后到停止移动的全过程。在工作面推进过程中，地表各处的移动变形值在开采期间要经受动态变形的影响，虽然这种动态变形是临时性的，但它同样可以使地面设施遭到破坏。对于边采边复而言，由于是在煤炭开采前或者开采过程中就需要采取表土剥离、回填、平整、排灌系统的修建等一系列的工程措施，这些措施与工程一方面必须能承受住动态沉陷所施加的影响，包括竖向下沉分量与水平变形因素等，另一方面，还必须能遭受残余下沉对其造成的破坏，地表的动态沉陷预测，是进行这一切分析的基础。

5.2.2　开采沉陷对土地动态影响过程及因素分析

　　开采沉陷的发育是一个漫长而复杂的过程，对各个开采阶段进行最终的下沉预测不能真实、直观、充分地反映土地受采矿影响的动态衍变过程，对这一动态过程的真实分析与模拟，是提供合理的复垦（修复）规划的基础。准确的动态沉陷预计，能真实地确定地面积水出现的时间、范围与深度，确定移动过程中地面变形大小与分布情况，为复垦（修复）与开采同步进行提供技术支持。为此，作者借鉴开采沉陷学的相关原理，结合 Knothe 时间函数，建立了土地影响分析模型，可以科学直观地模拟耕地在采煤影响下的动态演变过程。

1.动态沉陷预测模型的构建与验证

1）考虑 Knothe 时间函数的动态沉陷预计模型的构建

图 5.5 列出了煤层开采过程中的地面即时沉陷（W_I）、最终沉陷（W_F）之间的关系。W_R 为残余沉降，E_g 为原始地面标高，E_w 为地下潜水位标高。准确的动态沉陷预计，能真实地确定地面积水出现的时间、范围与深度，为复垦（修复）与开采同步进行提供技术支持。

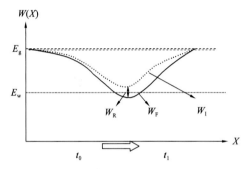

图 5.5　煤炭开采过程中动态沉陷与最终沉陷关系

沉陷预计经过一个多世纪的发展，已经形成了经验预计模型与理论性预计模型（确定性预计模型），前者是以实际观测数据为基础，形成了剖面函数及影响函数等预计方法，在欧洲大部分国家及中国得到广泛应用，而后者则是以岩土内部的静态力学平衡为基础，将各沉陷岩层理想化为特定数值的岩层且遵循连续力学理论的模型，由于难以将复杂地层进行简单的表达，目前这种方法未取得较大的成功。在众多经验模型中，由波兰学者李特维尼申在 1954 年提出的随机介质理论将岩层移动视为一个随机过程，后来被发展为广泛应用的概率积分法，这一方法也是目前中国应用最广最成熟的沉陷预计方法（何国清 等，1994）。这一方法是基于随机介质理论的影响函数法之一，根据叠加原理，半无限充分采动下的地表下沉值 $W(x)$ 可以通过影响函数 $f(x)$ 积分得到，即 $W(x)=\int_{-\infty}^{x}f(x)\mathrm{d}x$，而倾斜和曲率可通过地表下沉值 $W(x)$ 求导得出，水平移动与倾斜呈线性关系，水平变形是水平移动的导数，如此可以求得一系列描述地表移动变形的参量。李特维尼申给出的影响函数为

$$f(x)=W_0\frac{1}{r^2}\mathrm{e}^{\frac{-\pi x^2}{r^2}} \tag{5.1}$$

式中：W_0 为地表最大下沉值；r 为主要影响半径；x 为计算步长。

地下开采引起的地表移动变形是一个复杂的随时间变化的四维空间问题，波兰学者 Knothe 提出了时间影响函数，地表动态下沉过程的下沉表达式为 $W(t)=W_0(1-\mathrm{e}^{-ct})$，其中 c 为时间影响参数（李树志 等，2007）。在实际预测过程中，可将时间影响因素简化为时间影响函数，可表示为 $f(x)=1-\mathrm{e}^{-ct}$，t 为预计时刻与单元开采时刻之间的时间间隔，c 为下沉速度系数。本书采用概率积分法为沉陷预测模型，同时考虑了 Knothe 时间影响函数。

2）模型的验证

我国中东部高潜水位地区属于厚冲积层区域，部分地区地表第四系松散层厚度甚至达到基岩厚度 2 倍以上，该地区的沉陷具有一定的特殊性，部分区域下沉系数甚至大于1.0。本小节选择安徽淮南某矿 401 工作面，对动态沉陷预测模型的适用性进行验证，拟分析的工作面走向长 L_1=680 m，倾向长 L_2=126 m，平均采深 H=408 m，平均采厚 1.93 m，回采速度 2.9 m/d，倾角 α=4.5°。回采时间为 1998 年 12 月 28 日至 1999 年 8 月 24 日。在该工作面上方共布置两条观测线，走向观测线长约 730 m，共有 21 个测点，倾向观测线长约 635 m，共有地面测点 20 个。在 1999 年 5 月 5 日，工作面推进至距离开切眼约 360 m左右，地面进行了全面观测。因此，以这一次观测为例，考虑 Knothe 时间函数对工作面的开采进行了动态预测，预测参数如表 5.1 所示，预测分析结果如图 5.6 所示。以观测值为真实值，分析动态预测值的精度，得出以下结论。

表 5.1 401 工作面地表移动变形预测参数

序号	预测参数	符号	单位	预测参数值
1	下沉系数	q	—	1.38
2	主要影响正切	$\tan\beta$	—	2.00
3	水平移动系数	b	—	0.30
4	拐点偏移距	S	m	10.0, 9.0, −13.2, 10.0
5	影响传播角	θ	(°)	89

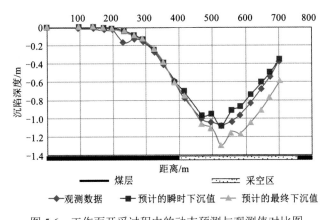

图 5.6 工作面开采过程中的动态预测与观测值对比图

（1）最大下沉点出现在地面 1515 号观测点附近，实测下沉值为 1 078 mm，该点的动态预测下沉值为 1 083 mm，准确率为 99.53%。

（2）总体而言，剖面线预测结果与观测值吻合度较好，以走向剖面线为例，标准偏差为 60.39 mm。

（3）在地面沉陷盆地的中央及靠近中央，预测精度较高，能达到 90%左右（图 5.7），在沉陷盆地边缘预测精度较低。

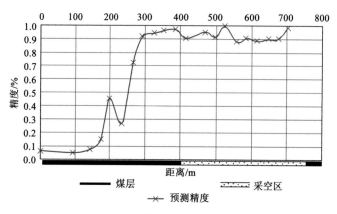

图 5.7 各点预测精度分析

由于在高潜水位矿区，主要优先考虑下沉引起的积水影响，对地表移动过程中的倾斜、曲率及水平变形等在此不再详述。该动态预计模型能较好地模拟任意时刻地面土地沉陷的情况，与以往的采取分阶段的最终下沉值相比，能更精确更真实地反映地面沉陷的实际情况。

2. 基于 GIS 的土地动态影响过程分析

对地表受扰动情况进行分析是对其进行治理的前提条件，赵忠明等（2010）等在分别对研究区域存在的两层煤进行预计的基础上，分析了采动对地形及建筑物的影响。李树志等（2007 年）提出了以概率积分法为依据的动态预复垦方法。首先，通过预测区域内最终的下沉等值线，将受影响区域划分为小于 2 m、2～4 m、大于 4 m 三个区域；其次，将上述三个区域以 10～20 m 为边长分别构建矩形或者方形的施工参数计算区域；最后，通过有无煤矸石或者表土充填物，计算各个区域的复垦标高。韩奎峰（2009）将某矿西南一采区的开采沉陷预计数据与原始地形进行了插值叠加，分析了煤炭开采后地面 DEM 变化及土地积水情况。在这些研究中，虽然对地面最终遭受破坏的情况进行了定量的分析，但是对土地扰动的动态扰动过程较少提及，动态复垦或者超前复垦是要在地面移动稳定前进行施工，以最终下沉值作为分析与模拟的基础数据显然不足以全面反映地面土地受影响的完整过程，不利于确定合理的施工时间与边开采边复垦工作的开展。

煤炭开采过程中，从地下采空区形成到地面开始受到下沉影响，地面沉陷出现到地面积水形成直至最后稳定，都是一个基于时间的动态空间变化过程。对土地影响过程的分析应该是涵盖了这一整个过程的完整序列，图 5.8 给出了土地影响过程的动态模拟分析流程。

（1）首先，根据特定的地质条件及煤炭开采的布局与时序，明确分析单元。

（2）考虑 Knothe 时间函数选择时序预计的断点，断点的确定可根据工程需要，可选择以月为单位，也可以选择以天为单元，基本原理可与地面观测站的观测时间间隔类似。

（3）根据时序动态预计的结果，结合原始地形地貌信息、土地利用、地下水位等自然地理条件，可得到一系列的分析数据，这些数据包括点元数据、线元数据及面元数据。其

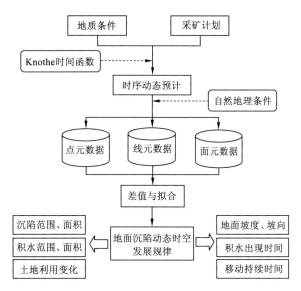

图 5.8　土地影响动态模拟分析流程图

中点元数据包括最终的最大下沉点的下沉规律与下沉速度分析、开采过程中最大下沉点的位置分布及下沉量分析等；线元数据包括地表沉陷波（最外缘下沉等值线）的形成及发育规律，开采过程中的下沉等值线及各种变形等值线等；面元数据包括沉陷区域面积、积水区域面积、土地利用格局、地面沉陷景观破碎度等。

（4）最后，根据获得的初始数据，在 GIS 中进行插值、拟合与叠加运算等空间分析，可获得最终所需的基于时间分布的土地动态影响分析所需的各因素。

5.2.3　考虑原始地形的开采沉陷可视化模型的构建

国内很多学者将 DEM 与三维可视化方法引入矿区开采沉陷这一领域并开展了大量的研究。刘立民等（2003）基于 MapInfo 软件，将开采沉陷预计结果进行三维可视化预计与展示，实现了 DEM 和地表沉陷盆地的可视化表达；陈秋计等（2003）将 DEM 应用于矿区复垦土地中，建立了复垦后的具有真实感的三维景观模型；柴华彬等（2004）以开采沉陷为研究对象，将数字表面模型（digital terrain model，DTM）用于开采沉陷可视化预计的应用进行了研究。但是，以上这些方法都是基于概率积分法（以水平地表为理论推演前提）这一预计模型，根据预计结果生成的地表下沉、水平变形、水平移动、曲率等二维或三维可视化图形，只能反映地面为平面时候的状况，对于矿区原有的地貌特征不能纳入考虑，不能够真实反映开采后地面的沉陷情况。

目前，开采沉陷的预计数据与原始地貌高程数据之间的融合问题，是实现矿区开采沉陷三维可视化的主要技术难题。王京卫等（2008，2007）借助 Surfer 软件实现了可以考虑矿区原始地貌特征的采沉陷三维可视化。但是，塌陷之后的高程数据是通过计算机编程实现的，并未涉及两种空间数据如何实现融合，因而不具备普遍推广的意义。易四海等（2008）通过 CASS 软件实现了某一时期矿区开采地表沉陷后的地貌特征，但未对不同开采阶段地表沉陷的动态特征及规律进行分析与研究。以往的研究多侧重于将两个数据通过变换或者以选择统一重名点的方式将原有高程值和下沉预计值进行简单的高程加减运算,经过运算处理后的数据再生成 DEM 或者不规则三角网（triangulated irregular network, TIN）等进行分析与处理。这样,数据前期处理的时间将大大增加,降低工作效率。本书借助 GIS 软件,通过不同开采阶段沉陷下沉预计结果与地面原始高程数据的耦合,从而形成矿区开采动态地貌特征的可视化表达。

1. 模式的构建

原始地貌高程数据通常为离散数据,而开采沉陷预计数据则是规则的格网数据,两者计算范围大小不一,空间数据来源也不一致,因此,在开采沉陷后地貌特征变化的研究中,需将这两个"单一表现"的数据库联系在一起,建立表示同一实体的不同空间对象联系来维持一致性,这个过程就依赖于空间数据融合技术。本小节尝试通过对不同开采阶段的下沉预计数据分别进行处理,首先生成各个阶段的数字下沉高程模型,再运用 ArcGIS 的栅格运算功能,与之前获得的原始地面高程模型进行叠加,从而得到兼顾地貌的各个开采阶段的地面沉陷高程模型,进而获取各开采阶段的地形特征及沉陷规律。

矿区高程信息一般以高程点或者等高线的形式进行表达,而沉陷预测下沉数据也可以高程点或者下沉等值线的方式来表示。在获得高程信息后,可利用 ArcGIS 的空间分析模块和 3D 模块进行插值,生成对应的不规则三角网（TIN）或者规则格网（DEM）。在分别获得原始的地面高程模型与下沉地面模型后,即得到地面任意点的原始高程信息及某一开采阶段采煤引起的下沉高程信息,对任意点的任意时刻的两个高程信息进行叠加,即可得到整个区域采矿扰动下各阶段的动态沉陷过程。

假设地面任意点 A 的三维空间信息可表示：$A_i(x_i, y_i, z_i)$,式中 x_i 与 y_i 分别表示 i 点的平面坐标,z_i 表示 A_i 点的原始地面高程;地面任意点在某一时刻因开采导致的下沉信息可表示：$H_{it_j}(x_i, y_i, h_{it_j})$,式中 x_i 与 y_i 分别表示 i 点的平面坐标,h_{it_j} 表示 i 点在 j 时刻的累计下沉值;地面任意点在某一时刻的地面沉陷后的高程信息可表示为：$A_{it_j}(x_i, y_i, z_{it_j})$,式中 x_i 与 y_i 分别表示 i 点的平面坐标,z_{it_j} 表示 i 点在 j 时刻的地面高程值;其中：$z_{it_j} = z_i - h_{it_j}$。

假设研究区域范围内共有 n 个点,考虑 m 个时刻的开采沉陷地表特征,则研究区域内各点在任意时刻的地表特征可通过如下公式来组织与实现：

$$A_{it_j}(x_i, y_i, z_{it_j}) \quad f(x_{i_j}, y_{i_j}, z_{i_j}) = f\left[x_{i_j}, y_{i_j}, \left(z_i - \sum_{i=1, j=1}^{i=n, j=m} h_{ij}\right)\right] \tag{5.2}$$

式中：x_{i_j} 为地面点 i 在 j 时刻的平面纵坐标,$i=1,2,\cdots,n$,$j=1,2,\cdots,m$;y_{i_j} 为地面点 i 在 j 时刻的平面横坐标,$i=1,2,\cdots,n$,$j=1,2,\cdots,m$;z_{i_j} 为地面点 i 在 j 时刻的高程;$i=1,2,\cdots,n$,$j=1,2,\cdots,m$;z_i 为地面点 i 的原始高程,$i=1,2,\cdots,n$;h_{ij} 为地面点 i 在 $j-1$ 时刻至 j 时刻的下沉深度。

根据上述理论及模型,运用 ArcGIS 的空间分析功能,可实现原始地面高程与下沉高程模型的叠加,从而得到沉陷后地面高程模型,叠加过程如图 5.9 所示。

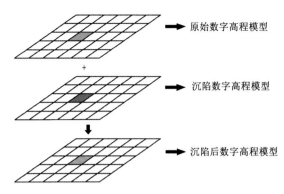

图 5.9　高程模型叠加过程示意图

2. 原始地形数据的获取

原始地貌高程数据获取的方法很多，按照数据源的采集方式不同可分为以下 4 种。

（1）地面测量：利用电子速测经纬仪、全站仪等在野外直接测量。

（2）地图数字化：对已有的地形图（等高线、高程点）进行数字化，如格网读点法、数字化仪手扶跟踪及扫描仪半自动采集法等。

（3）空间传感器：利用全球定位系统（global positioning system，GPS），结合雷达和激光测高仪等进行数据采集。

（4）数字摄影测量：利用附有的自动记录装置的立体测图仪和立体坐标仪、解析测图仪及数字摄影测量系统，进行人工、半自动或全自动的量测来获取数据。目前较为常用的方法是数字摄影测量和地形图数字化。

获取的矿区地貌高程点数据一般都是不规则分布的离散数据，为保证采集的数据能够比较准确地反映矿区地形的起伏情况，可根据地面采样理论（李志林 等，2001），确定合理的采样间隔和采用方法，且保证采集范围应尽可能地覆盖整个矿区。

3. 地表沉陷预计数据的获取

以随机介质理论为基础的概率积分法是目前我国用于开采沉陷预计最为成熟、应用最为广泛的方法。该方法可实现任意形状、多工作面的开采沉陷预计。根据上述开采沉陷预计模型，可生成开采沉陷预计数据。获取的地表沉陷数据以等值线的形式表现。

4. 可视化实现过程

对于获取的地面原始数据和地表沉陷数据，可通过数据的组织进行可视化的表达，目前大多以 DEM 为表达方式。DEM 的生成方法主要有两种。一种是基于不规则三角网的生成方法，该方法是从不规则分布的数据点生成连续三角面来逼近地形表面。在所有可能的三角网中，狄洛尼（Delaunay）三角网在地形拟合方面表现最为出色，因此常被用于 TIN 的生成。另一种是基于格网的生成方法。该方法涉及规则格网的插值，内插方式可以直接从离散采样点进行内插，也可以从已构成的三角网中内插。

矿区开采沉陷是一个动态的三维时空变化过程。对顾及原始地貌的矿区动态变化过程进行可视化表达，能真实有效地反映地表沉陷变化的规律。通过考虑原始地形的开采沉陷地表特征可视化模式的构建并通过实例分析，得出以下结论。

（1）从生成 DEM 的数据组织角度，给出了顾及地貌特征的矿区地表沉陷 DEM 的模式，针对以往处理方法数据前期处理的时间长、工作效率低的弊端，借助 GIS 软件，通过不同开采阶段沉陷下沉预计结果与地面原始高程数据的耦合，形成矿区开采动态地貌特征的可视化表达。

（2）生成的 DEM 精度基本可靠。借助于 GIS 的空间分析功能，可以进行三维可视化分析，绘制等值线图、地形剖图，进行坡度、坡向、积水面积、沉陷体积等的量算，为矿区边采边复工研究提供技术基础。

5.3　边采边复时机的理论模型与优选原理

5.3.1　复垦（修复）时机理论模型

从前面的分析可知，何时开始复垦（修复）工程涉及多方面的因素，如后续沉陷的程度、潜水位高程、单体工程类型、季节等，而且各因素与边采边复时机之间不一定存在简单的函数关系，因此，边采边复时机不能用简单的数学函数来表示，但是存在下述的函数关系：

$$T = f(H, W_m, W_0, W_{0j}, H_b, h_{潜水位}, t') \tag{5.3}$$

式中：T 为边采边复时机（以工作面开切时间为计算起点），d；f 为函数关系；H 为复垦（修复）区未沉陷时的地面原始标高，m；W_m 为复垦（修复）工程能够承受的最大下沉量，m；W_0 为复垦（修复）区地表最大预计下沉量，m；W_{0j} 为复垦（修复）开始时地表最大预计下沉量，m；H_b 为复垦（修复）区设计表土剥离厚度，m；$h_{潜水位}$ 为复垦（修复）区地下潜水位，m；t' 为其他因素。式（5.3）中，对于特定的地区和特定的复垦（修复）工程，H、W_m、W_0、H_b、$h_{潜水位}$、t' 是常数，只有 W_{0j} 是随工作面开采而变化的变量。

边采边复开始的必要条件是满足在整个复垦（修复）工程实施过程中至少不破坏表土，即复垦（修复）工程开始时，$H - W_{0j} - H_b \geq h_{潜水位}$。同时，考虑复垦（修复）工程所能承受的最大下沉量，复垦（修复）工程开始时 $W_0 - W_{0j} \leq W_m$，如图 5.10 所示。将两者综合考虑，即得

$$H - H_b - h_{潜水位} \geq W_{0j} \geq W_0 - W_m \tag{5.4}$$

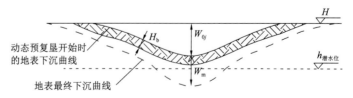

图 5.10　动态预复垦时机确定原理图

式（5.4）给出了 W_{0j} 的值域，即 $W_{0j}=(W_{\min},W_{\max})$。下面分别介绍式（5.3）中各参数的求算方法。

1. W_m 的计算

W_m 为动态预复垦工程所能承受的最大下沉量，对于不同的复垦方向，W_m 的取值不同。例如：对于动态充填预复垦为建设用地来说，W_m 按照上面所建抗变形建筑物不受损害为限来确定。一般来讲，当建筑物所处的地表出现均匀下沉时，建筑物中不会产生附加应力，因而对其自身来说也就不会带来损害；但是，地表水平变形对建筑物的破坏作用很大，尤其是拉伸变形的影响。由于建筑物抵抗拉伸能力远小于抵抗压缩的能力，较小的地表拉伸变形就能使建筑物产生开裂性裂缝。而且，地表倾斜后，建筑物在自重形成的偏心荷载作用下，产生附加倾覆力矩，承重结构内部将产生附加应力，基底的承压力也将重新分布，将引起建筑物的倾斜。

虽然，各类建筑物由于结构不同，承受地表移动和变形值的大小亦不相同，但是，各类建筑物都有一个能承受的最大允许变形值。抗变形建筑物可以增强自身承受地表变形的能力，但是总有一定的局限性，只有地表变形值在建筑物能承受的范围内才能有效。

目前我国针对一般砖木结构建筑物的临界变形值为：$i=3$ mm/m、$\varepsilon=2$ mm/m、$K=0.2$ mm/m^2。其中 i 为倾斜变形，ε 为水平变形，K 为曲率变形，表示地表倾斜的程度。抗变形建筑物的临界变形值由建筑物的结构设计决定，因此，W_m 是一个在同时满足上述三个条件的前提下得出的下沉值。

2. W_{0j} 的计算

对于采空区上方的地面来说，不同的点其能达到的 W_{0j} 是不相同的，因此，在计算之前，必须首先选定计算剖面。

计算剖面的选择分为两种情况。一种是单一工作面或处于上下层关系的单一工作面，其不受左右开采的影响。这种情况下 W_{0j} 出现在走向主断面上，因此，计算剖面选择走向主断面。第二种情况是存在相邻工作面开采。这种情况下出现重复采动影响，计算剖面可根据相邻工作面开采后地面下沉预测等值线图选择。

1）走向主断面上 W_{0j} 的计算

根据《建筑物、水体、铁路及主要井巷煤柱留设与压煤开采规范》和吴侃等（1998）的修正，对于我国水平煤层、缓斜煤层（主要是华东矿区）W_{0j} 可用下式计算：

$$W_{0j}=y_w qm\cos\alpha \tag{5.5}$$

其中：

$$y_w=\begin{cases}0.97n^2-0.07n+0.39 & (0.1<n\leqslant0.83)\\1.0 & (n>0.83)\end{cases} \tag{5.6}$$

$$n=\sqrt{n_1\cdot n_2} \tag{5.7}$$

$$n_1=D_1/(2r)\quad(n_1>1\text{ 时，取 }n_1=1);$$

$$n_2 = D_2/(2r) \quad (n_2 > 1 \text{ 时，取 } n_2=1);$$

$$r = H_0/\tan\beta$$

式中：W_{0j} 为预计最大下沉量，m；y_w 为下沉系数的修正系数；q 为下沉系数；m 为煤层采厚，m；α 为煤层倾角；n 为采动程度系数；D_1、D_2 分别为采空区沿倾向和走向的实际长度；r 为主要影响半径；H_0 为煤层采深，m；$\tan\beta$ 为主要影响角正切。

对于某个特定的矿区，q、m、α、H_0、$\tan\beta$ 为常数，而 y_w 的值随着 D_1、D_2 的变化而变化。假设工作面的推进速度为 v（m/d），则 t 天后，$D_2=vt$，D_1 为此时的工作面宽，由采煤计划确定，为定值。通过式（5.5）～式（5.7）可以算得 W_{0j} 值。

2）任意剖面上 W_{0j} 的计算

如图 5.11 所示的倾斜煤层中开采某单元 i，按概率积分法的基本原理，单元开采引起地表任意点（x, y）的下沉（最终值）为

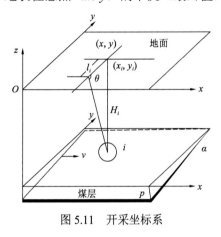

图 5.11　开采坐标系

$$W_{e0i}(x,y)=(1/r_i^2)\cdot\exp\left[-\pi(x-x_i)^2/r_i^2\right] \\ \times\exp\left[-\pi(y-y_i+l_i)^2/r_i^2\right] \quad (5.8)$$

式中：r_i 为 i 单元中心点处的主要影响半径，$r_i = H_i/\tan\beta$；H_i 为 i 单元的采深；$\tan\beta$ 为主要影响角 β 之正切；$l_i = H_i\cdot\text{ctg}\theta$，$\theta$ 为最大下沉角；（x_i, y_i）为 i 单元中心点的平面坐标；（x, y）为地表任意点的坐标。

而开采单元 i 自开采时刻（设为 0 时刻）起到预计时刻（设为 t 时刻）止，对任意点（x, y）引起的下沉量为

$$W_{eti}(x,y)=(1/r_i^2)\cdot\exp\left[-\pi(x-x_i)^2/r_i^2\right]\cdot\exp\left[-\pi(y-y_i+l_i)^2/r_i^2\right]\cdot f(t_i) \quad (5.9)$$

选择时间影响函数为

$$f(t_i)=1-e^{-gt_i}$$

式中：t_i 为预计时刻与单元开采时刻之间的时间间隔，d；g 为下沉速度系数，1/d。

对于任意形状的工作面，其煤层厚为 m，假设将整个工作面开采划分为足够小的 n 个单元（此处单元理解为很小的矩形工作面，其体积不为 1）开采，每个单元的面积用 A_i 表示，且在该地质采矿条件下的最大下沉值为 $W_0 = mq\cos\alpha$，第 i 个单元开采时刻与预计时刻之间的时间间隔为 t_i，那么，这样一个单元开采引起地表任意点（x, y）在 t 时刻的下沉为 $W_{eti}(x,y)\cdot A_i\cdot W_0$，则整个工作面开采后，任意点（$x$, y）的 t 时刻的下沉值按下式计算：

$$W_t(x,y)=\left[\sum W_{eti}(x,y)\cdot A_i\right]\cdot mq\cos\alpha = W_{0j} \quad (5.10)$$

式（5.10）很容易用计算机实现，因此，可以很容易地得到任意剖面上 W_{0j} 的值，同时得到 t 值。

3. 复垦（修复）时机选择的数学模型

1）计算剖面选择走向主断面

通过对式（5.6）进行函数变换，得：$n = \sqrt{1.03 y_w - 0.4} + 0.04$。

将式（5.7）的参数代入，进行函数变换得：$t = 4r^2 \left(1.03 y_w + 0.08 \sqrt{1.03 y_w - 0.4} - 0.4 \right) \big/ D_1 v$。

综合考虑式（5.3）、式（5.4），边采边复时机选择的数学模型可表示如下。

（1）当 $n > 0.83$ 或 $n_2 = 1$ 时，W_{0j} 不是时间 t 的函数，无意义。

（2）当 $0.10 < n \leqslant 0.83$ 且 $n_2 < 1$ 时，分为两种情况。

第一种情况，当 $n_1 < 1$ 时：

$$T \leqslant \frac{4H_0^2 \left(1.03 \dfrac{H - H_b - h_{潜水位}}{mq\cos\alpha} + 0.08 \sqrt{1.03 \dfrac{H - H_b - h_{潜水位}}{mq\cos\alpha} - 0.4} - 0.4 \right)}{(\tan\beta)^2 D_1 v} + t'$$

且

$$T \geqslant \frac{4H_0^2 \left(1.03 \dfrac{W_0 - W_m}{mq\cos\alpha} + 0.08 \sqrt{1.03 \dfrac{W_0 - W_m}{mq\cos\alpha} - 0.4} - 0.4 \right)}{(\tan\beta)^2 D_1 v} + t' \qquad (5.11)$$

第二种情况，当 $n_1 = 1$ 时：

$$T \leqslant \frac{2H_0^2 \left(1.03 \dfrac{H - H_b - h_{潜水位}}{mq\cos\alpha} + 0.08 \sqrt{1.03 \dfrac{H - H_b - h_{潜水位}}{mq\cos\alpha} - 0.4} - 0.4 \right)}{\tan\beta v} + t'$$

且

$$T \geqslant \frac{2H_0^2 \left(1.03 \dfrac{W_0 - W_m}{mq\cos\alpha} + 0.08 \sqrt{1.03 \dfrac{W_0 - W_m}{mq\cos\alpha} - 0.4} - 0.4 \right)}{\tan\beta v} + t' \qquad (5.12)$$

2）计算面选择任意剖面

此种情况下，W_{0j} 是关于时间 t 的函数，即 $W_{0j} = f(t)$；反之，时间 t 是关于 W_{0j} 的函数，即 $t = g(W_{0j})$，则边采边复时机 T 是关于 W_{0j} 和其他因素 t' 的函数，即

$$T = t + t' = g(W_{0j}) + t'$$

由于 $W_{0j} = f(t)$ 是一个复杂函数，$g(W_{0j})$ 很难得到。应用时可通过选择不同的 T 值，通过式（5.5）计算，判断结果是否满足式（5.4）。如果 W_{0j} 位于（$W_{\min}$，$W_{\max}$）之间，则选择该 T 值。再综合考虑其他因素 t' 即可得到边采边复时机。

4. 模型分析

边采边复的理论模型主要是建立了单一工作面开采条件下地面沉陷的竖向分量与井下工作面开采时间的联系，能较为客观准确地预计地面出现积水的时间，从而确定表土剥离的时间。但是，模型仅仅考虑沉陷的竖向分量，即下沉值的大小，对于开采沉陷引起

的倾斜、曲率及水平分量的水平移动、水平变形等均未予考虑。对于复垦（修复）工程来说，后续的复垦（修复）工作什么时候展开，在何地如何展开，无法体现；而且当开采工作面增加、出现临域工作面开采或后续煤层的开采多次影响时，采用理论模型确定边采边复时机的复杂度增加，应用不方便。

5.3.2　复垦（修复）时机优选原理

根据土地复垦工程类型划分，包括土壤重构工程、农田水利工程、道路工程、其他工程 4 大类别，其中土壤重构工程的起始为土壤剥离，在边采边复中主要的限制因素为地表下沉，即至少需要在地表出现积水之前开始土壤剥离；复垦后的土地、农田水利工程、道路工程等需要经受后续下沉的影响，需要考虑其可承受程度，尤其是衬砌渠道、水泥路面等硬化工程，后续下沉过大会遭受二次破坏，在边采边复中主要的限制因素为下沉、水平变形等，因此，复垦（修复）时机不是一个，不同的工程类型需要分别选择，其中土壤剥离时最早开始的一般将其作为整个边采边复技术的复垦（修复）时机，但农田水利、道路等工程的施工时机需要单独选择。

为了优选开采沉陷下的不同工程类型的复垦（修复）时机模型，有必要对开采沉陷的一般过程进行分析，我国煤层多以沿倾向布置工作面，沿走向进行开采，采用长壁开采。本小节以这一普遍性的状况为研究对象，从土地利用的角度出发对水平煤层开采条件下，沉陷沿走向和倾向的发展规律进行分析。

1. 动态沉陷过程与复垦（修复）时机选择的关系

开采沉陷是一个复杂的时空变化过程，对地面的影响也是由小及大、由轻微到剧烈再消退的过程。对其开展的土地复垦（修复）工作在确保提高复垦耕地率的同时，还必须保证工程能够遭受沉陷的动态影响，最优的效率比与复垦（修复）工程的抗扰性同等重要。图 5.12 为动态沉陷曲线与表土剥离时机的关系图。从图 5.12 中可以看出，A 至 K 分别代表地下不同的开采单元及所对应的地面下沉曲线，蓝线为地下潜水位标高。在开采进行至 C 块段时，地面会出现积水，因此，必须保证第一次的表土剥离在 C 块段开采前进行（亦即 B 块段开采时进行），第一次表土剥离为 1 区，以此类推，D 块段开采前需提前剥离 2 区的表土。

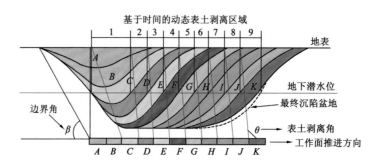

图 5.12　基于时间的动态沉陷曲线形成与表土剥离时机关系图

图 5.13 为开采过程中的地面动态变形曲线与耕地损毁阈值的关系。A 至 K 代表不同的开采块段与地面变形曲线，曲线 K 为最终的变形曲线，两根水平线为耕地损毁阈值线（拉伸与压缩）。通过分析开采后的最终曲线 K 可知：在开采区域的边缘地区呈现较大的拉伸变形，而在开采区段中部大部分为压缩变形，这也是裂缝往往出现在采区边缘的原因。在实际的开采过程中，随着工作面的推进，地面点开始承受拉伸变形，而后慢慢转为压缩变形，最终在采区首尾形成驼峰状的拉伸变形，中部则全部为非压缩区，在边采边复的过程中，应当尽量避免在不同开采时期的关键形变区域进行施工建设，避免施工后的土地遭受过大的沉陷变形影响。

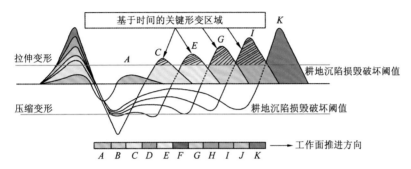

图 5.13　动态水平变形与耕地损毁示意图

根据图 5.14 的原理，同样可以获得不同工程类型与后续变形的关系，由不同工程类型的耐变形能力获得损毁阈值，可针对性地布设基础设施或选择非硬化的临时工程措施或永久的硬化工程措施，也可以确定工程的施工时间，尽量避开关键形变区域和形变期。

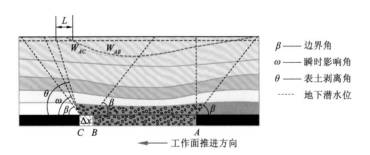

图 5.14　开采单元对应的地面表土剥离区域示意图

为了少占用土地时间，提高复垦效率，应当尽快安排表土剥离区域的复垦（修复）工作。根据区域内资源配置情况与最终的土地沉陷状况，在确定复垦（修复）的布局后，对于拟复垦的耕地区域的复垦，应当保证以下两条原则。

（1）保证预留的土地复垦（修复）标高能满足后续下沉的影响，后续下沉既包括本开采区域的残余下沉，也包括邻近开采区域的影响。

（2）复垦（修复）的耕地系统必须能承受沉陷导致的各种形变的影响。耕地系统不止包括供农作物生长的土地，还包括生产道路、排灌设施等农田水利设施。

2. 复垦（修复）时机的类型划分与选择

1）复垦（修复）时机参考起点定义

由于复垦（修复）时机是各类复垦（修复）措施实施及衔接过程的组合集，对复垦（修复）时机的参考起点进行定义，能更清楚地描述复垦（修复）时机各分量之间的关系。

为了研究方便，本小节以地下采矿活动开始作为边采边复的复垦（修复）时机的参考点，即地下开始开采时间为时间轴上的 0 点，以后的诸多复垦（修复）措施时机都以该时间点为参照。

2）表土剥离启动距（L）与表土剥离开始时机（$T_{剥}$）选择

将地面出现临界积水条件时的地下工作面推进距离定义为表土剥离启动距（L）。如图 5.15 所示，在走向主断面上，工作面由开切眼 A 推进一定距离达到 B 点后，岩层移动开始波及地表；而后，当工作面推进至 C 点时，得到下沉曲线与最大下沉值 W_2，此时地面最大下沉值 W_2 达到浅层潜水的埋藏深度 h_w，也即意味着地面积水临界点的出现，后续的开采会造成地面积水的发生；当工作面推进的距离约为 $1.2H_0 \sim 1.4H_0$，即推进至 E 点时，得到下沉曲线 W_4，此时地下开采达到充分开采，后续的开采不会造成最大下沉值的增大。

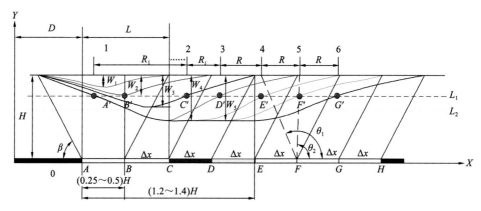

图 5.15　动态沉陷影响下的表土剥离启动距与表土剥离角

为了保证土壤不没入水中，需提前对其进行表土剥离。如图 5.15 所示，块段 A 至 C 的开采会使地表下沉达到临界积水的条件，后续的开采会立即导致积水情况的发生，因此，在 C-D 段开采前，需要对下一阶段开采造成积水的区域进行表土剥离，C-D 段的开采即被认为是潜水位 L_1（潜水埋深 h_{w1}）条件下的关键开采块段，与此对应的 A-C 段的开采可认为是表土剥离启动距，即表土剥离应该在开采 A-C 时开始，$T_{剥} \leqslant A$-C 段长度/开采速度=L/开采速度。潜水位 L_2（潜水埋深 h_{w2}）条件下的关键开采块段为 D-E 段，A-D 段为 h_{w2} 潜水位条件下的表土剥离启动距，即表土剥离应该在开采 A-D 时开始，$T_{剥} \leqslant A$-D 段长度/开采速度=L/开采速度。

3）实时表土剥离角（距）

对于地下任意开采单元，将工作面推进方向的端点与积水出现位置在地面上的投影点的连线与水平线在工作面前进方向的夹角定义为土地复垦（修复）工作中的实时表土剥离起始角与终止角，分别用 θ_1 与 θ_2 表示。以图 5.15 为例，若 A-F 为采空区，所对应的地面下沉曲线为点 E' 所在曲线，则对于即将开采的 F-G 开采单元，将在地面形成新的下沉曲线（F' 所在曲线）与积水区域（E'-F'），将 E' 与 F' 在地面的投影点 4 与 5 分别与点 F 相连，其在工作面前进方向的夹角即为开采 F-G 块段所对应的表土剥离起始角（θ_1-FG）与表土剥离终止角（θ_2-FG）。而地面 4-5 的距离为对应 FG 开采单元的实时表土剥离距，也即表土剥离区域。

假设工作面以速度 v（m/d）匀速推进，在达到临界充分开采条件之前，由于其主要影响角会随开采尺寸的变化而不同，影响范围与影响程度也是一个变量，对应的表土剥离角也是变化的。当开采达到临近充分开采后，其影响范围与程度的变化成为一个常量，实时表土剥离角成为定值，表土剥离起始角与终止角可由式（5.13）表示。

$$\theta(\theta_1,\theta_2)=\begin{cases} f(H,h_{\mathrm{g}},W_i,t_i) & D+L\leqslant x\leqslant D+2\times H\times\cot\beta \\ A & x\geqslant D+2\times H\times\cot\beta \end{cases} \quad (5.13)$$

式中：θ_1,θ_2 为实时表土剥离启动角与表土剥离终止角；H 为开采深度；h_{g} 为潜水埋深；W_i 为 i 时刻最大下沉值；t_i 为 i 开采时刻。

在开采达到充分开采前，不同宽深比条件下的下沉率不同，引起的地表下沉值也处于变化状态。表土剥离的起始角与终止角由开采深度（H）、地下水埋深（h_{g}）、开采时间（t_i）、i 时刻的最大下沉值（W_i）共同决定。

4）耕地土方回填平整（复垦（修复））时机

为了尽快地利用受损的耕地，缩短土地临时占用的时间，在表土剥离后应当及时对其进行回填平整。在对受扰耕地进行回填平整治理时，要考虑治理后的土地能否经受住后续沉陷下沉的影响。对于复垦（修复）后的土地对后续沉陷的抗扰动能力，暂无专门研究，但国内外学者对开采沉陷耕地的影响及抗扰动能力进行了大量的研究，Madan（1992）在总结了大量文献的基础上，将基本农田的损害按照水平变形与坡度进行了划分（表 5.2），认为当拉伸变形达到（$2.0\sim3.0$）$\times10^{-3}$ 时，为中度减产损毁，水平拉伸变形达到 5.0×10^{-3} 时为重度减产损毁；沉陷引起的附加坡度在（$2.0\sim3.0$）$\times10^{-3}$ 时，为中度减产损毁，坡度达到 6.0×10^{-3} 时为重度减产损毁（Hartman，1992）。

表 5.2　美国基本农田损毁判定标准（Madan，1992）

损害等级水平	形变限制		来源	建议值
	变形破坏类型	阈值范围/$\times10^{-3}$		
中度减产	水平变形	$2.0\sim3.0$	Inferred	$2.0\sim3.0$
重度减产	水平变形	5.0	Orchard（1969）	5.0
		5.0	Voight 等（1970）	
		<10.0	Jachens 等（1982）	
中度减产	附加坡度	$2.0\sim3.0$	Inferred	$2.0\sim3.0$

续表

损害等级水平	形变限制		来源	建议值
	变形破坏类型	阈值范围/×10^{-3}		
重度减产	附加坡度	6.0	Pierce 等（1983）	6.0
		6.0～8.0	Fehrenbacher 等（1978）	
		5.0～8.0	U.S.Dept. Agriculture（Anon, 1951）	

郑南山等（1998）依据徐淮矿区开采破坏特点，选取高潜水位矿区开采沉陷对耕地破坏程度指标并进行程度分级，见表 5.3。

表 5.3　高潜水位矿区开采沉陷对耕地破坏程度分类指标表

破坏程度	坡度/（°）	地下水埋深/m	土壤盐分/%	积水状况	灌排条件	土壤退化系数
无明显影响	<1	≥2.5	<0.1	无	良好	1.0～0.9
轻度	1～3	2.0～2.5	0.1～0.3	临时积水	有保证	0.9～0.7
中等	3～7	1.0～2.0	0.3～0.5	季节性积水	不良	0.7～0.5
严重	>7	<1.0	>0.5	常年积水	极差	<0.5

其中土壤退化系数是反映开采沉陷前后耕地土壤理化特性退化程度的指标。根据郑南山等（1998）提出的土壤生产力模糊指数模型，可建立土壤退化系数模型为

$$S_d = \frac{\text{FPI}_{\text{Post}}}{\text{FPI}_{\text{Pre}}} \tag{5.14}$$

式中：S_d 为土壤退化系数；FPI_{Pre} 为采前土壤生产力水平；FPI_{Post} 为采后土壤生产力水平。当 $\text{FPI}_{\text{Post}} > \text{FPI}_{\text{Pre}}$ 时，$S_d = 1$。

高树雷等（2007）通过理论推导，获得土地裂缝临界水平变形值的计算公式为

$$\varepsilon_J = 2 \times (1 - \mu^2) \times C \times \tan(45° + 0.5\phi) / E \tag{5.15}$$

式中：ε_J 为地表裂缝临界水平变形值，mm / m；μ 为泊松比；C 为内聚力，Pa；ϕ 为内摩擦角；E 为变形模量。

求取裂缝发育最大深度的公式为

$$h = (1/\gamma) \times E\varepsilon_J / (1 + \mu) \tag{5.16}$$

式中：h 为裂缝发育最大深度，m；γ 为视密度，kg/m^3。

对于我国华东矿区，一般有 $\varepsilon_J = 4～6$ mm/m，$h = 0～5$ m。

李永树等（1996）研究了厚冲积层条件下开采沉陷地区地表裂缝形成机理。当开采工作面前方地表水平拉伸变形达到一定程度时，地表由于受到超过抗拉强度的拉应力而出现张性裂缝，减弱了土体的抗变形强度，地表移动与变形则更容易集中在这薄弱地带，特别是在厚冲积层条件下裂缝比较发达。在分析了有关水平变形与裂缝宽度的实测资料后，求得下面经验公式。

$$当 \varepsilon_x < 6.5 \text{ mm}/\text{m} 时，d = 1.5\varepsilon_x^2 \tag{5.17}$$

当 $\varepsilon_x \geqslant 6.5\,\mathrm{mm/m}$ 时，$d = 12\varepsilon_x^2 - 16$。

若土方回填平整后恢复耕地的后续变形小于上述耕地轻度损毁的阈值，即复垦（修复）后的耕地在竖直方向上要预留标高承受后续竖直下沉的影响，不至于后续沉陷后出现再次积水现象；复垦（修复）后的土壤能保证后续的水平移动分量及倾斜与曲率变形能在破坏阈值之下，耕地不会在表土回覆、土地平整施工后再出现变形导致的开裂现象。那么，在预计后续变形小于上述耕地轻度损毁阈值时刻之后进行土方回填平整即为合适的复垦（修复）时机。

5）基础设施复垦（修复）时机

同耕地回填平整时机选择，为确保农田耕作系统中农林路网、灌溉排水等配套设施能承受后续的沉陷扰动影响，选择水平变形作为边采边复过程中水工建筑抗损毁的评价指标。对于不同结构的水工建筑（田间道路、排灌沟渠、塘坝、砖瓦结构灌溉机井等），所能承受的抗压强度或者抗拉强度不一样。此外，对于线状（沟渠、塘坝）等线状地物来说，除水平拉伸变形会导致其产生裂缝外，过大的压缩变形也会对其造成破坏。那么，在预计后续变形小于水工建筑的抗损毁阈值时刻之后进行即为合适的复垦（修复）时机。

6）抗损害敏感区域的划定

在任意开采时刻，地面的水平变形分布是不同的，各类水工建筑抗（变形）损害的能力也有区别。根据以上原理，建立耕地与水工建筑抗损毁能力模型，建立抗损毁敏感区域确定模型。对于 t 开采时刻，地面的抗损害敏感区域可由式（5.15）得出。对于边采边复来说，应当避免在 t 时刻在 R_t 区段进行相关的复垦（修复）水工建筑建设施工。在此基础上，可尽早对剥离的表土进行回填、平整与水利设施的建设。

$$R_t = \sum \{ [R_t(S,V), T_t(S,V), P_t(S,V), B_t(S,V)] \} \tag{5.18}$$

式中：R_t 为 t 时刻的抗损害敏感区域；S 为敏感区域面积；V 为水平变形阈值；$R_t(S,V)$ 为田间道路抗损害敏感区域；$T_t(S,V)$ 为沟渠抗损害敏感区域；$P_t(S,V)$ 为塘坝体抗损害敏感区域；$B_t(S,V)$ 为地面建筑抗损害敏感区域。

5.4　边采边复时机优选技术

如前所述，边采边复时机包括表土剥离启动时机、任意开采单元的实时表土剥离区、抗损毁的耕地和水工建筑物复垦（修复）时机等，一般来说，表土剥离启动时机标志着边采边复工程的开始，因此，把表土剥离的启动时机作为边采边复的时机是合理的。根据前述的基于格网单元的边采边复原理，本书提出考虑不同因素的边采边复时机优选技术。

5.4.1　基于格网单元的表土剥离时机优选技术

根据前面定义，表土剥离启动距（L）为地面出现临界积水条件时的地下工作面推进距离，为了保证土壤不沉入水中，需提前对其进行表土剥离。表土剥离启动距是定义出现积水的临界条件，实际的表土剥离工作应当提前于这一时刻进行，即 $T_{剥} \leqslant L/$开采速度。

根据概率积分法，令 $W_t(x,y) = \left[\sum W_{eti}(x,y) \times A_i\right] \times mq\cos\alpha = h_g$，其中 h_g 为地下潜水埋深，则可得到对应的地下开采距离，从而确定表土剥离启动距，进而求得表土剥离时机。

根据本书提出的基于格网单元的边采边复技术原理，表土剥离时机优选技术步骤如下。

（1）获取煤层所在区域的自然条件、地质条件、采矿计划信息：自然条件主要包括地面高程、潜水埋深、土地利用现状；地质条件包括煤层开采厚度、埋藏深度、断层分布、松散层厚度、岩层分布；采矿计划包括采矿系统布置、开采煤层的采煤工作面布置、开采方向、开采时间顺序。

（2）沿着开采方向，将所要开采的煤层划分为多个开采单元；单元的划分按照时间或者开采长度进行划分，具体方法如下。

以时间进行划分：时间上以月为单位确定开采单元，假设开采以 Am/d 匀速推进，则每个单元的长度为 Am/d×30d，A 取值范围为 2～8 m。

以开采长度进行划分：一个开采单元长度为 $H/20$，H 为开采深度，单位为 m。

（3）采用概率积分法获得预计开采单元各开采时段的下沉等值线。

（4）确定表土剥离启动距 L：根据概率积分法，令 $W_i(x,y) = h_g$，其中 h_g 为地下潜水埋深，则得到对应的地下开采距离，从而确定表土剥离启动距。

（5）确定实时表土剥离启动角、表土剥离终止角及表土剥离区段：自表土剥离启动距后，地面的表土剥离工作将随着地下煤炭的开采同步进行；令 $W_i(x,y) = h_g$，获得各个开采单元对应的地面表土剥离区域；第一次表土剥离区段为 X_{11} 至 X_{21}，第 i 次表土剥离区段为 X_{1i} 至 X_{2i}，如式（5.19）、式（5.20）所示。

第 1 次表土剥离区段（R_1 段）：

$$\begin{cases} X_{11} = S \\ X_{21} = S + (H \times \cot\theta_{21} - H \times \cot\theta_{11}) \end{cases} \tag{5.19}$$

式中：θ_{11} 为初始表土剥离启动角；θ_{21} 为初始表土剥离终止角。

第 i 次表土剥离区 R_i 段：

$$\begin{cases} X_{1i} = X_{2(i-1)} = S + \sum\limits_{i-1}^{n}(H \times \cot\theta_{2i} - H \times \cot\theta_{1i}) \\ X_{2i} = X_{1i} + (H \times \cot\theta_{2i} - H \times \cot\theta_{1i}) \end{cases} \tag{5.20}$$

式中：θ_{1i} 为开采 i 单元时表土剥离启动角；θ_{2i} 为开采 i 单元时表土剥离终止角。

任意开采块段的表土剥离起始角与表土剥离终止角如图 5.16 所示。在开采达到充分后，地面最大下沉值不再增长，在匀速推进条件下，各开采单元对应的地面表土剥离区段为常数 R。反过来说，地面表土剥离区段所对应地下资源开采长度除以开采速度即可得到表土剥离时机区间。

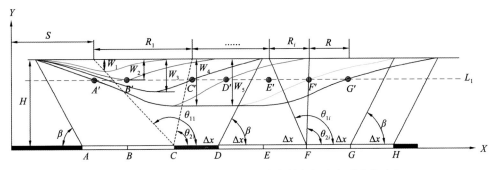

图 5.16　任意开采块段的表土剥离起始角与表土剥离终止角

5.4.2　基于预期复耕率的复垦（修复）时机优选技术

上述方法主要是从开采沉陷模拟的角度优选复垦（修复）时机，主要依据的是边采边复实际的理论模型，但在实际复垦（修复）中，还会考虑复耕率、复垦（修复）成本等要求，因此，本方法将预期复耕率为优选指标，通过对高潜水位矿区煤层开采过程的动态情景模拟与分析，获得表土剥离时机，适用于单一煤层开采条件下，具体步骤如下（图 5.17）。

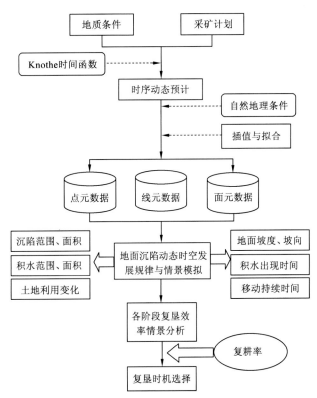

图 5.17　基于预期复耕率的复垦（修复）时机优选流程

（1）根据采矿系统资料获取研究区的地质条件、采矿计划的信息：地质条件包括开采前的地面高程、煤层开采厚度、埋藏深度、断层分布、松散层厚度等；采矿计划包括采矿系统布置、开采煤层的采煤工作面（一个开采区域可划分为多个开采工作面）布置、开采方向、开采时间顺序。

（2）基于 Knothe 时间函数，采用概率积分法获得预计开采单元各开采时段的动态下沉等值线。

Knothe 时间函数为：$f(x)=1-e^{-ct}$，t 为预计开采时刻与开采单元的开采时刻之间的时间间隔，c 为下沉速度系数。

设过采空区（煤层开采后在地表下面产生的"空洞"）倾斜主断面内下山计算边界中与煤层走向平行的线为 X 轴，过采空区走向主断面左计算边界中与倾斜方向平行的线为 Y 轴，与煤层走向成 Φ 角的任意剖面上点 P 的坐标为 x 和 y，则根据下沉盆地的表达式可以推导出地表下沉盆地内任意方向的任意点 x 的下沉值 $W(x,y)$ 如下：

$$W(x,y)=W_{cm}\cdot\iint\limits_{D}\frac{1}{r^2}\cdot e^{-\pi\frac{(\eta-x)^2+(\xi-y)^2}{r^2}}\cdot d\eta\cdot d\xi \tag{5.21}$$

式中：r 为任意开采水平（即开采深度）的主要影响半径，m；D 为开采区域（采空区）；x，y 为点 P 坐标，m；W_{cm} 地表充分采动的最大下沉值，mm，通常通过观测站资料获取。

根据开采单元各开采时段的最大下沉值，由式（5.21）分别预计开采单元各开采时段的动态下沉值，并分别绘制预计开采单元每个开采时段的下沉等值线，并形成预计开采单元各开采时段的动态下沉等值线。

（3）动态沉陷地面高程模型的获得：利用开采前的地面高程信息构建原始地面高程模型（original digital elevation model，ODEM），将所述预计开采单元各个开采时段的动态下沉等值线通过插值形成下沉高程模型（digital subsidence model，DSM），将 ODEM 和 DSM 两者进行叠加获得开采单元各开采时段的动态沉陷地面高程模型（subsided digital elevation model，SDEM）；动态沉陷地面高程模型具体表达式如下。

设研究区范围内共有 n 个点，m 个时刻的开采沉陷地表特征，则研究区域内任意一点 A_i 在任意时刻 j 的地表特征的动态沉陷地面高程模型如下：

$$f(x_{i_j},y_{i_j},z_{i_j})=f\left(x_{i_j},y_{i_j},\left(z_i-\sum_{i=1,j=1}^{i=n,j=m}h_{ij}\right)\right) \tag{5.22}$$

式中：x_{i_j} 为地面点 i 在 j 时刻的平面纵坐标，$i=1,2,\cdots,n$，$j=1,2,\cdots,m$；y_{i_j} 为地面点 i 在 j 时刻的平面横坐标，$i=1,2,\cdots,n$，$j=1,2,\cdots,m$；z_{i_j} 为地面点 i 在 j 时刻的高程，$i=1,2,\cdots,n$，$j=1,2,\cdots,m$；z_i 为地面点 i 的原始高程，$i=1,2,\cdots,n$；h_{ij} 为地面点 i 在 $j-1$ 时刻至 j 时刻的下沉深度。

（4）对开采单元各个时段进行沉陷情景模拟，得到开采单元各个时段的复耕率：根据步骤（3）获得的地表特征的动态沉陷地面高程模型的动态沉陷信息，以及研究区已有的土地利用现状图、水系分布的原始地表信息，通过地理信息系统的空间分析将所述原始地表信息与动态沉陷信息进行叠加、插值分析后，获得的数据以点元数据、线元数据、面元数据的形式表达；其中点元数据包括沉陷发展过程中地面各点的最大下沉数据集、地面最大下沉点的下沉数据集；线元数据包括各开采时段下沉等值线、各种变形等值线（包括水平变形等值线、倾斜变形等值线、曲率变形等值线）；面元数据包括地面沉陷区域与积水区域的各个时段二维数据、土地利用格局的二维数据、各个时段景观破碎度的二维数据；所述点元数据、线元数据、面元数据构成开采单元各个时段的沉陷情景模拟（即各个时段的土地利用动态布局与积水发展情况），根据开采单元各个时段的沉陷情景模拟，得到开采单元各个时段的复耕率。

（5）比较开采单元各个时段的复耕率，优选复耕率最高的时段作为边采边复初始表土剥离的最佳时机，对优选出的沉陷情景模拟时段在无外来充填物的条件下采用挖深垫浅复垦技术进行边采边复。

5.4.3　基于预期复耕率与复垦（修复）成本的复垦（修复）时机优选技术

该方法同样适用于单一水平煤层，其特征在于，将预期复耕率和复垦（修复）成本均作为优选指标，通过开采阶段的划分，各阶段开采沉陷预计，模拟在无外来土源情况下的预期复耕率和复垦（修复）成本，由此确定复垦（修复）时机。该方法包括以下步骤（图 5.18）。

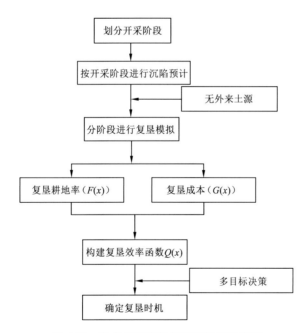

图 5.18　考虑多因素的复垦时机优选步骤

（1）开采阶段的划分。将地下开采工作面划分为多个开采阶段，设工作面推进长度为 L，单位为 m，将工作面推进长度 L 等距离划分为 5～12 个阶段或以月推进的距离划分开采阶段。

（2）各开采阶段沉陷预计。依据划分的各开采阶段和相关开采沉陷参数，采用概率积分法对各个开采阶段地表沉陷状况进行沉陷预计，获得各个阶段的下沉等值线和最终开采结束后的下沉等值线，并由最终下沉等值线确定复垦（修复）范围 S 单位为 hm^2。

（3）各开采阶段复垦耕地率与复垦（修复）成本估算。根据各开采阶段下沉预计，结合最终下沉等值线、潜水深度和地面高程，在无外来土源的情况下模拟各开采阶段的复垦（修复）工作，确定各开采阶段地面复垦的耕地率 $F(x)$ 与对应的复垦（修复）成本 $G(x)$；同时获取复垦耕地率 $F(x)$ 和复垦（修复）成本 $G(x)$ 随时间的变化曲线。

（4）复垦（修复）时机的优选。根据步骤（3）中各阶段的复垦耕地率 $F(x)$ 与复垦（修复）成本 $G(x)$，构建复垦（修复）效率函数 $Q(x)$ 如下：

$$Q(x) = \frac{F(x)}{G(x)} \times 10^4 \tag{5.23}$$

若追求最大复垦（修复）效率（即单位投入所复垦（修复）的耕地面积最大），则以 $Q(x)$ 最大为优选复垦（修复）时机。

若追求最大复耕率（不考虑复垦（修复）成本），则以 $F(x)$ 最大为优选的复垦时（修复）时机。

若考虑复垦（修复）成本，不追求复耕率，则以 $G(x)$ 最小为优选的复垦（修复）时机。

第6章 边采边复施工标高确定与施工技术

由前所述，边采边复是在地面沉陷前或沉陷过程中，对土地采取复垦（修复）措施，复垦（修复）后还会受到后续地下煤炭开采的影响，因此施工时的标高设计与施工技术是边采边复工程成功的保障，是解决"如何复垦（修复）"的问题。

复垦（修复）标高包括稳沉后设计标高和施工标高。稳沉后设计标高是指对沉陷地采取边采边复措施后，待地下煤炭开采结束地面稳沉后，复垦（修复）土地想要达到的最终标高，一般根据当地自然、经济、社会等实际情况，考虑复垦（修复）后土地利用方向和功能综合确定。施工标高是边采边复工程施工时的标高，与复垦（修复）时机有关，如对于耕地复垦，施工得早，因为后续下沉大施工时预留标高较大，若施工得晚，后续下沉变小施工时预留标高较小，施工标高与稳沉后设计标高之间的差值是后续下沉量，施工标高需动态确定。本章将重点论述土地恢复施工标高的确定技术。

施工是保障复垦（修复）后土地质量的关键。在边采边复过程中，与施工标高密切相关的工程为土方量工程，尤其是土地恢复的土方量工程，因为土地施工标高的正确确定影响其后续土地利用功能的发挥，本书将重点关注土方量的动态施工过程。

6.1　边采边复动态施工过程分析

在边采边复过程中，考虑土壤重构需要，土方量工程的施工过程分为表土剥离、土方回填、表土回覆、土地平整4个步骤，每一步均需施工标高进行控制。

6.1.1　动态施工过程与施工标高的影响分析

根据边采边复技术思想，复垦（修复）工程实地实施时，地面正处于动态沉陷过程中，在不同的复垦（修复）施工时刻，由于地下煤炭开采引起的地面动态沉陷情况不同，复垦（修复）施工时的施工标高也会有所差异，以稳沉后耕地设计标高为地面原始高程为例，在无外来土源的前提下，以内部土方平衡为标准，规划边采边复充填区和挖深区位置范围，分析在不同复垦（修复）施工时刻的施工剖面，如图6.1所示。图6.1（a）表示在地面沉陷前进行边采边复施工，此时挖深区范围内位于可挖掘取土线以上的土方均可取出用于充填复垦（修复）；因此可复垦（修复）为耕地的面积相对较大，但由于地面未来沉陷量大，施工时需预留的标高较多，耕地区超前复垦（修复）采取的施工标高超出原始高程。图6.1（b）～图6.1（d）表示随着复垦（修复）施工时刻的向后推移，由于地下煤炭的不断开采，地面沉陷范围及下沉量随之增加，但可挖掘取土高程一定，损失的土方将越来越多，在内部土方平衡的前提下，挖深区域需逐步扩大，以获得更多的充填土方；而复垦（修复）耕地区域却反之向沉陷盆地边缘缩小，然而由于施工时地面已经出现沉陷，动态沉陷盆地和最终沉陷盆地之间的差异逐步缩小，预留标高也随之降低，充填施工标高超出原始高程的量也逐渐减小。图 6.1（e）表示煤炭全部开采结束地面稳沉后进行复垦（修复）施工，即目前常采用的传统复垦（修复）方式，此时地面陷沉影响最严重，大部分土地已沉入水中，损失土方量也最大；由于不会再有后续下沉，无须预留标高，复垦（修复）耕地区域施工标高即为原始高程。

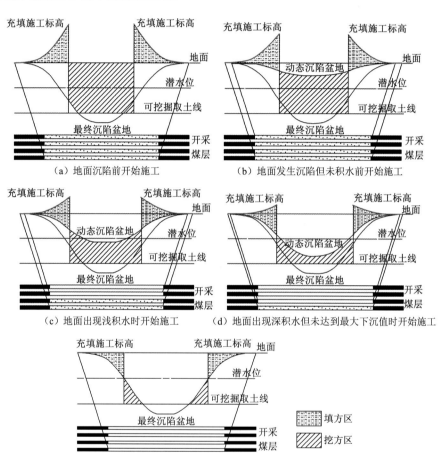

图 6.1　不同复垦（修复）施工时刻施工剖面示意图

图 6.1 中展示的是从理论角度出发，复垦（修复）时只考虑稳沉后设计标高及后续下沉量，而得到的理想状态下的复垦（修复）施工标高，可以看出该施工标高通常会大大超出地面原始高程，且呈现大坡度的"弧形"状态，在初期土方充填施工过程中不利于施工机械的操作，因此，在实地施工中并不容易实现，尤其是如果在地面沉陷前进行复垦（修复），理想状态下的施工标高会极大地超出地面原始高程，形成暂时性的与原始地貌不协调的突兀景观，且地面坡度很大，这在土方充填堆积时施工机械很难实现，还有水土流失的潜在危险。

6.1.2　动态施工过程及施工标高划分

为了保障复垦（修复）后耕地质量，考虑土壤重构理论，需首先将充填区的表土资源提前剥离保存，然后再对心土进行堆积平整，最后将之前剥离的表土回覆平整。因此，兼顾土壤重构、水土流失控制等，提高施工标高的可操作性，将复垦（修复）施工分为三个阶段，相应的施工标高也分为三个。

（1）施工阶段一：考虑在土方充填施工的初期，先将充填心土的土方根据施工需求堆积成梯形平台、锥形、立方体等，以方便施工机械施工，将此时对应的施工标高称为心土堆积标高。

（2）施工阶段二：待所有充填心土均堆积到充填区，心土充填施工接近尾声需要对充填的心土进行平整时，再根据此时煤炭开采的后续沉陷量和稳沉后设计标高，将堆积的心土进行"平整"，由于地下煤炭已经开采一定的时间，已有一部分的沉陷传播到地面，地面的后续沉陷量较小，此时施工标高所呈现的高出地面的弧形也就相应地减小，将此时对应的施工标高称为心土平整标高。

（3）施工阶段三：将充填区心土进行平整后，需最后在其上覆盖表土层，完成复垦（修复）工程的土壤重构工作，将此时对应的施工标高称为表土平整标高。

值得注意的是，根据边采边复技术思想，为了抵消地面的后续下沉，在复垦（修复）施工结束时，地面仍会有微小的起伏，待煤炭全部开采结束地面稳沉后，复垦（修复）充填区才会全部达到稳沉后的设计标高，此时地面才是完全平坦的。

6.1.3　动态施工标高设计的影响因素

可以看出，在心土堆积阶段，不仅要将充填区复垦（修复）至稳沉后的设计标高，还需要预留一部分土方，用于抵消地面的后续沉陷量，这部分预留的土方也正是施工地形超出原始地形的原因所在，因此心土堆积标高需要考虑充填区稳沉后设计标高，预留土方量和充填区面积、梯形堆积的坡度，以及土方的孔隙比；在心土平整阶段需要同时考虑充填区稳沉后的设计标高、地面的后续沉陷量，以及心土的孔隙比；最后，待心土充填平整基本完成再将表土回填，此时表土平整标高的设计需要考虑表土的孔隙比。因此，动态施工标高设计时需考虑以下因素。

（1）充填区稳沉后的设计标高。充填区稳沉后的设计标高是指对充填区采取复垦（修复）措施后，待地下煤炭全部开采结束地面稳沉，充填区最终想要达到的标高，是复垦（修复）充填区的最终目标。在进行边采边复时，稳沉后设计标高是确定预留土方的基础。

（2）复垦（修复）施工时刻地面的后续沉陷。复垦（修复）施工时刻地面后续沉陷，是指在不采取任何复垦（修复）措施的情况下，地面在复垦（修复）施工时刻的高程与煤炭全部开采结束地面稳沉后的高程之差，表明地面后续还会出现下沉，即复垦（修复）施工时地面处于动态沉陷的状态，这也正是施工标高与稳沉后设计标高存在差异的原因所在。

（3）复垦（修复）施工时刻充填区需预留土方量。复垦（修复）施工时刻充填区需预留土方量，即地面后续沉陷体积，由于复垦（修复）时地面处于动态沉陷过程中，复垦（修复）后地下煤炭还会继续开采，地面仍会下沉，为了使煤炭开采结束稳沉后，地面达到对充填区的设计标高，需要预留一部分土方，用于抵消地面的后续沉陷量。

（4）充填区面积。充填区是承载预留土方的区域，其面积的大小直接关系施工标高的设计。

（5）梯形堆积的坡度。梯形堆积的坡度是指预留土方堆积而成的梯形平台的边坡坡度。在特定的复垦（修复）施工时刻，充填区需要预留土方量及充填区面积是一个定值，此时梯形堆积的坡度就决定了梯形平台的高度，进而影响心土堆积标高的大小。边坡坡度的设计不宜过大，也不能太小，坡度过大容易导致水土流失，也不利于工程施工的安全性；坡度太小时，边坡占地面积较大，堆积平台相对面积减小，不利于施工机械的造作。因此，边坡坡度的取值一般情况下应当小于等于当地土壤的自然安息角。

（6）心土层和表土层孔隙比。心土层和表土层的孔隙比，是指在工程施工时，心土层和表土层受到机械的扰动，土层原有的内部平衡被打破，其孔隙比会有一定的变化，而且随着施工时间的向后推移，由于土层的自然沉降等，其孔隙比也会发生一定的变化，这就会对土层的体积产生影响，从而影响施工标高的设计。而且不同区域不同土壤质地，其孔隙比也会有所差异，因此需提前通过大量的野外实地实验，来测定复垦（修复）规划区域表土层和心土层在不同复垦（修复）时刻的孔隙比。

6.2　边采边复施工标高理论模型

由前所述，边采边复的施工标高与充填区稳沉后的设计标高、地面下沉等有关，稳沉后的设计标高一般以满足复垦（修复）后土地用途为标准，根据实地自然社会经济情况综合确定，地面下沉需利用概率积分法进行预计，还需要考虑沉陷的滞后性，因此，须根据地面的动态沉陷情况确定。

6.2.1　地面动态下沉分析

目前研究地面动态沉陷过程应用较为广泛的是将 Knothe 时间函数与概率积分法模型相结合，地面动态下沉的一般表达形式（胡振琪 等，2013）如下：

$$W(t)=W_0(t)\left[1-\exp(-ct)\right] \tag{6.1}$$

式中：$W(t)$ 为时刻 t 地面点的动态下沉值；c 为时间影响系数；$W_0(t)$ 为时刻 t 地下煤炭开采区域引起地面点的最终下沉值，可通过概率积分法获得。

概率积分法预计地面任意点最终下沉值的基本原理（何国清 等，1994）为：假设地下坐标系是 s、o_1、u 和地面坐标系 x、o、y 在水平面上的投影是完全重合的，如图 6.2 所示，当地下煤层开采范围为 o_1CDE，地面最大下沉量 $W_m=mq\cos\alpha$ 时，整个地下开采引起地面任意点 $A(x,y)$ 的最终下沉值 $W_0(x,y)$，如下所示。

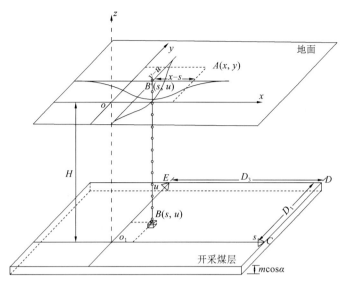

图 6.2　地面和地下空间坐标系示意图

$$W_0(x,y)=W_m\int_0^{D_3}\int_0^{D_1}\frac{1}{r^2}e^{-\pi\frac{(x-s)^2+(y-u)^2}{r^2}}\,duds$$

$$=W_m\int_0^{D_3}\int_0^{D_1}\frac{1}{r}e^{-\pi\frac{(x-s)^2}{r^2}}\cdot\frac{1}{r}e^{-\pi\frac{(y-u)^2}{r^2}}\,duds \qquad(6.2)$$

$$=W_m\int_0^{D_3}\frac{1}{r}e^{-\pi\frac{(x-s)^2}{r^2}}\,ds\cdot\int_0^{D_1}\frac{1}{r}e^{-\pi\frac{(y-u)^2}{r^2}}\,du$$

根据动态沉陷模型，将式（6.2）代入式（6.1），得到地面任意点 $A(x,y)$ 在 t 时刻的动态下沉值 $W(x,y,t)$，如式（6.3）所示。

$$W(x,y,t)=W_0(x,y)\big[1-\exp(-ct)\big]$$

$$=\big[1-\exp(-ct)\big]W_m\int_0^{D_3}\int_0^{D_1}\frac{1}{r^2}e^{-\pi\frac{(x-s)^2+(y-u)^2}{r^2}}\,duds$$

$$=\big[1-\exp(-ct)\big]W_m\int_0^{D_3}\int_0^{D_1}\frac{1}{r}e^{-\pi\frac{(x-s)^2}{r^2}}\cdot\frac{1}{r}e^{-\pi\frac{(y-u)^2}{r^2}}\,duds \qquad(6.3)$$

$$=\big[1-\exp(-ct)\big]W_m\int_0^{D_3}\frac{1}{r}e^{-\pi\frac{(x-s)^2}{r^2}}\,ds\cdot\int_0^{D_1}\frac{1}{r}e^{-\pi\frac{(y-u)^2}{r^2}}\,du$$

那么在多煤层重复采动下（图 6.3），假设地下坐标系中 s 为煤层走向，u 为煤层倾向，地下开采煤层个数为 n，依次开采煤层 $1,2,\cdots,n$，第 i 个煤层的平均厚度为 m_i（$1,2,\cdots,n$），煤层倾角为 α_i，下沉系数为 q_i，煤层内开采工作面沿倾向布设，走向开采，采用顺序开采方式，且工作面倾向长度为 L_1，走向长度为 L_2，开采速度为 v，第 i 个煤层布设工作面个数为 P_i，则第 i 个煤层开采引起地面最大下沉值为 $W_{mi}=m_iq_i\cos\alpha_i$，则任意时刻 t，正在开采的煤层 i，可用表达式（6.4）确定。

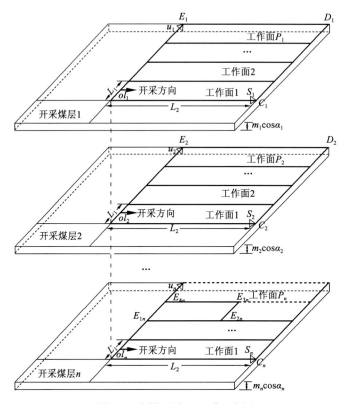

图 6.3　多煤层地下开采示意图

$$\begin{cases} \dfrac{vt}{L_2} \leqslant P_1, & (i=1) \\[3mm] \displaystyle\sum_{j=1}^{i-1} P_j < \dfrac{vt}{L_2} \leqslant \sum_{j=1}^{i} P_j, & (i=2,3,\cdots,n) \end{cases} \tag{6.4}$$

当 $i=1$ 时，表示正在开采第 1 个煤层，此时为单独一个煤层开采（图 6.4），开采范围可分为两部分：完整的矩形开采部分 o_1CDE_1，和最后不足一个工作面的开采部分 $E_1E_2E_3E_4$，地面沉陷为这两部分开采的叠加影响，此时 CD 的长度 $D_1 = \left[\dfrac{vt}{L_2}\right] \times L_1$（$\left[\dfrac{vt}{L_2}\right]$ 表示取整），o_1C 的长度 $D_3 = L_2$，E_2E_3 的长度 $D_1' = L_1$，E_1E_2 的长度 $D_3' = vt - \left[\dfrac{vt}{L_2}\right] \times L_2$，则根据式（6.1）和式（6.2），地面任意点 $A(x,y)$ 在任意时刻 t 的最终下沉值 $W_0(x,y,t)$，如式（6.5）所示，以及 t 时的动态下沉值 $W(x,y,t)$ 如式（6.6）所示。

$$\begin{aligned} W_0(x,y,t) = W_m &\left[\int_0^{L_2} \frac{1}{r} e^{-\pi\frac{(x-s)^2}{r^2}} ds \cdot \int_0^{\left[\frac{vt}{L_2}\right] \times L_1} \frac{1}{r} e^{-\pi\frac{(y-u)^2}{r^2}} du \right. \\ &\left. + \int_0^{vt-\left[\frac{vt}{L_2}\right] \times L_2} \frac{1}{r} e^{-\pi\frac{(x-s)^2}{r^2}} ds \cdot \int_{\left[\frac{vt}{L_2}\right] \times L_1}^{\left[\frac{vt}{L_2}\right] \times L_1 + L_1} \frac{1}{r} e^{-\pi\frac{(y-u)^2}{r^2}} du \right] \end{aligned} \tag{6.5}$$

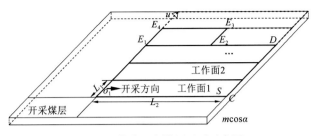

图 6.4　单独一个煤层开采示意图

$$W(x,y,t)=W_0(x,y,t)\left[1-\exp(-ct)\right]$$

$$=[1-\exp(-ct)]\left\{W_{\mathrm{m}}\left[\int_0^{L_2}\frac{1}{r}e^{-\pi\frac{(x-s)^2}{r^2}}\mathrm{d}s\cdot\int_0^{\left[\frac{vt}{L_2}\right]\times L_1}\frac{1}{r}e^{-\pi\frac{(y-u)^2}{r^2}}\mathrm{d}u\right.\right. \tag{6.6}$$

$$\left.\left.+\int_0^{vt-\left[\frac{vt}{L_2}\right]\times L_2}\frac{1}{r}e^{-\pi\frac{(x-s)^2}{r^2}}\mathrm{d}s\cdot\int_{\left[\frac{vt}{L_2}\right]\times L_1}^{\left[\frac{vt}{L_2}\right]\times L_1+L_1}\frac{1}{r}e^{-\pi\frac{(y-u)^2}{r^2}}\mathrm{d}u\right]\right\}$$

当 $i\geqslant2$ 时，表示已开采煤层个数大于等于 2，此时整个地下开采可以分为两部分：已经开采完的 $i-1$ 个煤层和正在开采的第 i 个煤层，同理，地面沉陷为这两部分开采的叠加影响。其中已经开采完的 $i-1$ 个煤层中 C_jD_j 的长度 $D_{1j}=P_j\times L_1$，$o_{1j}C$ 的长度 $D_{3j}=L_2$（$j=1,2,\cdots,i-1$），则第 j 个煤层开采到预计时刻所经历的采动时间 t_j 为

$$t_j=\frac{vt-\sum_{k=1}^{i-1}P_k\times L_2}{v}+\sum_{k=j}^{i-1}\frac{P_k\times L_2}{v}$$

正在开采的第 i 个煤层可参考单独一个煤层开采情况进行分析，其开采到预计时刻所经历的采动时间为

$$t_i=\frac{vt-\sum_{k=1}^{i-1}P_k\times L_2}{v}$$

这时根据式（6.1）和式（6.2），地面任意点 $A(x,y)$ 在任意时刻 t 的最终下沉值 $W_0(x,y,t)$，如式（6.7）所示，以及 t 时的动态下沉值 $W(x,y,t)$，如式（6.8）所示。

$$W_0(x,y,t)=\sum_{j=1}^i W_{0j}(x,y,t_j)$$

$$=\sum_{j=1}^{i-1}W_{\mathrm{m}j}\int_0^{L_2}\frac{1}{r_j}e^{-\pi\frac{(x-s_j)^2}{r_j^2}}\mathrm{d}s_j\cdot\int_0^{P_j\times L_1}\frac{1}{r_j}e^{-\pi\frac{(y-u_j)^2}{r_j^2}}\mathrm{d}u_j$$

$$+W_{\mathrm{m}i}\left[\int_0^{L_2}\frac{1}{r_i}e^{-\pi\frac{(x-s_i)^2}{r_i^2}}\mathrm{d}s_i\cdot\int_0^{\left[\frac{vt-\sum_{j=1}^{i-1}P_j\times L_2}{L_2}\right]\times L_1}\frac{1}{r_i}e^{-\pi\frac{(y-u_i)^2}{r_i^2}}\mathrm{d}u_i\right. \tag{6.7}$$

$$\left.+\int_0^{vt-\left[\frac{vt-\sum_{j=1}^{i-1}P_j\times L_2}{L_2}\right]\times L_2}\frac{1}{r_i}e^{-\pi\frac{(x-s_i)^2}{r_i^2}}\mathrm{d}s_i\cdot\int_{\left[\frac{vt-\sum_{j=1}^{i-1}P_j\times L_2}{L_2}\right]\times L_1}^{\left[\frac{vt-\sum_{j=1}^{i-1}P_j\times L_2}{L_2}\right]\times L_1+L_1}\frac{1}{r_i}e^{-\pi\frac{(y-u_i)^2}{r_i^2}}\mathrm{d}u_i\right]$$

$$W(x,y,t)=\sum_{j=1}^{i}\left\{W_{0j}(x,y,t_i)\left[1-\exp(-c_jt_j)\right]\right\}$$

$$=\sum_{j=1}^{i-1}\left[1-\exp\left(-c_j\left(\frac{vt-\sum_{k=1}^{i-1}P_k\times L_2}{v}+\sum_{k=j}^{i-1}\frac{P_k\times L_2}{v}\right)\right)\right]$$

$$\times W_{mj}\int_0^{L_2}\frac{1}{r_j}e^{-\pi\frac{(x-s_j)^2}{r_j^2}}\,\mathrm{d}s_j\cdot\int_0^{P_j\times L_1}\frac{1}{r_j}e^{-\pi\frac{(y-u_j)^2}{r_j^2}}\,\mathrm{d}u_j$$

$$+\left[1-\exp\left(-c_i\frac{vt-\sum_{k=1}^{i-1}P_k\times L_2}{v}\right)\right]W_{mi} \tag{6.8}$$

$$\times\left[\int_0^{L_2}\frac{1}{r_i}e^{-\pi\frac{(x-s_i)^2}{r_j^2}}\,\mathrm{d}s_i\cdot\int_0^{\left[\frac{vt-\sum_{j=1}^{i-1}P_j\times L_2}{L_2}\right]\times L_1}\frac{1}{r_i}e^{-\pi\frac{(y-u_i)^2}{r_j^2}}\,\mathrm{d}u_i\right.$$

$$\left.+\int_0^{vt-\left[\frac{vt-\sum_{j=1}^{i-1}P_j\times L_2}{L_2}\right]\times L_2}\frac{1}{r_i}e^{-\pi\frac{(x-s_i)^2}{r_j^2}}\,\mathrm{d}s_i\cdot\int_{\left[\frac{vt-\sum_{j=1}^{i-1}P_j\times L_2}{L_2}\right]\times L_1}^{\left[\frac{vt-\sum_{j=1}^{i-1}P_j\times L_2}{L_2}\right]\times L_1+L_1}\frac{1}{r_i}e^{-\pi\frac{(y-u_i)^2}{r_j^2}}\,\mathrm{d}u_i\right]$$

对于多煤层开采条件下，三个阶段动态复垦（修复）施工标高设计时，可知煤炭全部开采结束时刻 t_z 时正在开采的煤层 i_z 一定大于等于 2，即 $i_z\geqslant2$，因此结合多煤层开采先最终下沉量式（6.7），得出多煤层重复采动下煤炭开采完稳沉后地面的最终下沉量 $W_0(x,y,t_z)$，如式（6.9）所示。

$$W_0(x,y,t_z)=\left[\sum_{j=1}^{i_z-1}W_{mj}\int_0^{L_2}\frac{1}{r_j}e^{-\pi\frac{(x-s_j)^2}{r_j^2}}\,\mathrm{d}s_j\cdot\int_0^{P_j\times L_1}\frac{1}{r_j}e^{-\pi\frac{(y-u_j)^2}{r_j^2}}\,\mathrm{d}u_j\right.$$

$$+W_{mi_z}\left(\int_0^{L_2}\frac{1}{r_{i_z}}e^{-\pi\frac{(x-s_{i_z})^2}{r_{i_z}^2}}\,\mathrm{d}s_{i_z}\cdot\int_0^{\left[\frac{vt_z-\sum_{j=1}^{i_z-1}P_j\times L_2}{L_2}\right]\times L_1}\frac{1}{r_{i_z}}e^{-\pi\frac{(y-u_{i_z})^2}{r_{i_z}^2}}\,\mathrm{d}u_{i_z}\right. \tag{6.9}$$

$$\left.\left.+\int_0^{vt_z-\left[\frac{vt_z-\sum_{j=1}^{i_z-1}P_j\times L_2}{L_2}\right]\times L_2}\frac{1}{r_{i_z}}e^{-\pi\frac{(x-s_{i_z})^2}{r_{i_z}^2}}\,\mathrm{d}s_{i_z}\cdot\int_{\left[\frac{vt_z-\sum_{j=1}^{i_z-1}P_j\times L_2}{L_2}\right]\times L_1}^{\left[\frac{vt_z-\sum_{j=1}^{i_z-1}P_j\times L_2}{L_2}\right]\times L_1+L_1}\frac{1}{r_{i_z}}e^{-\pi\frac{(y-u_{i_z})^2}{r_{i_z}^2}}\,\mathrm{d}u_{i_z}\right)\right]$$

而心土堆积时刻 t_d、心土平整时刻和表土平整时刻 t_p，有可能正在开采第一个煤层，也有可能正在开采第 2 个煤层、第 3 个煤层……，即正在开采的煤层个数大于等于 2，因此首先需要利用表达式（6.4），确定心土堆积时刻 t_d 正在开采的煤层 i_d，心土平整和表土平整时刻 t_p 正在开采的煤层 i_p。

若 $i_b=1$，即施工阶段一心土堆积时刻 t_d 正在开采第 1 个煤层，为单独一个煤层开采；若 $i_p=1$，即施工阶段二心土平整时刻 t_p 正在开采第 1 个煤层，为单独一个煤层开采，因此结合单独一个煤层开采下，任意点的动态下沉量 [式（6.6）]，得出心土充填堆积时刻 t_d 时地面动态下沉量 $W(x,y,t_d)$，如式（6.10）所示，心土平整 t_p 时地面动态下沉量 $W(x,y,t_p)$，如式（6.11）所示。

$$W(x,y,t_d)=W_{01}(x,y,t_d)\left[1-\exp(-c_1 t_d)\right]$$

$$=\left[1-\exp(-c_1 t_d)\right]W_{m1}\left[\int_0^{L_2}\frac{1}{r_1}e^{-\pi\frac{(x-s_1)^2}{r_1^2}}ds_1\cdot\int_0^{\frac{vt_d}{L_2}\times L_1}\frac{1}{r_1}e^{-\pi\frac{(y-u_1)^2}{r_1^2}}du_1\right.$$

$$\left.+\int_0^{vt_d-\left[\frac{vt_d}{L_2}\right]\times L_2}\frac{1}{r_1}e^{-\pi\frac{(x-s_1)^2}{r^2}}ds_1\cdot\int_{\left[\frac{vt_d}{L_2}\right]\times L_1}^{\left[\frac{vt_d}{L_2}\right]\times L_1+L_1}\frac{1}{r_1}e^{-\pi\frac{(y-u_1)^2}{r_1^2}}du_1\right] \qquad (6.10)$$

$$W(x,y,t_p)=W_{01}(x,y,t_p)\left[1-\exp(-c_1 t_p)\right]$$

$$=\left[1-\exp(-c_1 t_p)\right]W_{m1}\left[\int_0^{L_2}\frac{1}{r_1}e^{-\pi\frac{(x-s_1)^2}{r_1^2}}ds_1\cdot\int_0^{\frac{vt_p}{L_2}\times L_1}\frac{1}{r_1}e^{-\pi\frac{(y-u_1)^2}{r_1^2}}du_1\right.$$

$$\left.+\int_0^{vt_p-\left[\frac{vt_p}{L_2}\right]\times L_2}\frac{1}{r_1}e^{-\pi\frac{(x-s_1)^2}{r^2}}ds_1\cdot\int_{\left[\frac{vt_p}{L_2}\right]\times L_1}^{\left[\frac{vt_p}{L_2}\right]\times L_1+L_1}\frac{1}{r_1}e^{-\pi\frac{(y-u_1)^2}{r_1^2}}du_1\right] \qquad (6.11)$$

$$W(x,y,t_d)=\sum_{j=1}^{i_d}\left\{W_{0j}(x,y,t_j)\left[1-\exp(-c_j t_j)\right]\right\}$$

$$=\sum_{j=1}^{i_d-1}\left(1-\exp\left(-c_j\left(\frac{vt_d-\sum_{k=1}^{i_d-1}P_k\times L_2}{v}+\sum_{k=j}^{i_d-1}\frac{P_k\times L_2}{v}\right)\right)\right)$$

$$\times W_{mj}\int_0^{L_2}\frac{1}{r_j}e^{-\pi\frac{(x-s_j)^2}{r_j^2}}ds_j\cdot\int_0^{P_j\times L_1}\frac{1}{r_j}e^{-\pi\frac{(y-u_j)^2}{r_j^2}}du_j$$

$$+\left(1-\exp(-c_{i_p}\frac{vt_d-\sum_{k=1}^{i_d-1}P_k\times L_2}{v})\right)W_{mi_d}$$

$$\times\left(\int_0^{L_2}\frac{1}{r}e^{-\pi\frac{(x-s_{i_d})^2}{r^2}}ds_{i_d}\cdot\int_0^{\left[\frac{vt_d-\sum_{j=1}^{i_d-1}P_j\times L_2}{L_2}\right]\times L_1}\frac{1}{r_{i_p}}e^{-\pi\frac{(y-u_{i_d})^2}{r^2}}du_{i_d}\right.$$

$$\left.+\int_0^{vt_d-\left[\frac{vt_d-\sum_{j=1}^{i_d-1}P_j\times L_2}{L_2}\right]\times L_2}\frac{1}{r_{i_d}}e^{-\pi\frac{(x-s_{i_d})^2}{r_{i_d}^2}}ds_{i_d}\cdot\int_{\left[\frac{vt_d-\sum_{j=1}^{i_d-1}P_j\times L_2}{L_2}\right]\times L_1}^{\left[\frac{vt_d-\sum_{j=1}^{i_d-1}P_j\times L_2}{L_2}\right]\times L_1+L_1}\frac{1}{r_{i_d}}e^{-\pi\frac{(y-u_{i_d})^2}{r_{i_d}^2}}du_{i_d}\right) \qquad (6.12)$$

若 $i_d\geq 2$，即施工阶段一心土堆积时刻 t_d 时为多煤层开采；若 $i_p\geq 2$，即施工阶段二心

土平整时刻 t_p 时为多煤层开采,因此结合多煤层开采下任意点动态下沉量表达式(6.8),得出心土堆积时刻 t_d 时地面动态下沉量 $W(x,y,t_d)$,如式(6.12)所示,以及心土平整 t_p 时地面动态下沉量 $W(x,y,t_p)$,如式(6.13)所示。

$$W(x,y,t_p) = \sum_{j=1}^{i_p}\left\{W_{0j}(x,y,t_j)\left[1-\exp(-c_jt_j)\right]\right\}$$

$$= \sum_{j=1}^{i_p-1}\left[1-\exp\left(-c_j\left(\frac{vt_p-\sum_{k=1}^{i_p-1}P_k\times L_2}{v}+\sum_{k=j}^{i_p-1}\frac{P_k\times L_2}{v}\right)\right)\right]$$

$$\times W_{mj}\int_0^{L_2}\frac{1}{r_j}\mathrm{e}^{-\pi\frac{(x-s_j)^2}{r_j^2}}\mathrm{d}s_j\cdot\int_0^{P_j\times L_1}\frac{1}{r_j}\mathrm{e}^{-\pi\frac{(y-u_j)^2}{r_j^2}}\mathrm{d}u_j$$

$$+\left[1-\exp\left(-c_{i_p}\frac{vt_p-\sum_{k=1}^{i_p-1}P_k\times L_2}{v}\right)\right]W_{mi_p}$$

$$\times\left[\int_0^{L_2}\frac{1}{r}\mathrm{e}^{-\pi\frac{(x-s_{i_p})^2}{r^2}}\mathrm{d}s_{i_p}\cdot\int_0^{\left[\frac{vt_p-\sum_{j=1}^{i_p-1}P_j\times L_2}{L_2}\right]\times L_1}\frac{1}{r}\mathrm{e}^{-\pi\frac{(y-u_{i_p})^2}{r^2}}\mathrm{d}u_{i_p}\right.$$

$$\left.+\int_0^{vt_p-\left[\frac{vt_p-\sum_{j=1}^{i_p-1}P_j\times L_2}{L_2}\right]\times L_2}\frac{1}{r_{i_p}}\mathrm{e}^{-\pi\frac{(x-s_{i_p})^2}{r_{i_p}^2}}\mathrm{d}s_{i_p}\cdot\int_{\left[\frac{vt_p-\sum_{j=1}^{i_p-1}P_j\times L_2}{L_2}\right]\times L_1}^{\left[\frac{vt_p-\sum_{j=1}^{i_p-1}P_j\times L_2}{L_2}\right]\times L_1+L_1}\frac{1}{r_{i_p}}\mathrm{e}^{-\pi\frac{(y-u_{i_p})^2}{r_{i_p}^2}}\mathrm{d}u_{i_p}\right]$$

(6.13)

6.2.2 动态施工标高的数学模型

1. 单煤层开采时动态施工标高的数学模型

当心土堆积时刻、心土平整时刻和表土平整时刻为单独一个煤层开采,即 $i_d=1$、$i_p=1$ 时,分别建立心土堆积标高、心土平整标高和表土平整标高的数学模型如下。

1)心土堆积标高

将煤炭开采完稳沉后地面最终下沉量表达式(6.9),以及单独一个煤层开采下 t_d 时地面动态下沉量表达式(6.10)代入心土堆积标高的理论模型表达式中。

$$H_d(x,y,t_d) = H_0(x,y)-\left[1-\exp(-c_1t_d)\right]$$

$$\times W_{m1}\left[\int_0^{L_2}\frac{1}{r_1}\mathrm{e}^{-\pi\frac{(x-s_1)^2}{r_1^2}}\mathrm{d}s_1\cdot\int_0^{\frac{vt_d}{L_2}\times L_1}\frac{1}{r_1}\mathrm{e}^{-\pi\frac{(y-u_1)^2}{r_1^2}}\mathrm{d}u_1\right.$$

(6.14)

$$\left.+\int_0^{vt_d-\left[\frac{vt_d}{L_2}\right]\times L_2}\frac{1}{r_1}\mathrm{e}^{-\pi\frac{(x-s_1)^2}{r_1^2}}\mathrm{d}s_1\cdot\int_{\left[\frac{vt_d}{L_2}\right]\times L_1}^{\left[\frac{vt_d}{L_2}\right]\times L_1+L_1}\frac{1}{r_1}\mathrm{e}^{-\pi\frac{(y-u_1)^2}{r_1^2}}\mathrm{d}u_1\right]$$

$$+\frac{1+K_d}{1+K_z}\left\{H_R-h_B-H_0(x,y)-[1-\exp(-c_1t_d)]W_{m1}\right.$$

$$\times\left[\int_0^{L_2}\frac{1}{r_1}e^{-\pi\frac{(x-s_1)^2}{r_1^2}}\,ds_1\cdot\int_0^{\frac{vt_d}{L_2}\times L_1}\frac{1}{r_1}e^{-\pi\frac{(y-u_1)^2}{r_1^2}}\,du_1\right.$$

$$\left.\left.+\int_0^{vt_d-\left[\frac{vt_d}{L_2}\right]\times L_2}\frac{1}{r_1}e^{-\pi\frac{(x-s_1)^2}{r^2}}\,ds_1\cdot\int_{\left[\frac{vt_d}{L_2}\right]\times L_1}^{\left[\frac{vt_d}{L_2}\right]\times L_1+L_1}\frac{1}{r_1}e^{-\pi\frac{(y-u_1)^2}{r_1^2}}\,du_1\right]\right\}$$

$$+\frac{1+K_d}{(1+K_z)(D_C+D_{CZ}+4D_{C0})}\cdot6\iint_{D_C}\left[\sum_{j=1}^{i_z-1}W_{mj}\int_0^{L_2}\frac{1}{r_j}e^{-\pi\frac{(x-s_j)^2}{r_j^2}}\,ds_j\cdot\int_0^{P_j\times L_1}\frac{1}{r_j}e^{-\pi\frac{(y-u_j)^2}{r_j^2}}\,du_j\right.\quad(6.14)$$

$$+W_{mi_z}\left(\int_0^{L_2}\frac{1}{r_{i_z}}e^{-\pi\frac{(x-s_{i_z})^2}{r_{i_z}^2}}\,ds_{i_z}\cdot\int_0^{\left[\frac{vt_z-\sum_{j=1}^{i_z-1}P_j\times L_2}{L_2}\right]\times L_1}\frac{1}{r_{i_z}}e^{-\pi\frac{(y-u_{i_z})^2}{r_{i_z}^2}}\,du_{i_z}\right.$$

$$\left.\left.+\int_0^{vt_z-\left[\frac{vt_z-\sum_{j=1}^{i_z-1}P_j\times L_2}{L_2}\right]\times L_2}\frac{1}{r_{i_z}}e^{-\pi\frac{(x-s_{i_z})^2}{r_{i_z}^2}}\,ds_{i_z}\cdot\int_{\left[\frac{vt_z-\sum_{j=1}^{i_z-1}P_j\times L_2}{L_2}\right]\times L_1}^{\left[\frac{vt_z-\sum_{j=1}^{i_z-1}P_j\times L_2}{L_2}\right]\times L_1+L_1}\frac{1}{r_{i_z}}e^{-\pi\frac{(y-u_{i_z})^2}{r_{i_z}^2}}\,du_{i_z}\right)\right]$$

$$-[1-\exp(-c_1t_d)]W_{m1}\left[\int_0^{L_2}\frac{1}{r_1}e^{-\pi\frac{(x-s_1)^2}{r_1^2}}\,ds_1\cdot\int_0^{\frac{vt_d}{L_2}\times L_1}\frac{1}{r_1}e^{-\pi\frac{(y-u_1)^2}{r_1^2}}\,du_1\right.$$

$$\left.+\int_0^{vt_d-\left[\frac{vt_d}{L_2}\right]\times L_2}\frac{1}{r_1}e^{-\pi\frac{(x-s_1)^2}{r^2}}\,ds_1\cdot\int_{\left[\frac{vt_d}{L_2}\right]\times L_1}^{\left[\frac{vt_d}{L_2}\right]\times L_1+L_1}\frac{1}{r_n}e^{-\pi\frac{(y-u_1)^2}{r_1^2}}\,du_1\right]dydx$$

从而得到充填区任意点 $A(x,y)$，在 t_d 时刻的心土堆积标高 $H_d(x,y,t_d)$ 的数学计算模型，当点 $A(x,y)$ 位于心土梯形堆积的平台区域时，即 $(x,y)\in D_{CZ}$ 时心土堆积标高 $H_d(x,y,t_d)$，如式（6.21）所示。

当点 $A(x,y)$ 位于心土梯形堆积的边坡区域时，即 $(x,y)\in D_{CW}\cup D_{CN}$ 时心土堆积标高 $H_d(x,y,t_d)$，如式（6.15）所示。

$$H_d(x,y,t_d)=H_0(x,y)-[1-\exp(-c_1t_d)]$$

$$\times W_{m1}\left[\int_0^{L_2}\frac{1}{r_1}e^{-\pi\frac{(x-s_1)^2}{r_1^2}}\,ds_1\cdot\int_0^{\frac{vt_d}{L_2}\times L_1}\frac{1}{r_1}e^{-\pi\frac{(y-u_1)^2}{r_1^2}}\,du_1\right.$$

$$\left.+\int_0^{vt_d-\left[\frac{vt_d}{L_2}\right]\times L_2}\frac{1}{r_1}e^{-\pi\frac{(x-s_1)^2}{r_1^2}}\,ds_1\cdot\int_{\left[\frac{vt_d}{L_2}\right]\times L_1}^{\left[\frac{vt_d}{L_2}\right]\times L_1+L_1}\frac{1}{r_1}e^{-\pi\frac{(y-u_1)^2}{r_1^2}}\,du_1\right]\quad(6.15)$$

$$+\frac{1+K_d}{1+K_z}\left\{H_R-h_B-H_0(x,y)-[1-\exp(-c_1t_d)]W_{m1}\right.$$

$$\times\left[\int_0^{L_2}\frac{1}{r_1}e^{-\pi\frac{(x-s_1)^2}{r_1^2}}\,ds_1\cdot\int_0^{\frac{vt_d}{L_2}\times L_1}\frac{1}{r_1}e^{-\pi\frac{(y-u_1)^2}{r_1^2}}\,du_1\right.$$

$$+ \int_0^{vt_d - \left[\frac{vt_d}{L_2}\right] \times L_2} \frac{1}{r_1} e^{-\pi \frac{(x-s_1)^2}{r^2}} ds_1 \cdot \int_{\left[\frac{vt_d}{L_2}\right] \times L_1}^{\left[\frac{vt_d}{L_2}\right] \times L_1 + L_1} \frac{1}{r_1} e^{-\pi \frac{(y-u_1)^2}{r_1^2}} du_1 \Bigg]\Bigg\}$$

$$+ \frac{1+K_d}{(1+K_z)(D_C + D_{CZ} + 4D_{C0})} \cdot 6 \iint\limits_{D_C} \Bigg[\sum_{j=1}^{i_z-1} W_{mj} \int_0^{L_2} \frac{1}{r_j} e^{-\pi \frac{(x-s_j)^2}{r_j^2}} ds_j \cdot \int_0^{P_j \times L_1} \frac{1}{r_j} e^{-\pi \frac{(y-u_j)^2}{r_j^2}} du_j$$

$$+ W_{mi_z} \Bigg(\int_0^{L_2} \frac{1}{r_{i_z}} e^{-\pi \frac{(x-s_{i_z})^2}{r_{i_z}^2}} ds_{i_z} \cdot \int_0^{\left[\frac{vt_z - \sum_{j=1}^{i_z-1} P_j \times L_2}{L_2}\right] \times L_1} \frac{1}{r_{i_z}} e^{-\pi \frac{(y-u_{i_z})^2}{r_{i_z}^2}} du_{i_z}$$

$$\quad (6.15)$$

$$+ \int_0^{vt_z - \left[\frac{vt_z - \sum_{j=1}^{i_z-1} P_j \times L_2}{L_2}\right] \times L_2} \frac{1}{r_{i_z}} e^{-\pi \frac{(x-s_{i_z})^2}{r_{i_z}^2}} ds_{i_z} \cdot \int_{\left[\frac{vt_z - \sum_{j=1}^{i_z-1} P_j \times L_2}{L_2}\right] \times L_1}^{\left[\frac{vt_z - \sum_{j=1}^{i_z-1} P_j \times L_2}{L_2}\right] \times L_1 + L_1} \frac{1}{r_{i_z}} e^{-\pi \frac{(y-u_{i_z})^2}{r_{i_z}^2}} du_{i_z} \Bigg) \Bigg]$$

$$- [1 - \exp(-c_1 t_d)] W_{m1} \Bigg[\int_0^{L_2} \frac{1}{r_1} e^{-\pi \frac{(x-s_1)^2}{r_1^2}} ds_1 \cdot \int_{\frac{vt_d}{L_2} \times L_2}^{vt_d} \frac{1}{r_1} e^{-\pi \frac{(y-u_1)^2}{r_1^2}} du_1$$

$$+ \int_0^{vt_d - \left[\frac{vt_d}{L_2}\right] \times L_2} \frac{1}{r_1} e^{-\pi \frac{(x-s_1)^2}{r^2}} ds_1 \cdot \int_{\left[\frac{vt_d}{L_2}\right] \times L_1}^{\left[\frac{vt_d}{L_2}\right] \times L_1 + L_1} \frac{1}{r_1} e^{-\pi \frac{(y-u_1)^2}{r_1^2}} du_1 \Bigg] dydx \cdot \tan\theta \cdot d(x,y)$$

2）心土平整标高

将煤炭开采完稳沉后地面最终下沉量表达式（6.9），以及单独一个煤层开采下 t_p 时地面动态下沉量表达式（6.11），代入心土平整标高的理论模型表达式，从而得到充填区任意点 $A(x,y)$，在 t_p 时刻的心土平整标高 $H_p(x,y,t_p)$ 的数学计算模型，如式（6.16）所示。

$$H_p(x,y,t_p) = H_0(x,y) - [1 - \exp(-c_1 t_p)]$$

$$\times W_{m1} \Bigg[\int_0^{L_2} \frac{1}{r_1} e^{-\pi \frac{(x-s_1)^2}{r_1^2}} ds_1 \cdot \int_{\frac{vt_p}{L_2} \times L_1}^{vt_p} \frac{1}{r_1} e^{-\pi \frac{(y-u_1)^2}{r_1^2}} du_1$$

$$+ \int_0^{vt_p - \left[\frac{vt_p}{L_2}\right] \times L_2} \frac{1}{r_1} e^{-\pi \frac{(x-s_1)^2}{r_1^2}} ds_1 \cdot \int_{\left[\frac{vt_p}{L_2}\right] \times L_1}^{\left[\frac{vt_p}{L_2}\right] \times L_1 + L_1} \frac{1}{r_1} e^{-\pi \frac{(y-u_1)^2}{r_1^2}} du_1 \Bigg] + \frac{1+K_p}{1+K_z}$$

$$\times \Bigg\{ H_R - h_B - \Bigg[H_0(x,y) - \Bigg(\sum_{j=1}^{i_z-1} W_{mj} \int_0^{L_2} \frac{1}{r_j} e^{-\pi \frac{(x-s_j)^2}{r_j^2}} ds_j \cdot \int_0^{P_j \times L_1} \frac{1}{r_j} e^{-\pi \frac{(y-u_j)^2}{r_j^2}} du_j$$

$$\quad (6.16)$$

$$+ W_{mi_z} \Bigg(\int_0^{L_2} \frac{1}{r_{i_z}} e^{-\pi \frac{(x-s_{i_z})^2}{r_{i_z}^2}} ds_{i_z} \cdot \int_0^{\left[\frac{vt_z - \sum_{j=1}^{i_z-1} P_j \times L_2}{L_2}\right] \times L_1} \frac{1}{r_{i_z}} e^{-\pi \frac{(y-u_{i_z})^2}{r_{i_z}^2}} du_{i_z}$$

$$+ \int_0^{vt_z - \left[\frac{vt_z - \sum_{j=1}^{i_z-1} P_j \times L_2}{L_2}\right] \times L_2} \frac{1}{r_{i_z}} e^{-\pi \frac{(x-s_{i_z})^2}{r_{i_z}^2}} ds_{i_z} \cdot \int_{\left[\frac{vt_z - \sum_{j=1}^{i_z-1} P_j \times L_2}{L_2}\right] \times L_1}^{\left[\frac{vt_z - \sum_{j=1}^{i_z-1} P_j \times L_2}{L_2}\right] \times L_1 + L_1} \frac{1}{r_{i_z}} e^{-\pi \frac{(y-u_{i_z})^2}{r_{i_z}^2}} du_{i_z} \Bigg) \Bigg) \Bigg] \Bigg\}$$

3）表土平整标高

将得到的心土平整标高 $H_p(x,y,t_p)$ 的数学计算模型表达式（6.16），代入表土平整理论模型表达式中，从而得到充填区任意点 $A(x,y)$ 的表土平整标高 $H_{pB}(x,y,t_p)$ 的数学计算模型，如式（6.17）所示。

$$
\begin{aligned}
H_{pB}(x,y,t_p) = &\frac{1+K_{b1}}{1+K_{b2}}h_B + H_0(x,y) - [1-\exp(-c_1 t_p)] \\
&\times W_{m1}\left[\int_0^{L_2}\frac{1}{r_1}e^{-\pi\frac{(x-s_1)^2}{r_1^2}}ds_1 \cdot \int_0^{\frac{vt_p}{L_2}\times L_1}\frac{1}{r_1}e^{-\pi\frac{(y-u_1)^2}{r_1^2}}du_1\right. \\
&\left.+\int_0^{\frac{vt_p}{L_2}-\left[\frac{vt_p}{L_2}\right]\times L_2}\frac{1}{r_1}e^{-\pi\frac{(x-s_1)^2}{r_1^2}}ds_1 \cdot \int_{\left[\frac{vt_p}{L_2}\right]\times L_1}^{\left[\frac{vt_p}{L_2}\right]\times L_1+L_1}\frac{1}{r_1}e^{-\pi\frac{(y-u_1)^2}{r_1^2}}du_1\right] + \frac{1+K_p}{1+K_z} \\
&\times\left\{H_R - h_B - \left[H_0(x,y) - \left[\sum_{j=1}^{i_z-1}W_{mj}\int_0^{L_2}\frac{1}{r_j}e^{-\pi\frac{(x-s_j)^2}{r_j^2}}ds_j \cdot \int_0^{P_j\times L_1}\frac{1}{r_j}e^{-\pi\frac{(y-u_j)^2}{r_j^2}}du_j\right.\right.\right. \\
&+W_{mi_z}\left(\int_0^{L_2}\frac{1}{r_{i_z}}e^{-\pi\frac{(x-s_{i_z})^2}{r_{i_z}^2}}ds_{i_z} \cdot \int_0^{\left[\frac{vt_z-\sum_{j=1}^{i_z-1}P_j\times L_2}{L_2}\right]\times L_1}\frac{1}{r_{i_z}}e^{-\pi\frac{(y-u_{i_z})^2}{r_{i_z}^2}}du_{i_z}\right. \\
&\left.\left.\left.\left.+\int_0^{\frac{vt_z-\left[\frac{vt_z-\sum_{j=1}^{i_z-1}P_j\times L_2}{L_2}\right]\times L_2}{L_2}}\frac{1}{r_{i_z}}e^{-\pi\frac{(x-s_{i_z})^2}{r_{i_z}^2}}ds_{i_z} \cdot \int_{\left[\frac{vt_z-\sum_{j=1}^{i_z-1}P_j\times L_2}{L_2}\right]\times L_1}^{\left[\frac{vt_z-\sum_{j=1}^{i_z-1}P_j\times L_2}{L_2}\right]\times L_1+L_1}\frac{1}{r_{i_z}}e^{-\pi\frac{(y-u_{i_z})^2}{r_{i_z}^2}}du_{i_z}\right)\right]\right]\right\}
\end{aligned}
$$

（6.17）

2. 多煤层开采时动态施工标高的数学模型

当心土堆积时刻、心土平整时刻和表土平整时刻为多煤层开采，即 $i_d \geqslant 2$，$i_p \geqslant 2$ 时，分别建立心土堆积标高、心土平整标高和表土平整标高的数学模型如下。

1）心土堆积标高

将煤炭开采完稳沉后地面最终下沉量表达式（6.9），多煤层开采下 t_d 时地面动态下沉量表达式（6.10）代入心土堆积标高的理论模型表达式（4.1）中，从而得到充填区任意点 $A(x,y)$，在 t_d 时刻的心土堆积标高 $H_d(x,y,t_d)$ 的数学计算模型，当点 $A(x,y)$ 位于心土梯形堆积的平台区域时，即 $(x,y)\in D_{CZ}$ 时心土堆积标高 $H_d(x,y,t_d)$，如式（6.18）所示。

$$
\begin{aligned}
H_d(x,y,t_d) = &H_0(x,y) - \sum_{j=1}^{i_d-1}\left\{1-\exp\left[-c_j\left(\frac{vt_d-\sum_{k=1}^{i_d-1}P_k\times L_2}{v}+\sum_{k=j}^{i_d-1}\frac{P_k\times L_2}{v}\right)\right]\right\} \\
&\times W_{mj}\int_0^{L_2}\frac{1}{r_j}e^{-\pi\frac{(x-s_j)^2}{r_j^2}}ds_j \cdot \int_0^{P_j\times L_1}\frac{1}{r_j}e^{-\pi\frac{(y-u_j)^2}{r_j^2}}du_j + \left[1-\exp\left(-c_{i_p}\frac{vt_d-\sum_{k=1}^{i_d-1}P_k\times L_2}{v}\right)\right]
\end{aligned}
$$

（6.18）

$$\times W_{mi_d} \cdot \left(\int_0^{L_2} \frac{1}{r_{is}} e^{-\pi \frac{(x-s_{id})^2}{r_{is}^2}} ds_{id} \cdot \int_0^{\left[\frac{vt_d - \sum\limits_{j=1}^{i_d-1} P_j \times L_2}{L_2}\right] \times L_1} \frac{1}{r_{i_p}} e^{-\pi \frac{(y-u_{id})^2}{r_{is}^2}} du_{id} \right.$$

$$\left. + \int_0^{\left[\frac{vt_d - \left[\frac{vt_d - \sum\limits_{j=1}^{i_d-1} P_j \times L_2}{L_2}\right] \times L_2}{}\right]} \frac{1}{r_{id}} e^{-\pi \frac{(x-s_{id})^2}{r_{id}^2}} ds_{id} \cdot \int_{\left[\frac{vt_d - \sum\limits_{j=1}^{i_d-1} P_j \times L_2}{L_2}\right] \times L_1}^{\left[\frac{vt_d - \sum\limits_{j=1}^{i_d-1} P_j \times L_2}{L_2}\right] \times L_1 + L_1} \frac{1}{r_{id}} e^{-\pi \frac{(y-u_{id})^2}{r_{id}^2}} du_{id} \right)$$

$$+ \frac{1+K_d}{1+K_z} \left\{ H_R - h_B - H_0(x,y) - \sum_{j=1}^{i_d-1} \left(1 - \exp\left(-c_j \left(\frac{vt_d - \sum\limits_{k=1}^{i_d-1} P_k \times L_2}{v} + \sum_{k=j}^{i_d-1} \frac{P_k \times L_2}{v} \right) \right) \right) \right. \tag{6.18}$$

$$\times W_{mj} \int_0^{L_2} \frac{1}{r_j} e^{-\pi \frac{(x-s_j)^2}{r_j^2}} ds_j \cdot \int_0^{P_j \times L_1} \frac{1}{r_j} e^{-\pi \frac{(y-u_j)^2}{r_j^2}} du_j + \left(1 - \exp\left(-c_{i_p} \frac{vt_d - \sum\limits_{k=1}^{i_d-1} P_k \times L_2}{v} \right) \right) W_{mi_d}$$

$$\times \left(\int_0^{L_2} \frac{1}{r_{is}} e^{-\pi \frac{(x-s_{id})^2}{r_{is}^2}} ds_{id} \cdot \int_0^{\left[\frac{vt_d - \sum\limits_{j=1}^{i_d-1} P_j \times L_2}{L_2}\right] \times L_1} \frac{1}{r_{i_p}} e^{-\pi \frac{(y-u_{id})^2}{r_{is}^2}} du_{id} \right.$$

$$\left. + \int_0^{\left[\frac{vt_d - \left[\frac{vt_d - \sum\limits_{j=1}^{i_d-1} P_j \times L_2}{L_2}\right] \times L_2}{}\right]} \frac{1}{r_{id}} e^{-\pi \frac{(x-s_{id})^2}{r_{id}^2}} ds_{id} \cdot \int_{\left[\frac{vt_d - \sum\limits_{j=1}^{i_d-1} P_j \times L_2}{L_2}\right] \times L_1}^{\left[\frac{vt_d - \sum\limits_{j=1}^{i_d-1} P_j \times L_2}{L_2}\right] \times L_1 + L_1} \frac{1}{r_{id}} e^{-\pi \frac{(y-u_{id})^2}{r_{id}^2}} du_{id} \right) \right\}$$

$$+ \frac{1+K_d}{(1+K_z)(D_C + D_{CZ} + 4D_{C0})} \cdot 6 \iint_{D_C} \left[\sum_{j=1}^{i_z-1} W_{mj} \int_0^{L_2} \frac{1}{r_j} e^{-\pi \frac{(x-s_j)^2}{r_j^2}} ds_j \cdot \int_0^{P_j \times L_1} \frac{1}{r_j} e^{-\pi \frac{(y-u_j)^2}{r_j^2}} du_j \right.$$

$$+ W_{mi_z} \left(\int_0^{L_2} \frac{1}{r_{iz}} e^{-\pi \frac{(x-s_{iz})^2}{r_{iz}^2}} ds_{iz} \cdot \int_0^{\left[\frac{vt_z - \sum\limits_{j=1}^{i_z-1} P_j \times L_2}{L_2}\right] \times L_1} \frac{1}{r_{iz}} e^{-\pi \frac{(y-u_{iz})^2}{r_{iz}^2}} du_{iz} \right.$$

$$\left. + \int_0^{\left[\frac{vt_z - \left[\frac{vt_z - \sum\limits_{j=1}^{i_z-1} P_j \times L_2}{L_2}\right] \times L_2}{}\right]} \frac{1}{r_{iz}} e^{-\pi \frac{(x-s_{iz})^2}{r_{iz}^2}} ds_{iz} \cdot \int_{\left[\frac{vt_z - \sum\limits_{j=1}^{i_z-1} P_j \times L_2}{L_2}\right] \times L_1}^{\left[\frac{vt_z - \sum\limits_{j=1}^{i_z-1} P_j \times L_2}{L_2}\right] \times L_1 + L_1} \frac{1}{r_{iz}} e^{-\pi \frac{(y-u_{iz})^2}{r_{iz}^2}} du_{iz} \right) \right]$$

$$- \left[1 - \exp(-c_1 t_d) \right] W_{m1} \left[\int_0^{L_2} \frac{1}{r_1} e^{-\pi \frac{(x-s_1)^2}{r_1^2}} ds_1 \cdot \int_0^{\frac{vt_d}{L_2} \times L_1} \frac{1}{r_1} e^{-\pi \frac{(y-u_1)^2}{r_1^2}} du_1 \right.$$

$$\left. + \int_0^{vt_d - \left[\frac{vt_d}{L_2}\right] \times L_2} \frac{1}{r_1} e^{-\pi \frac{(x-s_1)^2}{r^2}} ds_1 \cdot \int_{\left[\frac{vt_d}{L_2}\right] \times L_1}^{\left[\frac{vt_d}{L_2}\right] \times L_1 + L_1} \frac{1}{r_1} e^{-\pi \frac{(y-u_1)^2}{r_1^2}} du_1 \right] dy dx$$

当点 $A(x,y)$ 位于心土梯形堆积的边坡区域时，即 $(x,y) \in D_{CW} \cup D_{CN}$ 时心土堆积标高 $H_d(x,y,t_d)$，如式（6.19）所示。

$$
\begin{aligned}
H_{\mathrm{d}}(x,y,t_{\mathrm{d}}) = {} & H_0(x,y) - \sum_{j=1}^{i_{\mathrm{d}}-1}\left\{1-\exp\left[-c_j\left(\frac{vt_{\mathrm{d}}-\sum_{k=1}^{i_{\mathrm{d}}-1}P_k\times L_2}{v}+\sum_{k=j}^{i_{\mathrm{d}}-1}\frac{P_k\times L_2}{v}\right)\right]\right\} \\
& \times W_{\mathrm{m}j}\int_0^{L_2}\frac{1}{r_j}\mathrm{e}^{-\pi\frac{(x-s_j)^2}{r_j^2}}\,\mathrm{d}s_j\cdot\int_0^{P_j\times L1}\frac{1}{r_j}\mathrm{e}^{-\pi\frac{(y-u_j)^2}{r_j^2}}\,\mathrm{d}u_j+\left[1-\exp\left(-c_{i_{\mathrm{p}}}\frac{vt_{\mathrm{d}}-\sum_{k=1}^{i_{\mathrm{d}}-1}P_k\times L_2}{v}\right)\right] \\
& \times W_{\mathrm{m}i_{\mathrm{d}}}\cdot\left(\int_0^{L_2}\frac{1}{r_{i_{\mathrm{s}}}}\mathrm{e}^{-\pi\frac{(x-s_{i_{\mathrm{d}}})^2}{r_{i_{\mathrm{s}}}^2}}\,\mathrm{d}s_{i_{\mathrm{d}}}\cdot\int_0^{\left[\frac{vt_{\mathrm{d}}-\sum_{j=1}^{i_{\mathrm{d}}-1}P_j\times L_2}{L_2}\right]\times L_1}\frac{1}{r_{i_{\mathrm{p}}}}\mathrm{e}^{-\pi\frac{(y-u_{i_{\mathrm{d}}})^2}{r_{i_{\mathrm{s}}}^2}}\,\mathrm{d}u_{i_{\mathrm{d}}}\right. \\
& \left.+\int_0^{vt_{\mathrm{d}}-\left[\frac{vt_{\mathrm{d}}-\sum_{j=1}^{i_{\mathrm{d}}-1}P_j\times L_2}{L_2}\right]\times L_2}\frac{1}{r_{i_{\mathrm{d}}}}\mathrm{e}^{-\pi\frac{(x-s_{i_{\mathrm{d}}})^2}{r_{i_{\mathrm{d}}}^2}}\,\mathrm{d}s_{i_{\mathrm{d}}}\cdot\int_{\left[\frac{vt_{\mathrm{d}}-\sum_{j=1}^{i_{\mathrm{d}}-1}P_j\times L_2}{L_2}\right]\times L_1}^{\left[\frac{vt_{\mathrm{d}}-\sum_{j=1}^{i_{\mathrm{d}}-1}P_j\times L_2}{L_2}\right]\times L_1+L_1}\frac{1}{r_{i_{\mathrm{d}}}}\mathrm{e}^{-\pi\frac{(y-u_{i_{\mathrm{d}}})^2}{r_{i_{\mathrm{d}}}^2}}\,\mathrm{d}u_{i_{\mathrm{d}}}\right) \\
& +\frac{1+K_{\mathrm{d}}}{1+K_{\mathrm{z}}}\left\{H_{\mathrm{R}}-h_{\mathrm{B}}-H_0(x,y)-\sum_{j=1}^{i_{\mathrm{d}}-1}\left(1-\exp\left(-c_j\left(\frac{vt_{\mathrm{d}}-\sum_{k=1}^{i_{\mathrm{d}}-1}P_k\times L_2}{v}\right.\right.\right.\right. \\
& \left.\left.\left.+\sum_{k=j}^{i_{\mathrm{d}}-1}\frac{P_k\times L_2}{v}\right)\right)W_{\mathrm{m}j}\int_0^{L_2}\frac{1}{r_j}\mathrm{e}^{-\pi\frac{(x-s_j)^2}{r_j^2}}\,\mathrm{d}s_j\cdot\int_0^{P_j\times L_1}\frac{1}{r_j}\mathrm{e}^{-\pi\frac{(y-u_j)^2}{r_j^2}}\,\mathrm{d}u_j\right. \\
& +\left(1-\exp(-c_{i_{\mathrm{p}}}\frac{vt_{\mathrm{d}}-\sum_{k=1}^{i_{\mathrm{d}}-1}P_k\times L_2}{v})\right)W_{\mathrm{m}i_{\mathrm{d}}}\cdot\left(\int_0^{L_2}\frac{1}{r_{i_{\mathrm{s}}}}\mathrm{e}^{-\pi\frac{(x-s_{i_{\mathrm{d}}})^2}{r_{i_{\mathrm{s}}}^2}}\,\mathrm{d}s_{i_{\mathrm{d}}}\right. \\
& \times\int_0^{\left[\frac{vt_{\mathrm{d}}-\sum_{j=1}^{i_{\mathrm{d}}-1}P_j\times L_2}{L_2}\right]\times L_1}\frac{1}{r_{i_{\mathrm{p}}}}\mathrm{e}^{-\pi\frac{(y-u_{i_{\mathrm{d}}})^2}{r_{i_{\mathrm{s}}}^2}}\,\mathrm{d}u_{i_{\mathrm{d}}}+\int_0^{vt_{\mathrm{d}}-\left[\frac{vt_{\mathrm{d}}-\sum_{j=1}^{i_{\mathrm{d}}-1}P_j\times L_2}{L_2}\right]\times L_2}\frac{1}{r_{i_{\mathrm{d}}}}\mathrm{e}^{-\pi\frac{(x-s_{i_{\mathrm{d}}})^2}{r_{i_{\mathrm{d}}}^2}}\,\mathrm{d}s_{i_{\mathrm{d}}} \\
& \left.\left.\times\int_{\left[\frac{vt_{\mathrm{d}}-\sum_{j=1}^{i_{\mathrm{d}}-1}P_j\times L_2}{L2}\right]\times L_1}^{\left[\frac{vt_{\mathrm{d}}-\sum_{j=1}^{i_{\mathrm{d}}-1}P_j\times L_2}{L2}\right]\times L_1+L_1}\frac{1}{r_{i_{\mathrm{d}}}}\mathrm{e}^{-\pi\frac{(y-u_{id})^2}{r_{id}^2}}\,\mathrm{d}u_{i_{\mathrm{d}}}\right)\right\}+\frac{1+K_{\mathrm{d}}}{(1+K_{\mathrm{z}})(D_C+D_{CZ}+4D_{C0})} \\
& \times 6\iint_{D_C}\left[\sum_{j=1}^{i_{\mathrm{z}}-1}W_{\mathrm{m}j}\int_0^{L_2}\frac{1}{r_j}\mathrm{e}^{-\pi\frac{(x-s_j)^2}{r_j^2}}\,\mathrm{d}s_j\cdot\int_0^{P_j\times L_1}\frac{1}{r_j}\mathrm{e}^{-\pi\frac{(y-u_j)^2}{r_j^2}}\,\mathrm{d}u_j\right. \\
& +W_{\mathrm{m}i_{\mathrm{z}}}\left(\int_0^{L_2}\frac{1}{r_{i_{\mathrm{z}}}}\mathrm{e}^{-\pi\frac{(x-s_{i_{\mathrm{z}}})^2}{r_{i_{\mathrm{z}}}^2}}\,\mathrm{d}s_{i_{\mathrm{z}}}\cdot\int_0^{\left[\frac{vt_{\mathrm{z}}-\sum_{j=1}^{i_{\mathrm{z}}-1}P_j\times L_2}{L_2}\right]\times L_1}\frac{1}{r_{i_{\mathrm{z}}}}\mathrm{e}^{-\pi\frac{(y-u_{i_{\mathrm{z}}})^2}{r_{i_{\mathrm{z}}}^2}}\,\mathrm{d}u_{i_{\mathrm{z}}}\right. \\
& \left.\left.+\int_0^{vt_{\mathrm{z}}-\left[\frac{vt_{\mathrm{z}}-\sum_{j=1}^{i_{\mathrm{z}}-1}P_j\times L_2}{L_2}\right]\times L_2}\frac{1}{r_{i_{\mathrm{z}}}}\mathrm{e}^{-\pi\frac{(x-s_{i_{\mathrm{z}}})^2}{r_{i_{\mathrm{z}}}^2}}\,\mathrm{d}s_{i_{\mathrm{z}}}\cdot\int_{\left[\frac{vt_{\mathrm{z}}-\sum_{j=1}^{i_{\mathrm{z}}-1}P_j\times L_2}{L_2}\right]\times L_1}^{\left[\frac{vt_{\mathrm{z}}-\sum_{j=1}^{i_{\mathrm{z}}-1}P_j\times L_2}{L_2}\right]\times L_1+L_1}\frac{1}{r_{i_{\mathrm{z}}}}\mathrm{e}^{-\pi\frac{(y-u_{i_{\mathrm{z}}})^2}{r_{i_{\mathrm{z}}}^2}}\,\mathrm{d}u_{i_{\mathrm{z}}}\right)\right]
\end{aligned}
$$

$$(6.19)$$

$$-[1-\exp(-c_1t_d)]W_{m1}\left[\int_0^{L_2}\frac{1}{r_1}e^{-\pi\frac{(x-s_1)^2}{r_1^2}}ds_1\cdot\int_0^{\frac{vt_d}{L_2}\times L_1}\frac{1}{r_1}e^{-\pi\frac{(y-u_1)^2}{r_1^2}}du_1\right.$$

$$\left.+\int_0^{vt_d-\left[\frac{vt_d}{L_2}\right]\times L_2}\frac{1}{r^2}e^{-\pi\frac{(x-s_1)^2}{r^2}}ds_1\cdot\int_{\left[\frac{vt_d}{L_2}\right]\times L_1}^{\left[\frac{vt_d}{L_2}\right]\times L_1+L_1}\frac{1}{r_1}e^{-\pi\frac{(y-u_1)^2}{r_1^2}}du_1\right]dydx\cdot\tan\theta\cdot d(x,y)$$

（6.19）

2）心土平整标高

将煤炭开采完稳沉后地面最终下沉量表达式（6.9），多煤层开采下 t_d 时地面动态下沉量表达式（6.13）代入心土平整标高的理论模型表达式，从而得到充填区任意点 $A(x,y)$，在 t_p 时刻的心土平整标高 $H_p(x,y,t_p)$ 的数学计算模型，如式（6.20）所示。

$$H_p(x,y,t_p)=H_0(x,y)-\sum_{j=1}^{i_p-1}\left\{1-\exp\left[-c_j\left(\frac{vt_p-\sum_{k=1}^{i_p-1}P_k\times L_2}{v}+\sum_{k=j}^{i_p-1}\frac{P_k\times L_2}{v}\right)\right]\right\}$$

$$+W_{mj}\int_0^{L_2}\frac{1}{r_j}e^{-\pi\frac{(x-s_j)^2}{r_j^2}}ds_j\cdot\int_0^{P_j\times L_1}\frac{1}{r_j}e^{-\pi\frac{(y-u_j)^2}{r_j^2}}du_j+\left[1-\exp\left(-c_{i_p}\frac{vt_p-\sum_{k=1}^{i_p-1}P_k\times L_2}{v}\right)\right]$$

$$\times W_{mi_p}\cdot\left(\int_0^{L_2}\frac{1}{r_{i_s}}e^{-\pi\frac{(x-s_{i_p})^2}{r_{i_s}^2}}ds_{i_p}\cdot\int_0^{\left[\frac{vt_p-\sum_{j=1}^{i_p-1}P_j\times L_2}{L_2}\right]\times L_1}\frac{1}{r_{i_p}}e^{-\pi\frac{(y-u_{i_p})^2}{r_{i_s}^2}}du_{i_p}\right.$$

（6.20）

$$\left.+\int_0^{vt_p-\left[\frac{vt_p-\sum_{j=1}^{i_p-1}P_j\times L_2}{L_2}\right]\times L_2}\frac{1}{r_{i_p}}e^{-\pi\frac{(x-s_{i_p})^2}{r_{i_p}^2}}ds_{i_p}\cdot\int_{\left[\frac{vt_p-\sum_{j=1}^{i_p-1}P_j\times L_2}{L_2}\right]\times L_1}^{\left[\frac{vt_p-\sum_{j=1}^{i_p-1}P_j\times L_2}{L_2}\right]\times L_1+L_1}\frac{1}{r_{i_p}}e^{-\pi\frac{(y-u_{i_p})^2}{r_{i_p}^2}}du_{i_p}\right)$$

$$+\frac{1+K_p}{1+K_z}\left\{H_R-h_B-\left[H_0(x,y)-\left[\sum_{j=1}^{i_z-1}W_{mj}\int_0^{L_2}\frac{1}{r_j}e^{-\pi\frac{(x-s_j)^2}{r_j^2}}ds_j\cdot\int_0^{P_j\times L_1}\frac{1}{r_j}e^{-\pi\frac{(y-u_j)^2}{r_j^2}}\right.\right.\right.$$

$$\times du_j+W_{mi_z}\left(\int_0^{L_2}\frac{1}{r_{i_z}}e^{-\pi\frac{(x-s_{i_z})^2}{r_{i_z}^2}}ds_{i_z}\cdot\int_0^{\left[\frac{vt_z-\sum_{j=1}^{i_z-1}P_j\times L_2}{L_2}\right]\times L_1}\frac{1}{r_{i_z}}e^{-\pi\frac{(y-u_{i_z})^2}{r_{i_z}^2}}du_{i_z}\right.$$

$$\left.\left.\left.\left.+\int_0^{vt_z-\left[\frac{vt_z-\sum_{j=1}^{i_z-1}P_j\times L_2}{L_2}\right]\times L_2}\frac{1}{r_{i_z}}e^{-\pi\frac{(x-s_{i_z})^2}{r_{i_z}^2}}ds_{i_z}\cdot\int_{\left[\frac{vt_z-\sum_{j=1}^{i_z-1}P_j\times L_2}{L_2}\right]\times L_1}^{\left[\frac{vt_z-\sum_{j=1}^{i_z-1}P_j\times L_2}{L_2}\right]\times L_1+L_1}\frac{1}{r_{i_z}}e^{-\pi\frac{(y-u_{i_z})^2}{r_{i_z}^2}}du_{i_z}\right]\right]\right\}\right\}$$

3）表土平整标高

将得到的心土平整标高 $H_p(x,y,t_p)$ 的数学计算模型表达式（6.20），代入表土平整理论模型表达式中，从而得到充填区任意点 $A(x,y)$ 的表土平整标高 $H_pB(x,y,t_p)$ 的数学计算模型，如式（6.21）所示。

$$
\begin{aligned}
H_\mathrm{p}B(x,y,t_\mathrm{p}) = & \frac{1+K_{\mathrm{b}1}}{1+K_{\mathrm{b}2}}h_\mathrm{B} + H_0(x,y) - \sum_{j=1}^{i_\mathrm{p}-1}\left\{1-\exp\left[-c_j\left(\frac{vt_\mathrm{p}-\sum_{k=1}^{i_\mathrm{p}-1}P_k\times L_2}{v}+\sum_{k=j}^{i_\mathrm{p}-1}\frac{P_k\times L_2}{v}\right)\right]\right\} \\
& +W_{\mathrm{m}j}\int_0^{L_2}\frac{1}{r_j}\mathrm{e}^{-\pi\frac{(x-s_j)^2}{r_j^2}}\mathrm{d}s_j\cdot\int_0^{P_j\times L1}\frac{1}{r_j}\mathrm{e}^{-\pi\frac{(y-u_j)^2}{r_j^2}}\mathrm{d}u_j+\left[1-\exp\left(-c_{i_\mathrm{p}}\frac{vt_\mathrm{p}-\sum_{k=1}^{i_\mathrm{p}-1}P_k\times L_2}{v}\right)\right] \\
& \times W_{\mathrm{m}i_\mathrm{p}}\cdot\left(\int_0^{L_2}\frac{1}{r_{i_\mathrm{s}}}\mathrm{e}^{-\pi\frac{(x-s_{i_\mathrm{p}})^2}{r_{i_\mathrm{s}}^2}}\mathrm{d}s_{i_\mathrm{p}}\cdot\int_0^{\left[\frac{vt_\mathrm{p}-\sum_{j=1}^{i_\mathrm{p}-1}P_j\times L_2}{L_2}\right]\times L_1}\frac{1}{r_{i_\mathrm{p}}}\mathrm{e}^{-\pi\frac{(y-u_{i_\mathrm{p}})^2}{r_{i_\mathrm{s}}^2}}\mathrm{d}u_{i_\mathrm{p}}\right. \\
& \left.+\int_0^{vt_\mathrm{p}-\left[\frac{vt_\mathrm{p}-\sum_{j=1}^{i_\mathrm{p}-1}P_j\times L_2}{L_2}\right]\times L_2}\frac{1}{r_{i_\mathrm{p}}}\mathrm{e}^{-\pi\frac{(x-s_{i_\mathrm{p}})^2}{r_{i_\mathrm{p}}^2}}\mathrm{d}s_{i_\mathrm{p}}\cdot\int_{\left[\frac{vt_\mathrm{p}-\sum_{j=1}^{i_\mathrm{p}-1}P_j\times L_2}{L_2}\right]\times L_1}^{\left[\frac{vt_\mathrm{p}-\sum_{j=1}^{i_\mathrm{p}-1}P_j\times L_2}{L_2}\right]\times L_1+L_1}\frac{1}{r_{i_\mathrm{p}}}\mathrm{e}^{-\pi\frac{(y-u_{i_\mathrm{p}})^2}{r_{i_\mathrm{p}}^2}}\mathrm{d}u_{i_\mathrm{p}}\right) \\
& +\frac{1+K_\mathrm{p}}{1+K_\mathrm{z}}\left\{H_\mathrm{R}-h_\mathrm{B}-\left[H_0(x,y)-\left[\sum_{j=1}^{i_\mathrm{z}-1}W_{\mathrm{m}j}\int_0^{L_2}\frac{1}{r_j}\mathrm{e}^{-\pi\frac{(x-s_j)^2}{r_j^2}}\mathrm{d}s_j\cdot\int_0^{P_j\times L_1}\frac{1}{r_j}\mathrm{e}^{-\pi\frac{(y-u_j)^2}{r_j^2}}\mathrm{d}u_j\right.\right.\right. \\
& +W_{\mathrm{m}i_\mathrm{z}}\left(\int_0^{L_2}\frac{1}{r_{i_\mathrm{z}}}\mathrm{e}^{-\pi\frac{(x-s_{i_\mathrm{z}})^2}{r_{i_\mathrm{z}}^2}}\mathrm{d}s_{i_\mathrm{z}}\cdot\int_0^{\left[\frac{vt_\mathrm{z}-\sum_{j=1}^{i_\mathrm{z}-1}P_j\times L_2}{L_2}\right]\times L_1}\frac{1}{r_{i_\mathrm{z}}}\mathrm{e}^{-\pi\frac{(y-u_{i_\mathrm{z}})^2}{r_{i_\mathrm{z}}^2}}\mathrm{d}u_{i_\mathrm{z}}\right. \\
& \left.\left.\left.\left.+\int_0^{vt_\mathrm{z}-\left[\frac{vt_\mathrm{z}-\sum_{j=1}^{i_\mathrm{z}-1}P_j\times L_2}{L_2}\right]\times L_2}\frac{1}{r_{i_\mathrm{z}}}\mathrm{e}^{-\pi\frac{(x-s_{i_\mathrm{z}})^2}{r_{i_\mathrm{z}}^2}}\mathrm{d}s_{i_\mathrm{z}}\cdot\int_{\left[\frac{vt_\mathrm{z}-\sum_{j=1}^{i_\mathrm{z}-1}P_j\times L_2}{L2}\right]\times L_1}^{\left[\frac{vt_\mathrm{z}-\sum_{j=1}^{i_\mathrm{z}-1}P_j\times L_2}{L_2}\right]\times L_1+L_1}\frac{1}{r_{i_\mathrm{z}}}\mathrm{e}^{-\pi\frac{(y-u_{i_\mathrm{z}})^2}{r_{i_\mathrm{z}}^2}}\mathrm{d}u_{i_\mathrm{z}}\right)\right]\right]\right\}
\end{aligned}
\tag{6.21}
$$

3. 实例分析

以 4.2.3 小节中的某研究区为例，根据不同小区域受扰动的次数和地面出现积水时间，规划 1987 年复垦（修复）区域 1、区域 2、区域 3、区域 4、区域 5、区域 6、区域 7、区域 9、区域 10 和区域 11，2005 年复垦（修复）区域 8、区域 12、区域 13、区域 9、区域 10 和区域 11（具体分区参见图 4.6）。

利用动态复垦（修复）施工标高的数学模型，以心土平整标高为例，1987 年规划复垦（修复）的区域在进行心土平整时正在开采第一个煤层 11 煤，因此根据式（6.22）计算此时的心土平整标高，如充填区某点(974,263)，在煤炭开采前的原始高程 $H_0(974,263)$ 为 22.9 m，当地表土层厚度 h_B 为 0.4 m，心土平整时由于受机械扰动等心土层的孔隙比 K_p 为 1.17，心土在自然沉降状态下的孔隙比 K_z 为 0.92，结合当地农业种植情况和农民生产习惯，充填区稳沉后设计标高 H_R 为 22.5 m，则该点的心土平整标高经计算为 23.4 m，如式（6.22）所示，同理计算充填区域其他点的心土平整标高并将其进行三维展示如图 6.5 所示，可以看出由于后续东部 13 煤的开采沉陷影响，研究区东部区域心土平整标高较高，用于抵消后续下沉影响，但最高处标高较原始地面仅高出约 0.7 m。

$$H_p(974,263,1987) = H_0(974,263) - W(974,263,1987)$$

$$+ \frac{1+K_p}{1+K_z}\left\{H_R - h_B - \left[H_0(974,263) - W_0(974,263,1988)\right]\right\} \qquad (6.22)$$

$$= 22.9 - 0.1 + \frac{1+1.17}{1+0.92}\left[22.5 - 0.4 - (22.9 - 1.4)\right]$$

$$= 23.4$$

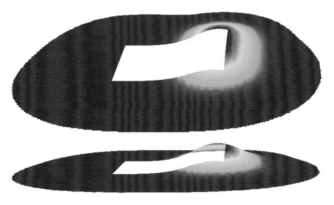

图 6.5　1987 年复垦（修复）区域心土平整标高

对于 2005 年规划复垦（修复）区域，某点的原始高程 $H_0(974,263)$ 为 22.5 m，该点此时进行复垦（修复）施工的心土平整标高经计算为 23.6 m，如式（6.23）所示，同理计算充填区域其他点的心土平整标高并将其进行三维展示如图 6.6 所示，由于后续南部 8 煤的开采沉陷影响较大，研究区南部区域心土平整标高较高，用于抵消后续下沉影响，最高处标高较原始地面高出约 1.2 m。

$$H_p(974,263,2005) = H_0(974,263) - W(974,263,2007)$$

$$+ \frac{1+K_p}{1+K_z}\left\{H_R - h_B - \left[H_0(974,263) - W_0(974,263,2007)\right]\right\} \qquad (6.23)$$

$$= 22.5 - 0.5 + \frac{1+1.17}{1+0.92}\left[22.5 - 0.4 - (22.5 - 1.8)\right]$$

$$= 23.6$$

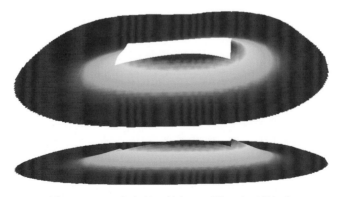

图 6.6　2005 年复垦（修复）区域心土平整标高

6.3　边采边复的动态施工方法

沉陷耕地的复垦应该着重于复垦土壤重构和理化性质的改良，而且要求复垦的土壤有较高的生产水平。因此，边采边复的施工必须遵循土壤重构原理。本节将土壤重构理念与边采边复技术相结合，提出基于扇形土壤重构的动态施工方法。

6.3.1　基于扇形土壤重构的边采边复动态施工方法

基于扇形土壤重构的边采边复动态施工方法为采煤沉陷地复垦真正做到"边开采–边复垦–边重构"提供理论基础，同时确保矿产资源开采与高质量农田土地保护的协调发展，创建和谐绿色矿山。具体流程步骤如图6.7所示。

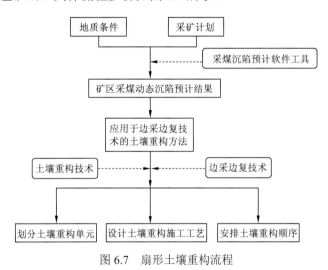

图 6.7　扇形土壤重构流程

（1）收集矿区相关数据并预计出采煤动态沉陷预计结果，收集的数据包括矿区的煤层条件、地质条件、采矿计划、水文条件、土壤条件各采矿数据和开采信息，根据获得的采矿数据和开采信息，利用采煤沉陷预计软件工具预测出该矿区的采煤动态沉陷预计结果。

（2）划分土壤重构单元：根据步骤（1）获得的采煤动态沉陷预计结果，得到矿区采煤塌陷的最终塌陷区范围，以该最终塌陷区范围的中心按照内角等分为 10 个扇形土壤重构单元，每个扇形土壤重构单元内角均为 36°，土壤重构单元依次编号为 A、A'、B、B'、C、C'、D、D'、E、E'，同字母的编号区域以矿区开采推进方向线为中线上下对称。

（3）应用边采边复技术对塌陷区进行土壤重构：根据划分得到的土壤重构单元结合步骤（1）得到的采煤动态沉陷预计结果，应用边采边复技术对各个土壤重构单元依次进行土壤重构，土壤重构顺序为 $A\text{-}A'$、$B\text{-}B'$、$C\text{-}C'$、$D\text{-}D'$、$E\text{-}E'$，重构顺序与矿区开采推进方向相同并成扇形伸展方向从开采推进方向一端向另一端展开，达到"边开采–边复垦–边重构"的效果。

土壤重构具体施工方法为:对每个土壤重构单元,先以挖填土方量平衡为准则将单个扇形土壤重构单元分为内侧挖土区 n 和外侧填土区 m,然后将挖土区 n 和填土区 m 的表土层分别进行剥离并堆填至塌陷区域以外运距最短的表土堆置处,再将挖土区 n 心土层剥离堆填至填土区 m,最后将表土堆置处的全部表土土源回填至填土区 m 并进行平整覆平成为复垦区。

6.3.2　实例分析

华东平原某一高潜水位矿井,矿区内煤层平均埋藏深度在 -800 m、煤层平均厚度在 5.0 m,地表自然高程在 $+43.2 \sim +44.6$ m,地面坡度在 $0° \sim 2°$,地势较平缓,地下潜水位埋深在 $-2.5 \sim -3.0$ m。

首先获取矿区信息数据并进行采煤动态沉陷预计。矿区信息数据包括矿区地面高程、潜水位埋深、土地利用现状图等自然条件信息;采集矿区煤层开采厚度、煤层埋藏深度、煤层倾向方位角、下沉系数、水平移动系数、影响传播角等地质条件信息;采集矿区采煤工作面布置、采煤工作面开采顺序、开采方向、采掘工程平面图等采矿计划信息;明确研究矿区复垦过程中的客土与外运土条件。研究矿区为矿区内的一个单一采区,采区内共分为 5 个工作面,每个工作面尺寸为 1 800 m×280 m,开采方式为从西至东顺序开采,地表下沉系数为 0.8。

根据调查得到的数据在采煤沉陷预计软件工具(MSPS)下预计出矿区顺序开采各阶段采煤下沉等值线,等值线之间下沉等间距设为 0.25 m,其中最大下沉值为 3.87 m,矿区预计塌陷面积为 763.82 hm²,根据矿区顺采各阶段采煤下沉等值线,得到矿区采煤动态沉陷预计结果,各阶段塌陷范围从西至东(与矿区开采推进方向一致)依次扩大(图 6.8)。

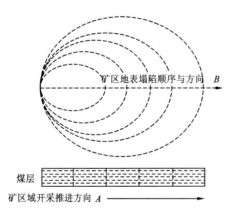

矿区地表塌陷顺序与方向　B

煤层

矿区域开采推进方向　A

图 6.8　采煤动态沉陷预计结果示意图

其次,根据矿区采煤动态沉陷预计结果,各阶段塌陷范围从西至东(与矿区开采推进方向一致)依次扩大,将最终塌陷区范围的中心按照内角等分为 10 个扇形土壤重构单元,每个扇形土壤重构单元内角都为 36°,土壤重构单元依次编号为 A、A',B、B',C、C',D、D',E、E'(同字母的编号区域以矿区开采推进方向线为中线上下对称)。

最后,根据矿区采煤动态沉陷预计结果和划分的土壤重构单元,土壤重构各单元施工顺序依次为 A-A'、B-B'、C-C'、D-D'、E-E',单个土壤重构单元施工工艺操作为:重构顺序与矿区开采推进方向相同并成扇形伸展方向从开采推进方向一端向另一端展开,塌陷区土壤重构顺序与井下开采顺序相耦合,与矿区采煤动态塌陷时间、塌陷范围基本一致,并与矿区井下采煤生产活动相耦合,真正做到了"边开采–边复垦–边重构",如图 6.9 所示。

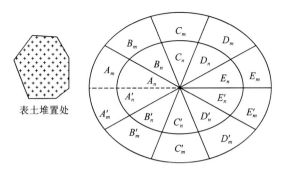

图 6.9　土壤重构区域划分及重构顺序示意图

　　土壤重构具体施工工艺：土壤重构单元分为内侧挖土区 n（如 A_n、A_n'、E_n、E_n'）与外侧填土区 m（如 A_m、A_m'、$\cdots\cdots$、E_m、E_m'）两个区域，先将挖土区和填土区表土层分别剥离 0.8 m 堆填至塌陷区以外运距最短的表土堆放处，再将挖土区心土层剥离 2.2 m 堆填至填土区，最后将表土堆置处的表土土源回填至填土区并平整覆平，挖土区（成为积水区）和填土区（即该填土区成为复垦区）标高分别达到边采边复技术设计标高。

第 7 章　边采边复水系动态构建技术

由前所述,对于高潜水位平原矿区,即使采用边采边复技术耕地恢复率能得到有效提高,但仍然会存在数量众多的沉陷积水区域。而且高潜水位矿区主要位于黄淮海平原区,水资源相对丰富,水系密布成网络化,河湖众多,农业灌溉沟渠成体系;地下煤炭资源开采导致地面沉陷后,地面径流方向改变,原有河道、沟渠的局部流向发生变化,甚至损毁,致使原有水系改变,因此,高潜水位采煤沉陷区的水系重构是必不可少的工作。前章的水土布局优化重点是确定大面积水域的空间位置,但水域之间的连通是保障水域质量的关键,同样说明水系构建是重中之重。本章将首先介绍保持原有水系功能的水系与水工建筑物边沉边修复措施,最后针对水域介绍湿地动态构建和平原水库建设构想。

7.1　边采边复的水系动态连通技术

地表水系是沟通东部采煤沉陷区沉陷积水与原有水系的关键。地表水系的发育主要受气候因素、地质构造、岩性土壤、地形地貌、植被条件、土地利用类型及人类活动等因素的共同作用（倪晋仁 等,1998）。童柳华等（2009）针对潘集矿区提出了沉陷区水系恢复治理原则及治理技术,如表 7.1 所示,该表也体现出目前采煤沉陷区水系治理的基本原则。

表 7.1　沉陷区水系恢复治理工程实施应注意问题（童柳华 等,2009）

类型	情景设定	治理说明
水系及其重要水利设施	沉降量<0.15 m 不影响水系和水利设施的正常排灌功能	可维持现状使用
	下沉量>0.15 m 影响水系及水利设施正常排灌功能	应在其功能遭破坏前进行维护和在汛前枯水季节完成维护工程
桥梁涵闸	下沉量和变形量小,且不危及正常通行、排灌功能的涵闸	可暂时维持现状
	影响通行和危及安全的涵闸	采用原址加固,将井下开采与地面治理充分结合,合理布置工作面开采时序,尽可能使涵闸处于均衡的下沉变形中
大面积沉陷/积水区	塌陷、土壤和植被破坏不严重的区域	可因地制宜地按原有方式使用
	形成大面积水面的沉陷区	可发展养殖、改造成湿地景观或水源地

7.1.1　采煤沉陷水系的边沉边修复技术

1. 淮河下采煤水系动态修复技术

我国最典型的采煤沉陷水系的边沉边修复案例是淮河下采煤的淮河大堤修复技术。淮河是中国的主要水系，干流流经淮南矿区的老区井田上方。河床和堤坝直接、间接压煤地质储量 3.9 亿 t，可采储量 2.14 亿 t。到 20 世纪 70 年代末，淮南矿区老区在淮河及堤坝外的煤炭资源近于枯竭，经有关部门批准逐步在淮河和河堤下进行采煤，将李咀孜煤矿的东二采区作为第一个试采区探索河下、堤下安全开采经验。该段河堤为就地取土堆筑，堤高于地表 4～8 m，经监测，堤与地表的移动与变形规律一致，根据东二采区及相邻东三采区的大量实测资料，堤体裂缝临界变形值为 4～5 mm/m，裂缝深度一般为 2～3 m，最大宽 4.15 m。

（1）对堤体下沉的处理。对堤体下沉段采取培土加高加宽，培土时以背水坡为主，原则上按回采到−200 m 水平预计的下沉值一次加宽逐年加高的方案进行。由于各堤段下沉量不同，加高后的堤高也不同，所以堤的断面与堤高设计也不同。施工时采用分层夯实、碾压，一次铺设土料厚度为 0.35～0.50 m。

（2）采动裂缝的处理。在堤体裂缝段布置斜孔或垂直孔到裂缝底部用 0.3～0.8 kg/cm^2 的压力注入浓度为 1.20～1.35 的黏土浆液，达到加固堤体防渗的目的。对重点裂缝段还采用铺设塑料薄膜防渗方法，铺设在迎水坡，网格形基底，采用搭接、焊接、折叠的连接方法，其下端埋在超过裂缝深度的纵向沟槽内，其上盖土并植上草皮。

经过 30 多年的发展，淮河下采煤技术取得了诸多成功的经验，其中河堤修复是非常重要的方面，具体研究成果参见《淮河河堤下采煤的理论研究与技术实践》。

2. 山东省济宁市河下采煤水系动态修复技术

济宁市含煤面积 3 920 km^2，煤炭储量约为 288 亿 t。随着煤炭行业对煤炭资源开发力度的加大和开采技术的提高，煤炭开采对地面建筑物的影响越来越大，涉及水利行业的工程以河道工程最为集中，主要表现在河道堤防、滩地、护堤地破碎、下沉，河槽摆动导致河道河势改变，防洪、行洪功能降低或丧失，必须采取治理措施。

（1）堤防加固工程。堤防塌陷后，堤顶高程下降，不能满足现有的行洪要求，采煤造成堤防塌陷的同时，也使堤防产生不同程度的破碎裂缝，使现有堤防的完整性、密实度下降，堤坡、堤基的抗滑和渗透稳定不满足要求。故根据堤防沉降深度，以及沉降造成的裂缝的宽度和深度，分别采取 4 点措施进行加固处理。①原堤防加高培厚。对沉降不大，裂缝深度和宽度较小的塌陷堤防，充分利用原有堤防，采取迎水坡复土加固。同时，为解决破碎堤防抗渗能力降低问题，迎水坡复堤采用透水性弱的黏性土，分层碾压夯实，形成防渗斜墙，与滩地铺盖连成一体，封堵地表透水裂隙，减少渗流量。②背水坡脚设排水体。堤防加固采用迎水坡复堤，原有遭到破坏的堤防在背水坡底部，透水性较大，利于排水。但由于原堤防中存在变形裂缝，水流易于集中，引发渗透破坏，为保护渗透水出逸点以下的堤防稳定，设置坡脚排水体。材料采用煤矸石，既节省了工程开支，又利用了煤矸石。

③裂缝集中区开挖回填。采区边缘水平变形明显,拉伸裂缝较多,破碎最为严重,松散程度最大;边缘区域沉降量小,复堤土方少,迎水坡形成的斜墙厚度小,达不到防渗要求,采取开挖回填重筑堤防的方法恢复堤防工程功能。④原堤推倒夯实重新筑堤。对沉降较大、裂缝深度和宽度较大的塌陷堤防,必须对堤身、堤基进行防渗处理。堤身采取老堤推倒回填滩地,采用粉质黏土夯实重新筑堤的方式,根据当地地质情况,堤基采取在上游堤脚做黏土截渗槽的方案。

（2）河道整治工程。①滩地治理、护堤地治理。对于地表下沉在 2 m 以上区域,滩地、护堤地恢复后,以能满足原有的耕植要求为原则,地表高程恢复到沉陷前。先剥离表层耕植土,底部回填河槽内粉砂土,上部回填 80 cm 厚的粉黏土,分层夯实,形成防渗铺盖,顶部覆盖剥离的耕植土。底部回填河槽内粉黏土,在河内水流沿破碎基础裂缝绕渗时起反滤作用,上部黏土层形成防渗铺盖,可防止水流直接通过沉陷裂缝贯穿大堤,形成过水通道,集中水流冲刷堤防和基础;顶层耕植土满足耕作要求。②河槽治理。河槽设计高程结合上下游河底高程并考虑一定坡降确定,为节约土方,河槽回填设计高程 1 m 以下采用煤矸石回填,其余采用土方回填,压实至设计高程。③河岸整治。对处于凹岸的河口,滩地恢复后,为防治塌岸及河岸的变形,采用干砌石护岸（李继珍 等,2006）。

7.1.2　水工建筑物的边沉边修复技术

1. 桥梁的边塌边垫技术

交通桥梁是生产和生活的命脉,桥下大量采煤导致桥体移动变形,严重威胁安全生产和正常生活秩序。为了保障重要桥梁的通行功能,以谢桥煤矿济河中桥为典型,淮南矿业集团与合作单位研发了与井工开采时序耦合的桥梁动态维护加固技术。

1）谢桥煤矿济河中桥概述

谢桥煤矿济河中桥位于谢桥铁路专用线上,于 1996 年竣工、1997 年 3 月投入使用。该桥总长 72.2 m,总宽 18.1 m,由 18 个箱形框架组成,每个框架纵向长 12 m,框架横向宽 6 m（$\alpha=10°$）,框架总高 8 m 或 9 m。框架之间设 50 mm 沉降缝,原桥体平面和剖面如图 7.1 和图 7.2 所示。

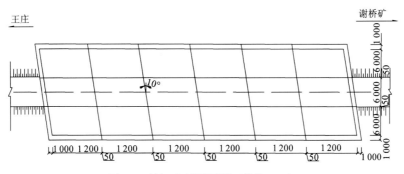

图 7.1　济河中桥平面图（单位：cm）

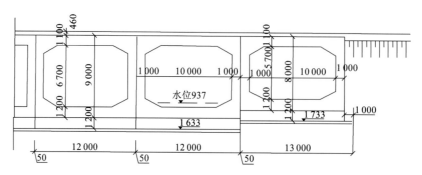

图 7.2　济河中桥剖面图（单位：cm）

谢桥铁路专用线自北向南从谢桥煤矿井田中部穿过，线路设计等级为 I 级铁路专用线，正线数目为单线，路基为矸石路基，边坡 1:1.5，顶宽为 6.2 m，轨道钢轨类型为 P50型，扣件为弹条式。在塌陷范围内 K2＋100～K3＋800 段原设计为 I 类防腐木枕，铺设规格为 1 680 根/km，K2＋259～K2＋695 段为 2 号曲线，半径为 R＝1 200 m。线路设计限制坡度为 4%，牵引种类为蒸汽前进型，牵引定数为 3 500 t，净载重 2 500 t。每日通过车次 6～7 对。

2）谢桥煤矿济河中桥开采损害情况

影响济河铁路桥的主要开采工作面有 7 个，地下开采引起地表移动变形，从而使地面建（构）筑物地基产生移动变形，由于地面建（构）筑物的刚度大于地基的刚度，使建筑物移动变形与地表移动变形不协调，经过研究可以发现开采会导致济河铁路中桥地表变形引起桥体的附加内力、地表变形引起桥体纵向附加变形、地表变形引起桥体横向的附加变形等影响。通过对桥体结构在地表活动影响下的分析计算，可得出：①原桥主体在地表活动影响下，以受拉破坏为主；②原桥体局部拉应力已超出混凝土的抗拉强度，主要在原桥面下表面局部位置、桥基上表面局部位置、两端桥框基座与中部桥框基座高差位错影响区及位错水平平面内，以及框架立柱外缘；③由于拉应力远未达到钢筋的屈服极限，桥体破坏为小范围局部破坏，通过加固和结构处理后，才可继续使用；④纵向地表变形时，下沉和侧移较大一端的框架相互靠近，而下沉和侧移较小一端的框架相互拉开，框架之间的位错变化不大；⑤横向地表变形时，破坏区与纵向地表变形时相似。三箱体沿水平方向相互拉开和位错的距离不大，不会产生倾覆；另外，原桥端部框架基座与中部框架基座高差位错将造成应力集中，通过填塞过渡大面积柔性层，以使高应力得以释放。

3）谢桥煤矿济河中桥边采边治方案

（1）基于边采边治的路基加高的技术。路基是线路的基础，也是承受和传递列车荷载的构筑物。在地下开采影响下，路基将在垂直方向上产生下沉、倾斜与曲率变形；在水平方向上产生水平移动和水平变形。及时进行路基加高加宽和保证路基稳定性，是下沉影响区铁路路基治理的主要措施。为保持路基的稳固和完好状态，以及保持线路平面和纵断面的完好状态，应在采动过程中及时帮填路基，使路基加宽、加高，并加强养护与整治。加宽、加高路基的材料采用矸石。实践证明，矸石不仅具有较高的强度，且其透水性较土质材料好。矸石来源充足，可满足路基帮填的需要。在地下煤炭开采的同时，将弃用的煤炭用来加以利用，既可减少矸石对环境的污染，又可节约农田，同时在治理铁路桥的同时，不干扰地下煤炭的开采。

（2）基于边采边治的桥体加固方案。为保证原桥在采动影响下不中断交通，必须对旧桥采取各种维修加固措施。对于钢筋混凝土铁路桥，上部构造常用的加固方法有：压力灌浆法、喷射砂浆法、桥面补强层加固法、梁下部截面增强法、钢板黏结法、增设纵梁法、改变结构体系加固法、预应力加固法、更换部分或全部主梁法、填缝法。根据已经出现的破坏情况，工程采用喷浆修补、镀锌铁皮修补、局部钢板粘贴、改变结构体系等加固方案。对于本工程来说，由于桥体损坏的部位不利于人工作业，在不耽误地下煤炭开采、桥梁修复进展和火车同行的前提下，采用高速射水的方法清除表层的混凝土缺陷、喷浆修补的方法进行表层损坏混凝土的修补。这些方法可以在地下煤炭开采的同时进行施工，同时又避免了不利于近距离人工作业的困难，在加固桥梁的同时，又保证了煤炭开采和火车的正常运行，达到了边开采边治理的效果。

（3）基于边采边治的桥基加固方案。根据沉陷治理方案，原桥下地基承载能力不满足要求，必须对原桥下地基进行加固。就目前情况，桥基加固方案有钻孔灌注桩、粉喷桩和高压旋喷桩等方案。钻孔灌注桩和粉喷桩施工质量可靠，承载能力大，但会大范围破坏箱型框架桥底板，影响其承载能力，且在箱型框架桥内施工困难，故不采用。高压旋喷桩在箱型框架桥内施工方便，底板钻孔直径小，对底板承载能力影响较小，旋喷桩承载能力大，施工工艺简单。因此，采用高压旋喷桩复合地基方案加固桥基。在每个箱型框架桥下进行高压旋喷施工，使每个箱型框架桥下的土和旋喷桩组成复合地基，随着桥下采区开采的推进和地表进一步的变形，保证每个箱型框架桥都可以独立变形。

（4）不中断段铁路运输的施工技术。为了满足不中断铁路运输的要求，在施工过程中主要通过控制施工顺序和采用合理的施工方法来达到不影响运输的目的。该工程主要工序施工主线为：桥体两端变形缝→挡碴墙→两侧箱体混凝土预制梁板→架上游侧梁板→线路加固→拆除挡碴墙→中间箱体混凝土→架中间箱体铁路梁→架两侧箱体剩余梁板。其主要实施过程如图 7.3～图 7.6 所示。

桥体两端变形缝处理按设计要求将旧桥体开挖至基底后贴橡胶缓冲块，挡碴墙施工采用要点施工及两侧箱体和中间施工等工作要在不影响列车运营的情况下完成，施工难

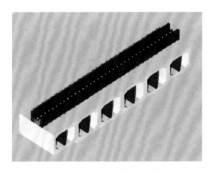

图 7.3　挡渣墙整体示意图

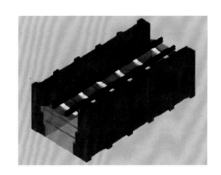

图 7.4　挡渣墙局部示意图

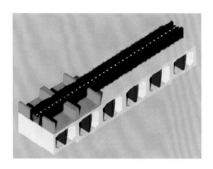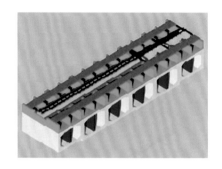

图 7.5　两侧箱体施工　　　　　　图 7.6　中间箱体施工、架两侧箱体剩余梁板

度很大。根据现场实际情况及火车实际运行情况,选择在无火车运行的连续 6 个小时内封锁线路,完成线下高道碴、路基矸石开挖、军用梁基础处理、架设、加固等工作。后续工作依据工作面开采的实际情况和采煤沉陷对地表和建筑物的实际影响,在煤炭开采的同时,推进后续工作,达到边开采边治理的效果。

2. 自适应倒虹吸装置

对于被损毁截断的灌溉渠道,为了重新衔接,目前通常是在沉陷盆地形成的水域处再次建设渡槽或者倒虹吸。现有技术中渡槽主要用砌石、混凝土及钢筋混凝土等材料建成,倒虹吸多采用钢筋混凝土管或预应力钢筋混凝土管,也采用混凝土管或钢管。当沉陷盆地再次扩大或加深时,这些重新建设的渡槽和倒虹吸建筑会再次被损毁,造成渠系再次被截断,这种后续的持续变形造成的破坏需要长期大量的修复工作,耗时耗力。

针对现有技术中的上述缺陷,有研究发明了自适应变形倒虹吸,可通过沿河底断面铺设的柔性输水管,以及设置在柔性输水管上的变形补偿器和管道接长段;其中,柔性输水管的一端连接进水渠末端的进水池,柔性输水管的另一端连接出水渠首端的出水池,在柔性输水管的一端设置进水控制阀,在柔性输水管的另一端设置出水控制阀;在柔性输水管上设置用于固定柔性输水管的固定镇墩和装配式镇墩,可以重新衔接被截断的灌渠,并且能够有效地保证倒虹吸在沉陷盆地后续的持续变形中不再被损毁,从而解决了采动区沉陷盆地变形影响跨河沟输水建筑物结构安全问题,且其结构简单、安装维护方便,可广泛应用于采动区渠系建设及修复工程。具体如图 7.7 所示。

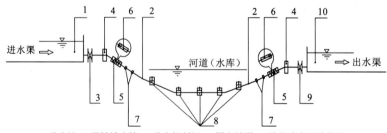

1-进水池;2-柔性输水管;3-进水控制阀;4-固定镇墩;5-波纹式变形补偿器;
6-滑动式变形补偿器;7-管道接长段;8-装配式镇墩;9-出水控制阀;10-出水池

图 7.7　自适应变形倒虹吸结构示意图

7.2　边采边复的湿地动态构建技术

根据高潜水位采煤沉陷区的水文动态特征、积水区演化和生态系统发育特点,积水较浅的区域可以修复成湿地。我国采煤沉陷积水区修复为湿地已经有很多成功的案例,如习近平总书记考察过的江苏省徐州市潘安湖湿地公园,还有河北省唐山市的南湖公园、安徽省淮北市的南湖公园等,但多是在已经稳定的水域进行修复,对于未稳沉的积水区,湿地的动态构建研究还较少。

7.2.1　采煤沉陷区湿地水资源量维系技术

1. 采煤沉陷区湿地水资源补给途径

根据采煤沉陷区周边实际水系状况,对于具体的某个采煤沉陷区,可将其分为与周边河道系统有水力联系和无水力联系。无水力联系的采煤沉陷区无外源河道水量汇入,即孤立的采煤沉陷区,其积水过程中的地下水补给作用相对显著,陆垂裕等(2015)借助相关水文推理和数值模拟分析,研究表明降水、蒸发水文条件是高潜水位孤立采煤沉陷区积水的控制性因素,一般年份下没有地下水的补给作用其积水面积比也能达到 71%左右,由于淮北平原地势平缓,地下水径流微弱,水平衡定量分析表明典型沉陷区的地下水补给量仅占其积水来源百分之几的数量级,在一个水文年内,地下水与采煤沉陷区积水间的作用过程具有明显的阶段性特征,在汛期基本上表现为沉陷区积水向地下水的净渗漏,在非汛期基本上表现为地下水净补给。

对于有水力联系的采煤沉陷区可借助外源河道,与区域水量联系,充分利用地表径流汇水、过境水、工业排放水等。如河北省唐山市唐山矿采煤积水区大南湖人工湿地可供水源为西郊污水处理厂中水、矿井排水、大气降水与蒸发、地下径流渗漏和陡河引水(鲁叶江 等,2015),而积水区与外界的水力联系依靠水系连通技术实现。

2. 采煤沉陷区湿地水资源量维护方式

矿业城市地表水保护、沟通、控制、补给的次生湿地综合水维系技术是指充分利用城市区域水系、水资源、地形变化、采煤沉陷特征,通过挖掘利用采煤沉陷区水资源调蓄能力,开展采煤沉陷区水资源利用与湿地修复,采取用水与污染控制并重、当地调蓄与外河补给并举、湿地修复与景观塑造兼顾的措施,对城市水系和水生态环境进行综合整治与统筹规划。

1)采煤沉陷区水域构建

采煤沉陷区水域构建技术通过对城市生态规划区内降水、河流、渠道、湿地、植被等要素统一布局空间整合,对水体和湿地生境修复、景观再造,以及对稳沉区和未稳沉区扩湖护岸,构建了淮北采煤沉陷区湿地水域漫滩、湖泊岛屿植被景观,使得采煤沉陷区水域环境和生态系统具有了规模性、稳定性、完整性、仿自然性的特点,实现了沉陷区湿地蓄洪防灾、维持水资源平衡、保护净化水质、改善人居环境、改变微气候等生态服务功能。

2）采煤沉陷积水区之间的网络沟通

采煤沉陷积水区水域网络沟通技术由水域分布、沟通位置、沟通设施、断面大小、航运要求、调蓄库容、调配流量、消落水深、区域水位变化等要素组成。从城市区域角度规划构建采煤沉陷水域沟通网络生态水域，可以提高水调节能力，实现区域水储蓄、水保护目标。

3）采煤沉陷水域与周围水系的沟通和控制

依据水系网络特点与区域水位标高，通过建设河流水系、修建河道拦河节制闸，对采煤沉陷水域与周围水系、河道、水库进行沟通，实现采煤沉陷区水域与湖库、河道及淮水北调工程的连接。另外，通过建立水系沟通网络水位水质监测站与河流湖库连接处流量控制闸，依据河流上游排污及丰枯水期水质变化情况开闭闸门进行调节的周围水系补给沉陷水域的水位、水量、水质控制技术体系，实现了沉陷区水域的水维系控制，避免了河水对沉陷区水质污染，保证了沉陷区湖库水质安全。

7.2.2　采煤沉陷区湿地径流修复技术

湿地径流是保障湿地水循环、保持健康的基础。按照修复位置、工艺内容差异，径流修复包括径流塑形—径流边坡改造—河床底部优化三部分工艺。

一是对径流路径进行适当改造。自然状态下的径流路径由于水流的不断冲蚀和泥沙或植物凋落物等不断的堆积过程，形成了蜿蜒曲折、形态优美的河道形态，而现场内的径流大部分都是人为干扰比较严重的河道，形态以趋近直线型为主，景观效果较差。不影响防洪、泄洪功能基础之上采取径流渠道的塑形工程，有利于大大提高整个场地的景观效果。

二是需要对径流边坡坡面进行整形，减缓坡度。为解决防洪泄洪功能，可在坡面处塑造多级阶地，在其上覆以生态垫，以扦插为主栽植灌木作为护坡、持水之用，在沉陷坑周围的坡面，考虑移栽部分乔木，既增加景观效果，又可加大护坡的力度。

三是在径流的河床底部，增加下垫面，如碎石、砂砾、朽木、落叶等在丰水期可以减缓径流速度，减少水土流失，同时可以对水体起到过滤净化作用，尤其是在有污染源的位置，更应对河底进行下垫层的改造。

由于高潜水位平原区农耕发达，地表水系多服务于灌溉，尤其是积水区为小范围，现状径流路径较直，径流对土壤的冲刷力强；汇水区域比较分散，汇水不集中，导致汇水效率不高，不能充分收集降雨径流；两岸护坡植被生长稀少，不能起到护岸之功能；径流剖面不利于水土的保持，容易造成土壤滑坡，导致径流变浅，容量减小。具体如图7.8所示。

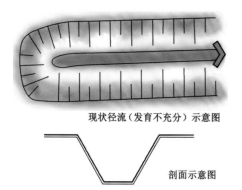

现状径流（发育不充分）示意图

剖面示意图

图 7.8　平原区典型径流平面和剖面示意图

　　针对上述特点,可采用挖补修曲造滩法对现状径流进行改造。具体案例见淮南矿区大通湿地:通过两岸相互挖填的方式将径流路径由直变曲,在径流汇水区域制造次级集水域,充分收集周边地表径流,在沟底形成至少两级漫滩式地形,以适应丰、枯水季节的水位变化,根据具体位置条件在两岸增加护坡植被。对径流剖面的改造主要采取调整护坡,由上部挖土,补填到沟底,制造漫滩地形,在靠近底部采用自然材料如石头,木头做挡土墙之功能,在坡上结合生态垫种植灌木为主,在河底部分地区填砾石等材料,结合水生植物的种植,一方面减少河底的水土流失,另一方面提高过滤作用。改造后径流平面示意图如 7.9 所示,径流剖面示意图如图 7.10 所示。

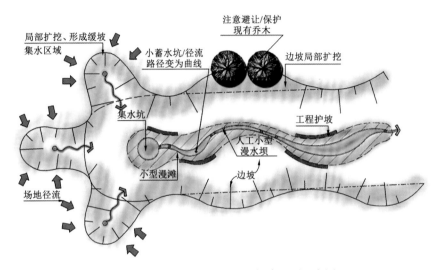

图 7.9　淮南大通湿地改造后径流平面示意图

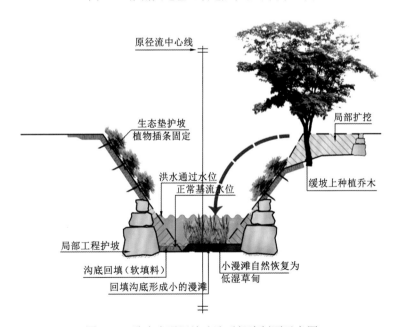

图 7.10　淮南大通湿地改造后径流剖面示意图

7.2.3　边采边复的湿地植被种植技术

对于处于非稳沉阶段的积水区域来说,所形成的水生植物群落物种单一,不能发挥湿地生态系统的功能。因此,淮南矿务集团与合作单位以浅水湖泊水生植物群落典型物种作为工具物种,在淮南市采煤沉陷浅水区研究了湿地水生植物群落动态构建技术,充分发挥水生生态系统的功能。

1. 技术方案

在处于非稳沉阶段的浅水沉陷浅水湿地区,重建以沉水植物苦草为优势种,荇菜、茭白、大茨藻、金鱼藻、狐尾藻、菹草、马来眼子菜等水生植物斑块状分布的水生植物群落,对沉陷区环境进行水生生态系统修复。在水陆交界处,水位较低,适宜定植茭白。沉水植物形成优势群落后,生态系统趋于稳定,盖度超过 70%时,引入经济水生动物,如中华绒螯蟹、螺类、鳜鱼等。当轻度沉陷区演变为中度和深度沉陷区时,水生植物群落在光线较弱的深水区内发挥重要的生态作用。

动态沉陷湿地生态系统构建工程:①工程区面积为 4 hm²,其中土建:坝基长 4×200 m,高 1 m,宽 1 m;四周水渠长 4×200 m,深 0.5 m,宽 1 m;蓄水量:1 m 深,4 hm²,40 000 m³。②定植植物:挺水植物,宽 5 m,长 4×200 m,面积 4 000 m²;浮叶植物,宽 5 m,长 4×200 m,面积 4 000 m²;小型和大型浮叶植物各占 50%;沉水植物,面积 36 100 m²。

根据非稳沉采煤沉陷浅水湿地的特点,因地制宜地种植水生植物,形成水生植物群落来修复沉陷湿地的生态环境,促进沉陷湿地生态系统向典型浅水湖泊生态系统转化,发挥沉陷湿地的湖泊生态功能。修复沉陷区的生态环境,提高沉陷湿地的土地利用效率,提供高潜水位、非稳沉采煤沉陷浅水湿地水生植物群落重构的技术。

具体工程设计流程图如图 7.11 所示。

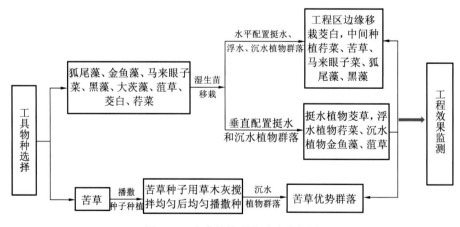

图 7.11　水生植物群落重建流程图

2. 具体实施步骤

1）工程区土壤管理

在种植水生植物前要对工程区土壤进行加水，浸泡土壤，确保土壤湿润。因此在苦草播种前两个月，对工程区域内加水，水深保持在 0.5 m 左右。

2）工程区沉水植物优势种苦草栽培技术

根据浅水湖泊植物分布格局，以苦草为优势种在工程区范围进行水生植物群落的重建。于每年 3 月中旬，按照每亩 1 kg 种子的标准，播种前将种子和草木灰按照 1:1 的比例充分搅拌后，均匀撒播在整个工程区内。

3）挺水、沉水、浮水植物群落斑块状配置技术

在工程区边缘四周配制挺水植物茭白群落。在整个工程区域内沉水植物苦草为优势种的基础上，斑块状配置浮水植物群落和其他沉水植物群落。挺水、浮水和沉水植物实生苗直接采自安徽省通江湖泊的菜子湖和巢湖。采集的植物实生苗挺水植物有茭白；浮水植物有荇菜；沉水植物有黑藻、菹草、马来眼子菜、大茨藻、狐尾藻和金鱼藻。

按照上述配置方案，工程区边缘四周种植茭白实生苗，按照行间距均为 2.5 m，每 4 hm^2 栽种 3 行的标准在工程区栽种。在整个工程区域内，优势种苦草群落的上面，斑块状种植荇菜实生苗，按照行间距均为 1 棵/5 m 的标准栽种；同时，斑块状种植其他沉水植物马来眼子菜、狐尾藻和金鱼藻实生苗，按照行间距均为 1 棵/5 m 标准栽种。菹草、黑藻和大茨藻的实生苗按照 1 kg/m^2 的标准均匀投放到工程区内周围的水深为 2 m 左右的沟渠内。

7.3　边采边复的平原水库构建设想

鉴于高潜水位矿区采煤后地面积水面积大的现状，利用大面积积水区建设具有综合利用功能的平原水库，趋利避害，是极具创新和现实意义的采煤沉陷区治理思路。最初在两淮矿区提出平原水库的构建设想，之后在山东济宁市、菏泽市等地区也借鉴推广。

7.3.1　平原水库的功能和作用

（1）减轻洪水灾害。利用采煤沉陷地建设平原水库，可以将区域内的湖、闸与周边干流相连接，充分利用库区拦蓄上游洪水，起到一定的减洪作用，减少部分行蓄洪区的运用机率。

（2）减轻区域内涝。因为采煤沉陷地为区域的低洼地区，即使经过土地复垦，也不能完全恢复到沉陷前的高程，所以在雨季当地降雨形成的内水无法自排，易发生内涝形成"关门淹"。若利用采煤沉陷地建设平原水库，可在雨季蓄积区域降雨径流，解决区域内"关门淹"问题，减轻涝灾损失。

（3）提供宝贵的淡水资源。东部高潜水位地区人口密度大、工农业发达，水资源短缺。

如皖北地区水资源人均不足 500 m², 不到全国平均水平的 1/4, 洪、涝、旱、渍等自然灾害多发。采煤沉陷地建设平原水库, 既可作为城乡日常生活用水源, 又可作为特殊干旱期或水污染事故期间的应急水源。

（4）保障农业灌溉的需求。东部高潜水位煤矿区是典型的煤粮复合区, 是国家重要的能源基地和粮食核心产区。采煤沉陷地建设平原水库, 当地区遭遇旱情时, 可以利用沉陷的水库为该地区农业灌溉用水提供水源保障。

（5）改善当地生态环境。虽然高潜水位地区水系多, 但多为季节性河流, 即使是两淮地区的淮河, 也因为是平原河道, 河床比降小、流速缓慢、流量年内和年际变化较大, 纳污能力极为有限, 所以原有地表水系的稀释自净能力低, 易造成生态环境恶化。利用采煤沉陷形成的大水面、深积水区, 建设平原水库和环湖人工生态湿地, 在浅水区域种植美人蕉、蒲草、芦苇、荷花等湿地植物, 可将工业废水经生态湿地系统进一步处理, 减少进入区域干流的污染物, 改善水资源质量, 促进水环境的好转。增大区域水资源, 提高环境容量, 促进生态环境的好转（严家平 等, 2015）。

（6）改善区域地质环境。由于高潜水位地区对水资源的需求量大, 长期超采中深层、深层地下水已引起一系列地质环境问题, 地下水位持续下降, 超采漏斗逐年扩大, 引发地面沉降。同时, 因地下水超采破坏了地下水水质平衡和稳定, 引起地下水水质恶化。这些地质环境问题是不可逆转的, 并有进一步加剧的趋势, 只有控制地下水超采局面, 才能避免已出现的地质环境问题进一步恶化。采煤沉陷地建设平原水库完成后, 可以将蓄水作为周边区域的替代水源之一, 置换超采的中深层地下水, 逐渐减少甚至停止中深层地下水的超采, 控制地面下沉, 改善区域地质环境。

7.3.2　采煤沉陷地主动构建平原水库的建设模式

在理想的情况下, 沉陷盆地能够蓄积来自地表径流、雨水、浅层地下水、矿井疏排水、丰水期引河道水等汇水量。在一定时期内, 受采煤影响, 沉陷盆地的范围和程度都在不断发生变化, 所以沉陷盆地积水承载力在一定时期内是一个变量, 其随着采煤沉陷程度的加深而增大, 在沉陷盆地趋于稳定后达到最大值（余洋 等, 2015）。将沉陷积水洼地改造建设为具有综合功能的蓄洪与水源工程, 是一个具创新意义和现实意义的采煤沉陷区治理思路, 可趋利避害, 提高区域防洪、除涝和水资源保障能力（陈永春 等, 2016; 徐翀 等, 2013）。参考目前平原水库建设的相关规范《平原水库工程设计规范》（DB 37/1342—2009）, 基于已有的沉陷地平原水库的研究与工程实践, 提出利用采煤沉陷地主动构建平原水库的技术与流程。具体见图 7.12。

利用采煤沉陷地主动构建平原水库包括以下三个主要阶段。

1. 基础资料收集与精准动态沉陷预计

平原水库建设一般需要获得所在区域气象水文、社会经济、工程地形、地质等基础资料, 同时由于涉及地下煤炭开采, 还需要获得详细的地质采矿及采矿进度安排等资料。在

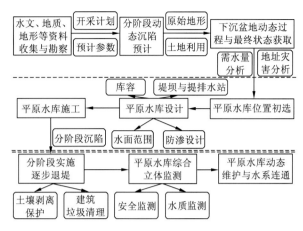

图 7.12　利用采煤沉陷地主动构建平原水库的流程与模式

对拟建库区区域构造稳定性、渗漏进行勘查的基础上，还需要获得待淹没区土地利用、污染等相关的基础资料，进行分开采阶段的动态沉陷预计，沉陷预计能够实现对地面沉陷动态过程的精确模拟，结合地面情况解析各阶段沉陷盆地的分布、面积、下沉与积水深度等数据。

2. 平原水库初选、规划与设计

原水库的规划与设计包括库容、堤坝与提排水站位置分布、水面范围、堤坝材料与尺寸、防渗设计等多个方面。平原水库有围坝轴线较长、地质条件较差、蓄水水头较低，筑坝土料较差等特点（张燕，2009），在主动构建平原水库时这些问题同样不可避免，且本身就是沉陷地土壤结构已经遭到破坏，所以防渗措施更应该引起重视。目前防渗技术主要有垂直防渗技术、水平防渗技术及防渗工程（乔剑锋，2012）三者综合应用，在实际实践中可根据目标沉陷地的地质条件、蓄水深度、工程造价等来选择防渗墙的材质以及施工的工艺，找到最适合的防渗具体措施。最为重要的是需要考虑沉陷区水系的连通与水资源调配，确保其与当地水利规划及工农业生产生活用水量相协调。

3. 分阶段逐步实施与水库立体监测与保障

由于采煤沉陷周期长，采煤沉陷地平原水库的建设周期较长，需要逐步分期实施，库区面积范围内村庄搬迁后建筑物的清理，可通过对建筑垃圾资源化处理，如一般性分类回填、轻微加工后回收利用等方式来清理（王雷 等，2009）。此外，堤坝的建设也可分为永久坝与临时坝分阶段建设施工，在每个阶段待淹没区域，应当提前进行表土与心土剥离工作，将提前剥离的土壤资源单独堆放用于边采边复，尽量恢复耕地。同时，在大坝前期修建、中期施工，以及后期运营维护的整个流程中，其安全监测技术是必不可少的（方卫华，2006），除考虑地质条件、结构，施工和除险加固情况及土石坝渗透变形和滑坡外，还要兼顾采煤沉陷地沉陷未完全稳定的因素，包括：变形监测、渗流监测、应力和温度的监测，水文气象的监测等，据此得出最适合实际工程的监测方案。针对防渗不到位和可能存在的水环境污染问题,一方面应着重加强对渗流的安全监测,发现危及水库的安全隐患,应及时采取措施,另一方面要通过对沉陷水域的内部及周边环境整治以达到控制水库水质,建立长期的水质监测和预报机制,实时评估水库对周边环境的影响。

第8章　采复协调下的开采方案设计建议

矿井生产系统是一个复杂多变的服务系统,开采方案受矿井地质、生产装备、开采技术及管理水平等诸多因素影响。采矿布局的优化主要侧重于提高回采率及其产量,增强安全性,降低投资风险,实现高产高效等方面(孙宝铮 等,1985)。留设保安煤柱、条带开采等特殊开采方法多是为了保护地面的重要建构筑物,作为环境基底的大面积土地的保护,还未引起足够的重视。随着绿色矿山建设的推进,企业也开始关注对地面的保护,减损开采、零损毁开采等理念被提出,这些与边采边复中的考虑地面保护的开采控制技术理念一致,因此,本章将主要介绍考虑地面保护的地面井下采复协调的开采方案设计建议,促进井工煤矿区真正实现采复一体化。

8.1　地下开采方案调整需求

采矿系统的布置及开采决定了地面土地的损毁。对于某一矿井,即便最终闭矿后的地面沉陷形态是一样的,但不同的开采系统和开采时序可以导致截然不同的动态沉陷过程。而这一过程,对土地复垦工作的开展、土地复垦技术的选取、土地复垦时机的确定、土地复垦效率的提高往往起着至关重要的作用。

一般而言,采矿布局包括采区的划分及采区的开采顺序。

(1)从矿山层面而言,包括开拓系统与巷道的布置、采区的划分、采区的开采接续等。

(2)对于某一特定的采区,又涉及具体的工作面布置、工作面开采方向、工作面推进速度、工作面开采时间等具体的因素。

合理科学的采矿布局与开采系统,应当是将采矿与环境及土地保护纳入统一考虑(图8.1)。边采边复的最终目的是实现矿区的整体协调开采,可从三个层面考虑。

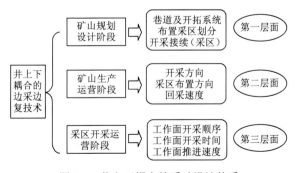

图 8.1　井上下耦合的采矿设计体系

第一层面:从矿山设计阶段就将土地损毁纳入考虑,根据地面地形、水系分布、土地利用情况、潜水埋深等地面条件合理布置井下巷道、划分井田采区、安排采区的开采接续。

第二层面：对于已经生产建设的矿井而言，由于其开拓系统、主要大巷都已布置完毕，可以从采区（工作面）的开采方向、采区布置方向及回采速度上面进行考虑，尽可能地减少开采对土地的损害。

第三层面：即便对于某一特定采区，也可以从工作面开采顺序、工作面开采时间及工作面推进速度进行控制。合理规划统筹兼顾，既保证较高的煤炭回采率，又最大限度地保护和治理地面土地的损毁，达到科学、和谐的开发利用。

目前在地下煤炭开采规划时，主要是根据《建筑物、水体、铁路及主要井巷煤柱留设与压煤开采规范》对地面重要的保护对象留设保护煤柱，但随着人们对保护生态环境意识的逐渐提高，人地矛盾的日益激化，耕地面积的不断减少，以下几种情况也迫切需要对地下开采方案进行适当的调整修改，以减小地面的沉陷影响，便于土地复垦工作的开展和复垦效益的提高。

8.1.1　缓解人地矛盾的需求

土地是人类赖以生存和发展的物质基础，同时也是不可再生的珍贵资源。随着人口的不断增长和经济的快速发展，我国的人地矛盾日益突出。据预测分析，在高潜水位矿区，地下煤炭开采后将导致 60%左右的土地（胡振琪 等，2013）沉入水中而完全丧失原有功能，继而带来一系列的社会经济问题，因此急需采取一定的措施，对即将形成的采煤沉陷地加以保护治理，从而缓解日益激化的人地矛盾，促进区域经济的可持续发展。

8.1.2　耕地保护的需求

粮食安全是治国理政的首要任务，粮食安全的根基是保有足够数量的耕地，因此必须坚守耕地红线，保持现有耕地面积基本稳定。在高潜水位煤炭粮食复合主产区，耕地面积约占全国总面积的 40%左右（李晶 等，2008），而沉陷后区域耕地所占比例在 85%以上，采煤沉陷对耕地的损毁影响可见一斑。在沉陷影响范围内有大面积优质耕地的，可以考虑适当调整开采方案，尽量保护珍贵的耕地资源，提高复垦后耕地面积。

8.1.3　延长土地使用时间的需求

不同利用类型的土地，会有其不同的利用方式和时间，在不同的时间内所创造出的价值也会有所不同，如果在一定时间范围内，地下煤炭开采对土地造成的沉陷影响将带来十分巨大的损失，这时就可以有意识地避免在这一时间段内开采相关的地下煤炭，尽量安排在其他时间进行开采，既可以保证地下煤炭的开采，又能够适当延长土地的使用时间，挽回一定的沉陷影响损失，有利于矿山企业的长久发展。

8.1.4　复垦（修复）施工规模的需求

与微观经济学中规模经济基本原理类似（刘涛，2006），土地复垦（修复）的施工规模在一定程度上影响整个复垦（修复）工程的施工成本，在一定范围内，复垦（修复）施工成本会随着施工规模的增加而逐渐降低，但超出某一关键值后，复垦（修复）施工成本又会逐渐增大。因此，应当根据实地复垦（修复）施工条件，确定复垦（修复）施工的最佳规模，从而通过调整地下开采方案，使地面沉陷损毁面积控制在一定的范围内，方便复垦（修复）机械的操作、减少复垦（修复）成本。

8.1.5　复垦（修复）施工季节的需求

复垦（修复）工程在一般情况下，不适宜安排在冬季和雨季，一方面考虑整个复垦（修复）工程的投资、施工进度及实施后的工程质量，另一方面也考虑复垦（修复）工作人员的生命安全和健康等多方面的因素。根据《建筑工程冬期施工规程》冬期施工开始的标志是指根据施工地区多年气温监测资料，在露天的情况下，接连 5 d 的日平均气温均低于5℃；结束的标志是在露天的情况下，接连 5 d 的日平均气温均高于5℃《建筑工程冬期施工规程》（JGJ 104—2011）。我国幅员辽阔，不同地区具体的冬期施工时间也不尽相同，例如河北省的唐山地区冬期施工时间一般是从 11 月中下旬开始，到第二年的 3 月中旬结束（庄丽辉 等，2007），不到 3 个半月的时间；而在寒冷的东北地区，一般情况下从 11 月初开始室外温度就已经很低，进入冬季施工期（高苇，2012），持续的低温一直会延续到来年的 4 月初，日平均气温回升到 5℃左右（翟玉峰，2008），总体周期较长（刘福东，2006）。雨季主要是指每年中降雨量比较集中的时间段，不同地区需要根据当地实际的气候情况而确定，就我国总体范围而言，一般北方大部分地区的降雨，多集中在每年的 6～9 月，而南方的雨季相对来说更长一些为 4～9 月。例如河北地区雨季一般为 7～9 月，而安徽淮南地区则为 5～8 月（张天宇 等，2007）。

因此如果计划对将要形成的采煤沉陷地进行复垦（修复），应注意地下煤炭的开采对其影响时间，尽量避免安排在冬季和雨季进行复垦（修复）施工。

8.1.6　农作物生长时间的需求

对于不同地区，其地理位置和气候各异，因此耕地种植的农作物种类及其生长时间也各不相同，例如东北地区，由于冬季寒冷干燥、夏季作物生长季节短，农作物种植通常采用一年一熟的种植方式，种植的玉米、水稻一般在开春化冻、温度逐渐上升的 5 月进行播种，然后生长 150 d 左右，经过一个温度较高的夏天，在天气逐渐转凉的秋天 9 月底 10 月初进行收割（黄青 等，2010a），在接下来的整个寒冷冬天都处于农闲的时段。而在东部地区，由于气候温暖湿润、日照充足、四季分明，耕地复种指数一般为 200%，水稻或玉米通常是在炎热的 6 月种植，经历整个酷热的夏天，9 月底成熟并收割（黄青 等，2010b）；小麦则是在水稻收割后的 10 月左右进行播种，然后发芽生长，但随着冬天的来临，气温逐渐降低，在 12 月底左右不得不开始"冬眠"即进入越冬期，一直等到春节过后，第二年的 2 月才慢慢开始返青，随着温度的不断升高，小麦的生长速度逐渐增加，到 5 月底基本成熟可以收获（何彬方 等，2012）。

因此,应尽量避免在作物接近成熟期时,开采相关的地下煤炭资源,以减少采煤沉陷带来的经济损失。

8.1.7　其他需求

假如在采煤沉陷影响范围内,有区域性的土地整治等相关规划,应适当调整地下煤炭开采方案,注意地面复垦(修复)规划与区域性相关规划的衔接,促进采煤沉陷地复垦工作的顺利进行;假如采煤沉陷导致生态环境极度恶化,严重影响人们正常的生活和生产活动,群众反映强烈,应当根据实际情况暂停、放缓或集中加快对地下煤炭的开采,快速高效对其进行复垦治理,尽快改善生态环境。

8.2　地下开采方案调整途径

地下煤炭资源的开采是一个庞大而复杂的系统,从整个煤田开发、矿井开采设计,到单个工作面的开采(杜计平 等,2009),有以下几个方面可以进行调整。

8.2.1　井田划分

井田是指由一个矿井负责开采的煤田范围。通常大片同时期含煤岩系构成的煤田,其区域面积和煤炭储量都十分巨大,因此矿区总体设计时,将其划分为若干个小的井田分别进行建设开发。

假设一块煤田有两条相交的公路穿过,同时考虑地质条件等因素,将这块煤田划分为6个井田,见图 8.2,分别为一矿~六矿,那么毗邻的一矿和二矿,形成的采煤沉陷影响区域相对集中,还有可能会连成一个整体,而四矿与六矿形成的采煤沉陷影响区域相对分离。在迫切需要的情况下可以合并一矿和二矿做整体开发规划,西北部采煤沉陷地整体复垦规划;类似的,也可以重新划分各井田范围。

井田划分在一定程度上决定了整个煤田区域内地面受沉陷影响情况,在矿区总体设计时就应当考虑地面沉陷影响,合理划分井田;对已经划分好的,在有迫切需求的情况下,应综合分析自然、经济、技术等客观条件,合并或扩大井田范围。

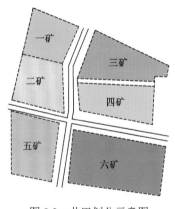

图 8.2　井田划分示意图

8.2.2　阶段和开采水平划分

阶段是指按照一定标高将整个井田划分为若干平行于煤层走向的长条形区域;开采水平则是指布置有井底车场和阶段运输大巷并担负全阶段运输任务的水平。在矿井开采设计时,应考虑地下煤炭赋存情况、地质条件、现有开采技术等相关因素,合理划分阶段和开采水平,必要时,根据地面沉陷影响和复垦实际需求,做适当调整。

例如某一井田根据地下煤炭赋存情况,考虑经济技术等实地条件,可以划分为两个阶段,如图 8.3(a)所示,同时设置两个开采水平,每个水平服务于一个阶段;也可以将整个井田划分为三个阶段,同时设置三个开采水平,如图8.3(b)所示,每个水平服务于一个阶段。如果规划两阶段、两水平的话,阶段1开采结束后地面影响范围相对较大;而如果划分为三阶段、安排三个水平时,阶段1开采结束后地面影响范围相对较小,因此可结合地面沉陷影响,进行综合的优化选择。

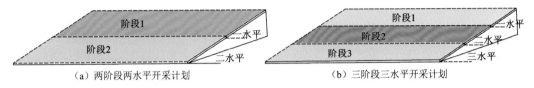

(a)两阶段两水平开采计划   (b)三阶段三水平开采计划

图 8.3 阶段和水平划分示意图

8.2.3 煤层间、厚煤层分层间及煤组间开采顺序和时间

煤层间、厚煤层分层间及煤组间开采顺序分为下行开采顺序和上行开采顺序两种,其中下行开采顺序是指先开采标高较高的煤层、分层或煤组,再开采标高较低的;反之称为煤层间、厚煤层分层间及煤组间上行开采顺序。煤层间、厚煤层分层间及煤组间开采顺序和时间,影响整个矿区内不同煤层、厚煤层分层或煤组开采后地面的沉陷影响范围和程度,以及受沉陷影响的时间和间隔,应合理规划安排。

假设地下开采煤层有 4 层,为多煤层开采,如图 8.4 所示,分别为煤层 1、煤层 2、煤层 3 和煤层 4,如果采用完全的下行开采顺序,则首先开采煤层 1,然后开采煤层 2→煤层 3→煤层 4,由于不同煤层的开采深度、煤厚等不尽相同,各煤层开采后对地面的沉陷影响范围的程度会有所不同;反之采取上行开采顺序,则首先开采煤层 4,然后开采煤层 3→煤层 2→煤层 1,由此对地面产生的沉陷影响会与下行开采顺序下有很大的不同;如果由于特殊的情况,也可以首先开采煤层 3,在开采其他三个煤层,从而对地面的沉陷影响又会有所不同。

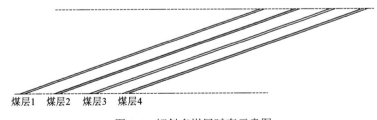

煤层1   煤层2   煤层3   煤层4

图 8.4 倾斜多煤层赋存示意图

因此,煤层间、厚煤层分层间及煤组间不同的开采顺序,不同的开采时间导致的地面影响情况会千差万别,这就为地下开采方案的调整提供了多种选择性和可能性,应根据地

面需求,综合考虑经济技术上的可行性,对煤层间、厚煤层分层间及煤组间不同的开采顺序和时间,进行合理规划和适当调整。

8.2.4　阶段和水平间开采顺序和时间

阶段间的开采顺序分为阶段间下行开采顺序和上行开采顺序两种,其中阶段间下行开采顺序是指先开采标高较高的阶段,再开采标高低的阶段;反之称之为阶段间上行开采顺序。阶段和水平间的开采顺序和时间,影响整个矿区不同阶段和水平开采后地面沉陷影响范围和程度,以及受沉陷影响的时间和间隔,应合理规划安排各阶段和水平的开采顺序及其开采时间。

如图8.3(a)所示,如果阶段间采取下行开采顺序,应当先开采阶段1,再开采阶段2,这是目前采用较多的开采顺序,这种开采顺序下采煤沉陷会率先影响阶段1对应的上部区域,然后随着阶段2的开采逐步影响下部区域;反之采用上行开采顺序的话,就是先开采阶段2,再开采阶段1,那么采煤沉陷也会先影响下部区域,再影响上部区域。

图8.3(b)中,阶段间的开采顺序可采用完全的下行开采顺序,即依次开采阶段1→阶段2→阶段3,对地面的沉陷影响也会是先上部区域,再中部区域,最后影响下部区域;同样也可以采用完全的上行开采顺序,即依次开采阶段1→阶段2→阶段3,相应的沉陷影响将会是下部区域–中部区域–上部区域;如果有特殊需求也可以先开采阶段2,再开采阶段1或阶段3,这时采煤沉陷将会首先影响中部区域,然后影响上部或下部区域。

可见,阶段和水平间不同的开采顺序对地面的沉陷影响截然不同,而且阶段和水平数目越多,其变动的可能性就越多,加之安排的开采时间,就可以规划多种阶段和水平间开采顺序和时间的方案,可根据实际需求进行选择和修改调整。

8.2.5　矿井井巷布设

矿井井巷是指为了开采地下煤炭资源,掘进的各种巷道和硐室,其布设包括井筒、巷道和硐室规划的形式、位置及数量,这都会对后续整个矿区内地下煤炭开采及引起的地面沉陷产生巨大的影响,例如井筒应当布置在整个井田的中间,还是布置在井田边界,其位置的合理选择对井下开拓、地面设施的规划布局等至关重要;开拓巷道是为了准备将要开采的阶段或水平,是矿井进行开采生产的基础;准备巷道则决定下一个将要开采的采区、盘区或带区;后退式开采工作面的回采巷道决定将要开采工作面的位置和范围,因此应合理规划布设矿井不同种类和功能用途的井巷。

8.2.6　采区、盘区或带区划分

为了对各阶段进行开采,还需要将阶段以采区或带区式进行细分,其中采区是在阶段内沿煤层走向划分的具有独立生产系统的开采区域,采区再沿煤层倾向划分为适合布置工作面的区段,区段内一般沿煤层走向开采;而带区则是由若干沿走向划分适合布置工作面的分带组成的具有独立生产系统的开采区域,分带内煤炭一般沿煤层倾向开采。盘区是指近水平煤层开采时,在井田中部沿煤层主要延伸方向布设大巷,然后在大巷两侧布设具有独立生产系统的开采区域,再在盘区内布置工作面。采区、盘区或带区的划分决定地下煤炭开采时的基本生产单元,在较大区域内决定了地面沉陷影响的位置和范围,应根据实际地下条件和地上需求合理划分,必要时可进行适当的调整。

例如某一阶段,根据地下煤层赋存情况,既可以划分为 4 个采区,分别为采区 1～采区 4,如图 8.5 (a) 所示;也可以划分为 5 个采区,分别为采区 1～采区 5,如图 8.5 (b) 所示。由于采区尺寸的不同,图 8.5 (a) 中的采区 1 开采后对地面的沉陷影响范围,比图 8.5 (b) 中的采区 1 开采后的沉陷影响范围要大,可见不同的采区划分情况,对地面沉陷影响的位置和范围有很大的影响。

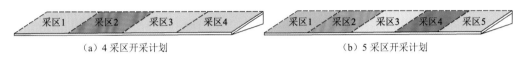

(a) 4 采区开采计划　　　　　　　　　　　　　(b) 5 采区开采计划

图 8.5　采区的划分不同情况

8.2.7　采区、盘区或带区间开采顺序和时间

采区、盘区或带区间的开采顺序在煤层走向上分为前进式和后退式两种。前进式开采顺序是指从井筒或主平硐附近,向井田边界方向依次开采各个采区、盘区或带区的开采顺序,反之称为后退式开采顺序。

如图 8.5 (a) 中假设井筒布置在采区 2 和采区 3 的中间位置,4 个采区如果采用前进式开采顺序,应先开采井筒附近的采区 2 和采区 3,然后再开采采区 1 和采区 4,这时采煤沉陷将先影响采区 2 和采区 3 对应的中部区域,然后随着采区 1 和采区 4 的开采,沉陷影响分别向两端扩展;反之如果采用后退式开采顺序,则先开采井田边界的采区 1 和采区 4,然后再开采采区 2 和采区 3,从而致使采煤沉陷率先影响采区 1 和采区 4 对应的两端区域,然后沉陷影响向中间扩展;如果在经济技术允许的情况下,还可以依次开采采区 1→采区 2→采区 3→采区 4,那么对地面的沉陷影响将逐渐从采区 1 对应的左侧区域逐渐向右侧扩展。采区间不同开采顺序下,引起的地面沉陷影响情况会差别很大。

因此,采区、盘区或带区间开采顺序和时间,直接影响地面一定区域内沉陷的时间、位置和范围,以及其发展方向,应根据实际地下煤层赋存条件、开采技术等合理安排规划,必要时根据地面需求做适当的修改调整。

8.2.8　区段或分带及工作面划分

采区、盘区或带区内还需细分区段或分带,然后在一个区段或分带可以布置一个或两个工作面,区段内沿煤层走向开采,而分带内则沿煤层倾向开采,直接决定采区、盘区或带区内工作面的尺寸、个数和基本开采走向,从而在一定区域内决定地面沉陷影响的位置、范围、程度及其发展方向,这是对地下开采方案相对比较简单的调整,调整后对一定区域范围内的沉陷影响效果显著。

例如某一采区内沿煤层倾斜方向划分若干区段,一个区段内布设两个工作面,如果划分 3 个区段,对应布设 6 个工作面,分别为工作面 1~工作面 6,如图 8.6(a)所示;也可以划分 4 个区段,相应布设了 8 个工作面,分别为工作面 1~工作面 8,如图 8.6(b)所示。由于划分的区段和工作面尺寸不同,可以看出图 8.6(a)的划分方式中工作面 1 的倾向长度比图 8.6(b)中工作面 1 倾向长度长,开采后对地面造成的沉陷影响范围大且影响程度严重。

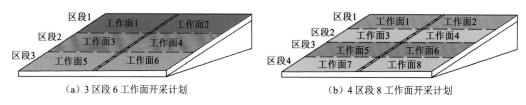

(a)3 区段 6 工作面开采计划　　　　　　(b)4 区段 8 工作面开采计划

图 8.6　区段及工作面划分

8.2.9　工作面间开采顺序和时间

工作面间的开采顺序主要有顺序开采和跳采两种,其中顺序开采是指开采完一个工作面后,接着就开采其相邻工作面的方式,即按一定方向依次开采相邻工作面的方式;跳采是指开采完一个工作面后,并不开采其相邻工作面,而是开采非相邻工作面的方式。

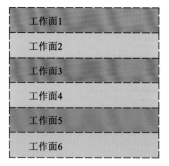

图 8.7　开采工作面布置图

例如连续平行布设的 6 个工作面,分别为工作面 1~工作面 6(图 8.7),其顺序开采的方式有两种,一种是依次开采工作面 1→工作面 2→工作面 3→工作面 4→工作面 5→工作面 6,或是依次开采工作面 6→工作面 5→工作面 4→工作面 3→工作面 2→工作面 1。

其跳采的方式可以是利用采留相间的方法(叶东升等,2010),首先开采工作面 1,接着跳采到工作面 3,再跳采工作面 5,然后跳采工作面 2→工作面 4→工作面 6;也可以先跳采工作面 2→工作面 4→工作面 6,然后跳采工作面 1→工作面 3→工作面 5;或者跳采工作面 1→工作面 4→工作面 2→工作面 5→工作面 3→工作面 6;或者跳采工作面 2→工作面 5→工作面 3→工作面 6→工作面 1→工作面 4 等。

还可以将顺序开采和跳采结合起来,如先顺序开采工作面 1 和工作面 2,然后跳采工作面 4→工作面 6,再跳采工作面 3→工作面 5;或先跳采工作面 1 和工作面 6,然后顺序开采工作面 5→工作面 4→工作面 3→工作面 2 等。

从以上分析中可以看出,顺序开采与跳采相比,采用跳采方式工作面开采顺序的可选择性会更多一些,顺序开采和跳采结合后的开采顺序会更加丰富多样,而且工作面个数越多,可规划选择的开采顺序就越多,从而形成的地面沉陷影响情况也会千差万别,再加上工作面不同的开采时间,工作面开采规划方案会更加多种多样,这就为工作面间开采顺序和时间的调整提供了多种选择性和可能性,因此是对地下开采方案较简单的调整修改,在经济技术上也比较方便可行。

8.2.10　工作面内开采顺序和时间

工作面的开采顺序分为前进式和后退式两种（图 8.8）。后退式开采顺序是指工作面自采区走向边界,向采区运煤上山或盘区主要运煤巷道方向推进的开采顺序,如图 8.8 中的工作面所示；反之称为前进式开采顺序,如图 8.8 中的工作面 2 所示,工作面向采区边界方向开采。在带区划分的条件下,后退式开采顺序是指分带工作面向运输大巷方向推进的开采顺序,反之分带工作面背向运输大巷方向推进的开采顺序称之为前进式开采顺序。工作面的前进式开采顺序,因其巷道掘进量小、采出率较高的优点和沿空留巷技术的发展,而得到越来越多的应用。

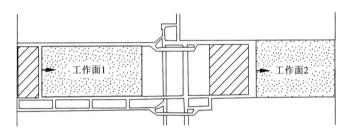

图 8.8　工作面内开采顺序示意图

如图 8.8 中,工作面 1 地下煤炭开采的方向是自左向右,从而对地面的沉陷影响也是自左向右,如果改变工作面 1 的开采顺序为前进式开采,那么地下煤炭开采的大致方向是自右向左,从而对地面的沉陷影响也将自左向右,这样就能够相对延长左侧区域土地的使用时间。

工作面是地下煤炭的直接开采区域,也是最小开采单元,其开采顺序和时间将直接决定地面沉陷的时间、位置及沉陷影响的扩展方向,这是对地下开采方案最简单的调整,且在经济技术上也比较方便可行,调整后对小范围地区的沉陷影响效果立竿见影,但调整后影响的沉陷区域范围相对较小。

8.3　地下开采方案调整方法

在不同的地质和自然条件下,开采方式（接续）的变化引起地表沉陷动态变化,沉陷在地面的发展也有所差异,可以造就出"上凸型"与"下凹型"的沉陷路径。不同地区不同条件的开采方案的调整方法也存在差异,本节主要对三个一般条件下的开采方案调整方法和 5 个特殊条件下的开采方案调整方法进行叙述。

8.3.1　一般条件下的开采方案调整方法

在超厚煤层–高潜水位地区,即便开采尺寸未达到充分采动地面也会出现积水,而在中厚煤层–中低潜水位地区,往往需要数个连续的相邻工作面的开采才会引起积水。井上下耦合的边采边复技术的核心在于:根据自然、地质条件,通过分析与模拟,构建最佳的采矿方式(接续),结合地面的地形与流域控制达到开采与复垦的同步与耦合,实现开采效益与土地复垦效益的最大化,达到采矿–复垦的有机结合。

根据模拟分析,提炼构建以下几种典型的自然地理与地质采矿条件下的最优采矿–复垦开采方案方法。

1. 大埋深–薄煤层–中低潜水位条件下开采方案

沉陷特点:达到充分采动所需工作面数量多,单一工作面甚至数个工作面的连续开采都不会达到充分采动,往往需要三个(或者以上)相邻工作面的连续开采地面才出现积水,积水深度小(小于 2 m)。

边采边复方式:根据地表坡度(主水流方向)采取"顺序开采–滚动式土地平整–农田水利设施修复"为核心的边采边复模式。

2. 大埋深–中(厚)煤层–高潜水位条件下开采方案

沉陷特点:达到充分采动所需工作面数量多,单一工作面甚至数个工作面的连续开采都不会达到充分采动,往往需要 3 个(或者以上)相邻工作面的连续开采地面才出现积水,积水深度中等(2~4 m)。

边采边复方式:采取"先跳采再全采–地表平整–阶段集中突击式复垦"为核心的边采边复模式。

3. 浅埋深–超(特)厚煤层–高潜水位条件下开采方案

沉陷特点:达到充分采动所需工作面数量少。单一工作面开采即导致地面出现积水,积水深度大(大于 4 m)。

边采边复方式:采取"中间优先–外扩式开采–地表疏排"为核心的边采边复模式。

8.3.2　特殊条件下的开采方案调整方法

为了保护地面不受或少受采煤沉陷的影响,在对地下煤炭资源进行开采规划时,采取的措施主要有三种:第一种措施为当地面有重要的建(构)筑物、水体、铁路、井筒及工业场地、主要巷道等时,需按照《建筑物、水体、铁路及主要井巷煤柱留设与压煤开采规范》的相关要求留设一定的保护煤柱而不做开采,从而保证其不受开采的影响;第二种措施是为了使地面沉陷影响减少到可承受的范围内,采用仅开采一部分地下煤炭资源的方式,以减少煤炭开采引起的岩层移动,主要方法有条带开采(刘义生,2016)、房柱式开采等(李海龙,2014);第三种措施是在保障地下煤炭资源正常采出率的情况下,通过协调开采、控制开采等方法，使沉陷引起的移动和变形相对降低或延迟等，这样即可以保证煤炭产量，又可以尽可能地保护地面。

目前对耕地资源的保护常采用第三种措施，在高潜水位煤粮复合区，开采沉陷对耕地影响最严重的就是地面下沉后形成的积水，耕地沉入水中后，农作物生长将受到极大的影响，从而导致耕地减产甚至绝产。因此，应根据特定的地面保护和复垦需求，同时结合地下煤炭赋存情况、区域有利地势，以及地面河流、沟渠等分布情况，对地下开采方案进行合理的调整，既保证地下煤炭产量，又能有效减少沉陷积水对耕地的不利影响。

1. 特殊地下煤炭赋存情况

（1）多煤层开采条件下，开采煤层的厚度直接决定地面最大下沉值，从而影响地面积水情况，因此应根据各煤层厚度和区域地形及潜水位埋深，合理安排开采煤层厚度和开采时间。

例如丁集煤矿某区域会受到 11-2 煤和 13-1 煤的开采影响，其中 11-2 煤工作面 P1 的开采厚度为 2.1 m，13-1 煤工作面 P2 的开采厚度为 4.5 m，经沉陷预计 11-2 煤工作面 P1 单独开采后，地面最大下沉值为 1.1 m，结合原始地形叠加分析和潜水位埋深，开采后地面不会出现积水现象；但 13-1 煤工作面 P2 单独开采后，地面最大下沉值达到了 2.4 m，同理经叠加分析，沉陷后将会有 21.24 hm² 的耕地沉入水中。在这种情况下，如果先开采 13-1 煤的 P2 工作面，然后再开采 11-2 煤的工作面 P1，根据边采边复技术思想，为了拯救珍贵的表土资源，需要在 13-1 煤的 P2 工作面开采致使地面出现积水前，就采取复垦措施剥离表土。而如果将其调整为首先安排开采 11-2 煤的工作面 P1，然后再开采 13-1 煤的工作面 P2，就不会导致 21.24 hm² 耕地过早积水而无法耕种，同时利用边采边复技术进行复垦治理时，也可以适当地推迟复垦施工的时间，可等到 11-2 的工作面 P1 开采结束，13-1 煤的工作面 P2 开采致使地面出现积水前，再剥离表土，从而相对延长相关区域的使用时间。

（2）多煤层开采下，各煤层开采的时间及相邻两次开采的时间间隔，直接影响地面受重复扰动的时间及其间隔，从而影响对地面的复垦利用情况。假如地面会受到多个煤层不间断的开采影响，这种情况下对其进行复垦利用的难度就较大，这时可以适当调整将这多个煤层集中在一个时间段内全部开采，方便对其进行复垦利用；或将其中几个煤层的开采集中安排在一定时期内，然后间隔一段时间后再开采剩余的煤层，以期在开采的间歇期对其进行复垦治理利用，当相邻两次沉陷扰动的时间间隔较长（一般为大于 5 年）时，可以在这一间歇期对沉陷地采取复垦措施并加以利用，从而做到珍惜和充分利用土地；又或是有意识地将某一煤层的开采推迟，使积水影响相应推迟到农作物成熟后，从而在间歇期进行抢收。

例如丁集煤矿某区域已经受到 11-2 煤的开采影响，但地面没有出现积水，之后安排在 2014 年 7 月开采 13-1 煤，据沉陷预计分析 2 个月后就会致使地面积水，到十月初将会形成 30.15 hm² 的积水区域，根据边采边复技术思想，需要在 9 月积水前就提前剥离表土，拯救异常珍贵的表土资源，但 9~10 月正值水稻生长逐渐成熟的时期，此时可将 13-1 煤的开采推迟到 2014 年的 9 月，那么地面到 11 月才会出现积水，从而保障 30.15 hm² 水稻的正常收获,而边采边复的复垦施工也可以推迟到 11 月,相对延长了复垦区域的使用时间。

（3）高潜水位地区,地下煤炭开采后地面不可避免地出现积水,如果根据地下煤层赋存情况,可以人为规划中间区域多厚煤层最先开采,从而首先在地面形成"中间低、四周略高"的地形,再利用此"特殊"地形,合理安排后续煤炭的开采,使后续积水自动流向中间"盆地",并结合疏排水设备,尽可能减少积水影响范围。

例如丁集煤矿某一区域地面平坦开阔,地下规划开采 11-2 煤和 13-1 煤的 6 个工作面,工作面间采取顺序开采方式,即依次开采工作面 P1～P6（图 8.9）。经沉陷预计分析,11-2 煤的工作面 P1 开采后地面不会出现积水,但随着第二个工作面 P2 的开采,地面开始出现积水,P2 工作面开采结束后地面积水面积为 11.72 hm²,且随着 11-2 煤剩余工作面 P3 的开采,沉陷积水范围不断扩大到 32.94 hm²；13-1 煤 P4、P5 和 P6 的重复采动又会进一步加重地面沉陷积水影响,P4 和 P5 工作面开采后地面积水范围分别为 85.57 hm² 和 106.81 hm²,工作面 P6 开采结束后,地面最终积水面积将达到 129.57 hm²。这种情况下,利用边采边复技术思想对其进行复垦治理时,需要在第二个工作面 11-2 煤的 P2 工作面开采致使地面出现积水前,就提前剥离表土并抢救心土,复垦后耕地面积为 306.74 hm²。

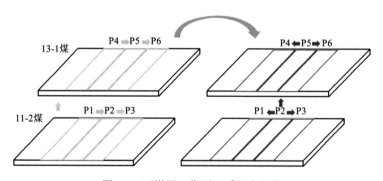

图 8.9　两煤层工作面开采顺序调整

如果调整为特意安排 11-2 煤中间的工作面 P2 最先进行开采（图 8.9）,那么地面对应的中间位置就会首先下沉,从而形成"中间低、四周略高"的特殊地形,但地面不会出现积水；然后再安排 13-1 煤中间的工作面 P5 进行开采,进一步使中间区域沉陷更深,积水面积为 34.68 hm²,但有利于汇集并容纳后续工作面开采导致的沉陷积水,再加上疏排水设备,可将地面沉陷积水范围控制在 30 hm² 左右；接着再安排 11-2 煤的工作面 P1 和 P3 进行开采,那么即将形成的积水会沿地势自动流向中间较深的沉陷区,并继续利用疏排水设备,将地面沉陷积水范围控制在 48 hm² 左右,从而延长了 37.57 hm² 耕地的使用时间；同样再开采 13-1 煤的工作面 P4 和 P6 时,沉陷积水也会主动向中间区域汇集,利用疏排水设备,将地面沉陷积水范围控制在 67 hm² 左右,从而延长了 39.81 hm² 耕地的使用时间。此时进行边采边复复垦治理时,同样需要在第二个工作面 P5 开采致使地面出现积水前采区复垦措施,但结合疏排水设施,可以抢救更多的土壤用于后续复垦,因此,复垦耕地面积可增加到 340.09 hm²,从而比调整前多拯救了 33.36 hm² 的耕地。

2. 特殊的原始地形条件

矿井在开采前的原始地形，在很大程度上决定地下煤炭开采后对地面造成的沉陷影响，以及沉陷后的地表形态，从而影响沉陷积水的汇集和疏排。

（1）假如原始地形呈现出明显的西高东低，如果安排从东向西进行煤炭的开采，沉陷首先影响原本地势较低的东部区域，然后逐步向西扩展，辅以疏排沟渠，就有利于沉陷积水向东部的疏排，从而减小沉陷积水的影响范围，得到事半功倍的效果。

例如丁集煤矿整体地势西北高、东南低，那么在安排地下煤炭开采时，小到工作面的布置方向和推进方向，大到采区的布设和开采顺序，都可尽量按照从东南到西北的方向进行开采，从而促进沉陷积水向东南方向的疏排。某一东西方向布设的工作面，规划采取自西向东推进的后退式开采顺序（图 8.10），开采后将导致 27.34 hm² 的耕地沉入水中，利用边采边复技术对其进行复垦治理，可以拯救出 15.38 hm² 的耕地。如果利用西北高、东南低的地势，将其调整为自东向西推进的前进式开采顺序，同时修建排水沟渠，将即将出现的沉陷积水顺东南方向疏排，可以将地面积水时间推迟约 2 个半月，从而相对延迟边采边复的复垦施工时间，还可以比调整前多拯救出 7.7 hm² 的耕地。

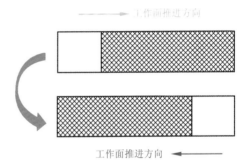

图 8.10 利用地形的工作面推进方向调整

（2）假如采煤沉陷影响范围内，某一区域的原始地形呈现出"中间低、四周略高"的特点，即类似于小型"盆地"的地形，那么可以安排首先开采"盆地"最低处的煤炭，故意使中间在采煤沉陷后更深，从而汇聚后续煤炭开采引起的积水，再加上疏排水设备，尽可能地减少沉陷积水影响范围。

例如丁集煤矿某一局部区域，中间原始高程在+21.7 m 左右，而四周稍高在+21.7～+24.6 m，地下布设有 3 个工作面 P1、P2、P3，且自北向南顺序开采 P1-P2-P3（图 8.11），

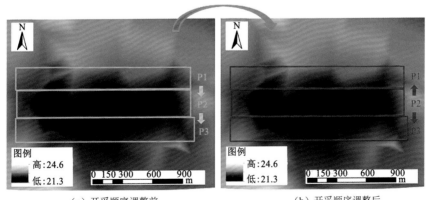

（a）开采顺序调整前   （b）开采顺序调整后

图 8.11 利用地形的工作面开采顺序调整

根据沉陷预计，P1 工作面开采后，地面就会形成沉陷积水，面积约 26.71 hm²，随着工作面 P2 的开采地面积水影响范围进一步扩大到 61.43 hm²，直至最后一个工作面 P3 开采结束，地面沉陷积水面积将达到 86.26 hm²。利用边采边复技术思想，在 P1 工作面开采致使地面出现积水前采取一定的复垦措施，可以拯救出 45.06 hm² 的耕地。

如果结合该区域中间低、四周略高的地形特点，先开采工作面 P2，使其对应的"盆地"中间区域最先形成较深的积水坑，再向外开采工作面 P1 和 P3（图 8.11），那么之后开采导致的积水就会自动向中间汇聚，加上适当的疏排水设备，可将最终积水范围控制在 67.45 hm² 左右，再结合边采边复技术思想从而比调整前多拯救出 24.22 hm² 的耕地。

3. 河流、沟渠、湖泊等分布

高潜水位地区，由于水资源丰富，地面通常会分布有大小不同的河流、沟渠、湖泊等，可首先安排其附近的地下煤炭进行开采，从而充分利用沉陷影响区域附近的河流、沟渠等疏排积水，或将沉陷积水引流到湖泊等容纳体内，进而减少沉陷积水影响耕地的范围。

例如丁集煤矿西部，幸福沟自北向南穿过矿区，幸福沟西侧布设的一个工作面，规划开采方向为自西向东，那么随着煤炭的开采，首先会在西部区域出现积水，然后逐渐向东扩展，最终耕地积水面积约 21.82 hm²。利用边采边复技术思想，在地面出现积水前采取一定的复垦措施，可以拯救出 12.05 hm² 的耕地。如果将工作面推进方向调整为自东向西，那么沉陷积水将首先出现在靠近幸福沟的东部区域，同时修建排水沟渠将其引流到幸福沟疏排，就可以将地面积水时间推迟约一个月的时间，再结合边采边复技术思想，从而比调整前多拯救 6.6 hm² 的耕地。如图 8.12 所示。

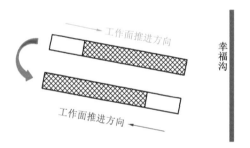

图 8.12　利用沟渠的工作面推进方向调整

4. 特殊地面积水条件

地下煤炭开采后，地面是否出现积水，由当地潜水位高程和沉陷后的地面高程决定。只有当沉陷后的地面高程低于潜水位高程时，地面才会出现积水。在地下潜水位和煤层地质条件一定的情况下，沉陷影响程度主要取决于地下煤炭的开采范围，细化到工作面就是工作面的尺寸和相邻开采工作面的个数。假如一个工作面开采引起的地面下沉并不会导致积水的出现，只有相邻两个或多个工作面开采，导致地面沉陷较严重时才会形成积水。这种情况下，可利用跳采等开采方式，尽量延迟地面出现积水的时间，从而相对延长土地使用时间。

例如丁集煤矿某区域连续布置有 5 个工作面，自 2011 年 1 月开采到 2014 年 9 月，每个工作面开采大约需要 9 个月的时间，目前规划采取顺序开采方式，即依次开采工作面 P1～P5（图 8.13），结合地面沉陷影响分析，工作面 P1 开采后地面并不会出现积水现象，但随着 P2 工作面的开采,在 2012.01 地面开始出现积水,并不断扩大,各工作面开采后地面积水面积如表 8.1 所示。

开采时间　2011.01~2011.09　2011.10~2012.06　2012.07~2013.03　2013.04~2013.12　2014.01~2014.09

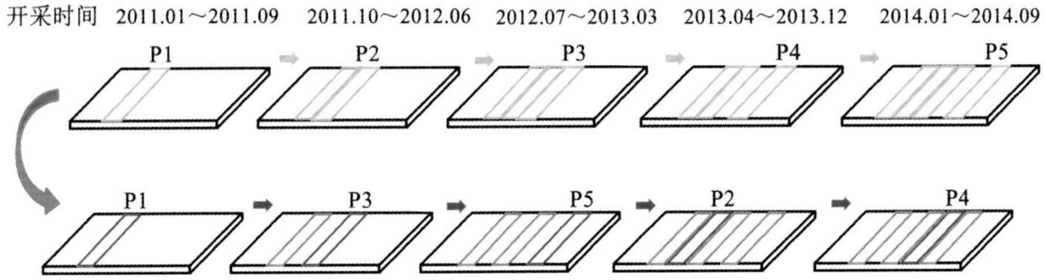

图 8.13　工作面顺序开采和跳采

表 8.1　调整前后积水面积对比

积水面积 /hm²	开采时间				
	2011.01~2011.09	2011.10~2012.06	2012.07~2013.03	2013.04~2013.12	2014.01~2014.09
调整前	0.00	22.32	40.02	58.23	76.19
调整后	0.00	0.00	0.00	43.17	76.19
差值	0.00	22.32	40.02	15.06	0.00

根据以上分析可以发现,该区域在单独一个工作面开采后地面并不会出现积水,但相邻第二个工作面的开采就会导致积水的出现,因此尽量不要安排相邻工作面相继开采,从而延迟地面积水的出现。因此,可以有目的地安排这 5 个工作面进行跳采,即工作面开采顺序为 P1-P3-P5-P2-P4(图 8.13),前三个工作面的跳采并不会引起沉陷积水,只有当第 4 个工作面 P2 开采时地下才会呈现相邻工作面开采的情况,从而导致地面在 2013 年 6 月出现积水,各工作面开采后地面积水面积如表 8.1 所示。

通过对比分析发现,开采方案调整后,地面在 2013 年 3 月之前都不会出现积水,从而保证了 40.02 hm² 的耕地在 2011.01~2013.03 的正常耕种,到 2013 年 12 月积水面积也仅 43.17 hm²,比调整前减少 15.06 hm²,这部分耕地在 2013.04~2013.12 期间仍可正常使用。再结合边采边复技术思想,地下开采方案调整前,需要在 2012 年 1 月地面出现积水前就采取复垦措施,从而从最终沉陷积水中拯救出 41.32 hm² 的耕地;而开采方案调整后,则可以在 2013 年 6 月地面出现积水前采取复垦措施,从而延长复垦区域一年半的使用时间。

5. 特殊季节条件

(1)在农作物成熟期,沉陷积水不仅严重影响粮食产量,而且农民之前的种子、化肥等投入也将化为乌有。因此应避免在农作物成熟期,安排开采一定区域的煤炭而造成耕地积水。

例如丁集煤矿,地下某一工作面规划开采时间为 2016 年 2 月到 2016 年 8 月份进行开采,根据地面沉陷影响分析,预计 2016 年 5 月地面开始出现积水(图 8.14),6 月沉陷积水影响耕地面积将扩大到 11.23 hm²,到 8 月沉陷积水影响耕地面积将达到 24.16 hm²。

由于 5 月小麦正处于快速生长期，6 月是小麦成熟收割期，这 11.23 hm² 耕地则将因沉陷积水而颗粒无收，且农民已经进行的播种、护理等劳作也将白白浪费。在 7 月到 8 月即将积水的 12.93 hm² 耕地，如果不清楚情况而播种了水稻，同样也将全部绝产。

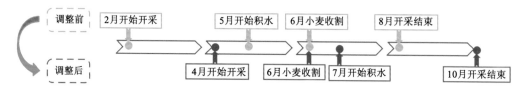

图 8.14　调整工作面开采时间

那么在地下开采允许的情况下，可以将该工作面的开采时间推迟两个月，即安排在 2016 年 4 月到 2016 年 10 月份开采，则地面在 7 月份开始出现积水（图 8.14），此时小麦已经收割完，且提前预测出到 10 月开采造成的积水范围，不在这 24.16 hm² 耕地上播种水稻，从而减小经济损失，同时也可以将边采边复的复垦施工时间推迟约 2 个月，从而延长复垦区域土地的使用时间。

（2）复垦工程一般不适宜安排在冬季和雨季，如果在冬季和雨季，即使地下煤炭已经开采结束，也不利于复垦措施的安排，因此应提前规划好地下煤炭的开采时间，以便于复垦施工。

例如丁集煤矿某区域受 13-1 煤开采沉陷的影响，根据开采计划，13-1 煤最后一个工作面到 2015 年 1 月开采结束，但此时正是寒冷的冬季，不适宜安排复垦施工，因此可规划将 13-1 煤最后一个工作面的开采时间推迟 2 个月，即到 2015 年 3 月开采结束，从而方便复垦施工的进行，同时也可以将边采边复的复垦施工时间推迟约 2 个月，从而延长复垦区域土地的使用时间。

综合以上分析，可以看出由于实际地面保护和复垦需求的复杂性，以及地面可利用条件的多样化，有时可以综合考虑以上几种方法，对地下开采方案进行合理的规划调整，从而最大限度地保护耕地，并有利于复垦工作的进行。

第9章 边采边复技术应用案例

9.1 山东省济宁市南阳湖农场边采边复技术应用案例

9.1.1 示范区概况

1. 自然环境概况

示范区位于山东省济宁市任城区南郊南阳湖区东侧，面积约 369.90 亩，北距济宁市约 10 km，示范区西侧紧挨通往市区的荷花路。

示范区复垦前土地利用现状如图 9.1、表 9.1、图 9.2 所示。

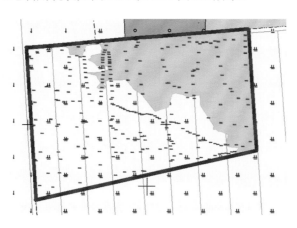

图 9.1 示范区内土地利用现状图

表 9.1 示范区内土地利用现状统计

项目	土地利用类型/亩				总计
	耕地	水域及水利设施用地		交通运输用地	
	水浇地	坑塘水面	沟渠	农村道路	
面积	225.15	140.25	1.50	3.00	369.90
百分比/%	60.86	37.92	0.41	0.81	100.00

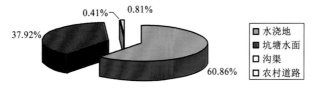

图 9.2 示范区内土地利用现状

示范区内土地利用以水浇地及坑塘水面为主，水浇地面积为 225.15 亩，占示范区面积的 60.86%，坑塘水面面积为 140.25 亩（均为地面沉陷形成），占示范区的 37.92%。

2. 示范区土地修复工作概述

示范区地下煤炭开采始于 1996 年 11 采区的开采，已相继开采 1304、1305、1306 等多个工作面，大面积高强度的煤炭开采造成地面沉陷严重，由于本区潜水位高，煤炭开采下沉系数大，地面积水现象严重。示范建设时开采仍在进行当中，地面暂无安排修复措施。

3. 开采情况

示范区开采工作面布置及开采时间如图 9.3 所示。

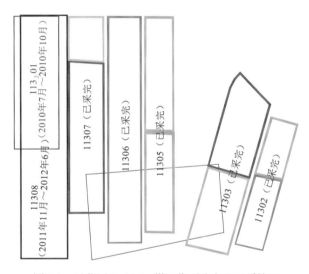

图 9.3　示范区 3$_\text{上}$及 3$_\text{下}$煤工作面分布及开采情况

9.1.2　示范区开采沉陷预计

区内可采煤层主要为 3$_\text{上}$煤、3$_\text{下}$煤，其中 11302、11303、11305、11306、11307 工作面均已采完，只有位于西侧的 113$_\text{上}$01 及 11308 工作面尚未开采。开采方式均为倾斜长壁、综采工作面，后续开采后会引起地表下沉并影响到示范区。

根据示范区所在地区地质条件，结合矿区开采接续，对后续会影响示范区的工作面进行了预计，采用方法为概率积分法，所选参数如表 9.2 所示。

表 9.2　示范区沉陷预计参数

参数	初次开采	重复开采	参数	初次开采	重复开采
下沉系数 η	0.725	1.06	开采影响传播角 $\theta/（°）$	$90°-0.45\alpha$	$90°-2.63\alpha$
水平移动系数 b	0.300	0.29	拐点偏移距 s/m	$0.075H$	$0.162H$
主要影响角正切 $\tan\beta$	1.900	1.59			

预测时间截至 2015 年 1 月，即 113 ₊01 与 11308 工作面开采结束并稳沉后的地面沉陷情况，具体下沉等值线见图 9.4。

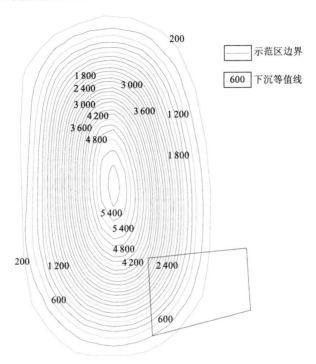

图 9.4　113 ₊01 及 11308 开采后地面下沉等值线

9.1.3　示范区边采边复规划

根据示范区地形、道路、排水沟规划布局情况，把示范区规划成 4 个田块和 2 个鱼塘。根据沉陷预计的结果，示范区西北部后续下沉沉陷最深达 3.0 m，而该区原始高程为 37.0 m，地下水位高程约为 32.8 m，因此，后续沉陷稳沉后地面高程还要高于地下水位 1.2 m。综合考虑示范区内部土方挖填平衡原则及种植小麦、大豆的生长需要，确定示范区设计高程在 34.0～37.0 m，预计示范区东北至西北方向后续下沉逐渐减小，因此，东北至西北方向的设计高程逐渐减小。示范区沉陷稳沉后东北部的高程将与其余地块高程相同。

鱼塘 1、鱼塘 2 的上口施工设计高程分别为 34.6 m、34.0 m，四周设塘坝，共 1 519.77 m，设计二级平台，其设计高程分别为 33.6 m、33.0 m，2 个鱼塘塘底的平均设计高程分别为 30.6 m、30.2 m，平均塘深为 4.0 m、3.8 m，稳沉后鱼塘塘底高程预计都将变为 30.2 m。鱼塘相交处设塘埂，不设二级台阶。

要达到上述规划目标，需实施两项挖填工程：一是挖塘取土，填充沉陷地，达到设计标高并在示范区西界修成 1:1.5 的斜坡，并在塘坝设置二级平台，二级平台以上边坡比为 1:1.5，二级平台以下边坡比 1:1；二是采用机械加人工方式整平土地、田块内平。

规划土地平整工程挖方总量 29.44 万 m³，填方总量 28.35 万 m³，挖填基本平衡，挖方多余出来的土方用于修建塘埂、道路。示范区规划布局与标高设计如图 9.5 所示。

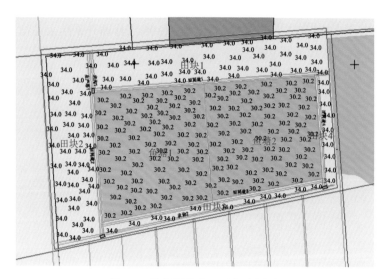

图 9.5　修复最终布局及标高设计

通过边开采边修复，增加耕地面积 161.10 亩，新增耕地率 41.49%。

本区地层区划属华北地层区鲁西地层分区，区内多被第四系覆盖，基岩出露甚少，煤系基底为寒武系、奥陶系，缺失上奥陶统、志留系、泥盆系、下石炭统和三叠系等地层。中石炭统、上炭统和二叠系含煤地层发育较好，煤炭资源较为丰富。第四系地层以灰绿、棕黄色黏土、砂质黏土为主，厚 51.4～120.6 m，占全层段的 41.2%～84.6%；塑性指数 17.1～24.8，部分呈软塑状态。新近系地层以黏土、砂质黏土为主，占地层总厚的 15.4%～84.9%，由上而下固结程度渐增，局部钙质黏土层呈坚硬状态。奥陶系岩性为浅灰至棕灰色，厚层状石灰岩，见有裂隙及小溶洞，有的被方解石充填或半充填，无漏水孔。

9.2　山东省菏泽市龙堌矿边采边复技术应用案例

9.2.1　示范区自然环境概况

1. 地理位置

新巨龙能源公司龙堌矿井是由新汶矿业集团公司开发建设的国家"十五"重点建设项目，设计能力年产量 600 万 t 的特大型矿井。井田地处华东经济发达地区，位于华东地区最后一块储量最大、煤质最好、最具开发价值的大型整装煤田——山东巨野煤田的中南部巨野县境内。

龙堌矿井行政区划归巨野县管辖，面积 142.290 5 km²，地理坐标：115°49′59″～115°58′59″E，35°13′59″～35°22′59″N。地理位置十分优越，东距巨野县城 20 km，西距菏泽市 40 km，交通便利，新欧亚大路桥——新石铁路和 327 国道分别从井田的中南部和北部穿过，井田南部设计有即将建设的龙堌码头，连通京杭大运河。煤炭经铁路、公路、水运可运抵全国，运输便捷。

2. 气候、土壤及作物类型

示范区属季风型大陆性气候，一年四季分明，周期性变化较明显，具有冬季干冷、夏季炎热多雨的大陆性气候特点。年平均气温 14.8℃，降雨多集中在每年 6～9 月，春季雨水较少，春旱时有发生。年最大降水量 1 219.5 mm，年最小降水量 363.9 mm，年平均降水量为 694.70 mm；日最大降水量 223.0 mm，年最大蒸发量、年最小蒸发量分别为 1 381.3 mm、226.4 mm。春季多南风和西南风，夏季多东南风，冬季多北风和西北风，年平均风速 3.3 m/s。该地区霜期一般在分布在每年的 11 月中旬至次年 4 月上旬。最大积雪厚度为 0.15 m，最大冻土深度为 0.35 m。

示范区土壤类型主要为潮土和盐土，其中，潮土沉积物母质中矿质养分较丰富，性状良好，地势平坦，土层深厚适种性广，疏松易垦。盐土的含可溶性盐过高，同时腐殖质含量低，对植物生长不利。通过及时排水、合理有序灌溉、种稻、种植绿肥等措施可进行改良。示范区内表土层厚度较大，一般能达到 30～50 cm，部分区域表土层厚度大于 1 m，pH 值在 6.5～7.0，呈中性至微碱性，有机质含量大多在 1.2%～1.5%，具体如图 9.6 所示。主要适种小麦、玉米、高粱、大豆、花生、谷子、棉花等农作物。

（a）盐土典型剖面　　　　　　　　　　　　　（b）潮土典型剖面

图 9.6　示范区典型土壤剖面图

3. 社会经济条件

示范区内村庄较多，沿 327 国道两侧较为密集，人口自然增长率为 0.42%。所在龙堌镇国内生产总值为 8.496 亿元，第一、第二、第三产业产值比例为 23∶58∶19。

9.2.2　示范区煤层开采概况

示范区位于龙堌矿首采区，共布置 8 个工作面，具体分布如图 9.7 所示。

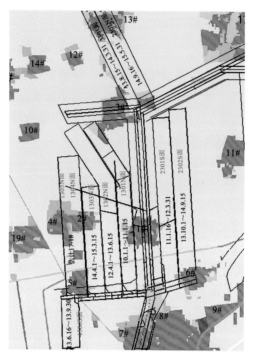

图 9.7　示范区开采工作面布置示意图

　　龙堌煤矿首期开采前五年,对采区工作面进行跳采,即不同年开采年份在不同采区之间的工作面之间进行开采,其中首采工作面 1301N 工作面位于-810 水平一采北翼轨道上山以北,西为尚未开采的 1302N 工作面,东为北区胶带大巷保护煤柱,北为尚未开拓的三采区。工作面地面投影为龙固镇欧楼与阎庄村之间的农田、太平镇郭坊与邹庄村及村南农田。前五年的开采顺序见表 9.3。

表 9.3　龙堌煤矿首采区开采时序表

起止时间	工作面编号	采区位置
2010.1.1～2011.1.15	1301N	一采区
2011.1.16～2012.3.31	2301S	二采区
2012.4.1～2013.6.15	1302N	一采区
2013.6.16～2013.9.30	1306S	一采区
2013.8.15～2014.3.31	3301	三采区
2013.10.1～2014.9.15	2302S	二采区
2014.4.1～2015.3.15	1303N	一采区
2014.9.16～2015.5.31	2301N	二采区

9.2.3　示范区开采沉陷预计

　　根据示范区地质条件,采用概率积分法进行预计,预计参数见表 9.4。

表 9.4 龙堌矿概率积分法预计参数

序号	预测参数	符号	单位	预测参数值	备注
1	下沉系数	η	—	0.85	重复采动系数取 0.85
2	主要影响正切	$\tan\beta$	—	1.8	—
3	水平移动系数	b	—	0.3	—
4	拐点偏移距	S	m	$0.1H$	—
5	影响传播角	θ	(°)	86	—

通过预计，确定示范区损毁土地范围见图 9.8，总面积为 1 244.66 hm²。

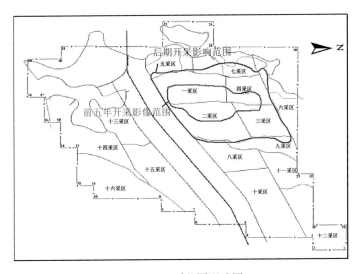

图 9.8 开采范围影响图

9.2.4 示范区边采边复规划

1. 分阶段边采边复设计

根据开采计划，由于在各个采区进行跳采，避免了大范围快速积水，为边采边复、解救即将沉入水中的土地提供了很好的条件。考虑复垦成本及耕作要求，同一区域地块的复垦工作尽量一次复垦到位，实现不了的最多可进行两次复垦。

结合首期开采沉陷预计结果，以首采工作面（1301N）为例，考虑工作面推进情况（工作面长 2 515 m，开采起止时间：2010.1.1～2011.1.15，可初步计算得工作面推进速度），根据地表移动盆地的形成过程，在 1301N 工作面推进到 $1/4H_0$～$1/2H_0$，即推进到 200～400 m 时（开采 30～60 d），开采影响波及地表，引起地表下沉。同时利用 MSPS 软件对 1301N 工作面推进不同程度分别做开采沉陷预计，得到：当推进 360 m 时，最大下沉 2.1 m；推进 520 m 时，最大下沉 2.8 m；推进 700 m 时，最大下沉 3.2 m；推进 1 300 m 时，最大下沉 3.49 m。由于所需填方土量需从未来沉陷水域区域剥离，故要在积水前提前进行挖土，根据上述分析，在开采开始 60～79 d（2～3 个月）范围内进行剥离挖土。

具体复垦方案是将整个示范区分为以下 5 个阶段进行。

1）第一阶段复垦设计

第一阶段：截至 8 月底工作面推进 1 300 m 时，根据预计及实地调查结果，地表受影响面积为 219.47 hm²，其中受中度损毁的季节性积水面积为 30.35 hm²，而因重度损毁导致积水的面积达 30.49 hm²，3#村庄西南方向大部分受到影响，1#村庄西北部开始受到轻度影响，其积水长度达到 1 072.10 m，宽度达 306.72 m（图 9.9）。首采工作面采完之后 1#村庄全部受损毁，2#村庄东部也受到轻度损毁。结合 2012 年复垦的规划图，将其与首采工作面推进 1 300 m 及完成第一工作面工作后对地表的影响范围相叠加，可做如下规划（图 9.10）：将 1#村旧村址 17.35 hm² 全部、3#村旧村址除已沉入水中的 2.58 hm² 外的全部旧村址及两个村内水域复垦为永久耕地；将工作面东部在第二个工作面完成时受到中度影响以上，稳沉后下沉小于 3.5 m 的部分提前垫土，复垦为永久耕地。同时，由于 2#村庄已搬迁，考虑 2013 年及首采区后续的开采对 2#村庄的影响，可将 2#村庄西部 6.81 hm² 旧村址及其周边 0.77 hm² 水域复垦为临时耕地。

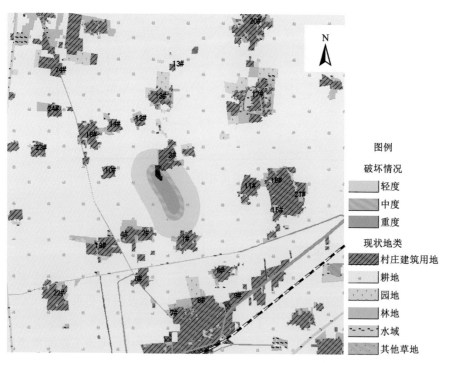

图 9.9　工作面推进 1300m 地表影响范围图

2）第二阶段复垦设计

第二阶段：依据上述分析，根据 2012 年开采后的预计结果，结合总体规划的思路，可做规划为：在第二工作面开采之后 60～90 d 施工，将 6#村庄搬迁后的旧村址全部复垦为耕地，其他剩余受影响的耕地进行挖深垫浅。此部分耕地作为永久耕地。表土移动及最终复垦效果如图 9.11 所示。

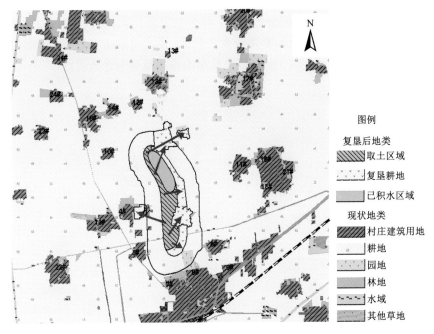

图 9.10　2011 年土源调配及复垦效果示意图

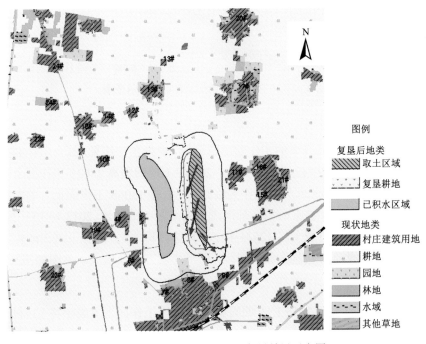

图 9.11　2012 年土源调配及复垦效果示意图

3）第三阶段复垦设计

第三阶段：根据 2013 年开采后的预计结果，结合总体规划的思路，可做规划为：在第三年工作面开始开采后，即 2012.4.1 之后的 2~3 个月（2012.6.1~2012.7.1）按图 9.12

所示,剥离受到中度及重度影响部分的表土,将 5#村北部河流沿河以南,下沉 1.5 m 及以上的区域(包括旧村址和原耕地)复垦成永久耕地;由于可取土方较多,考虑土方平衡,可将剩余土方覆到影响区域北部,将季节性积水的耕地复垦为永久耕地。

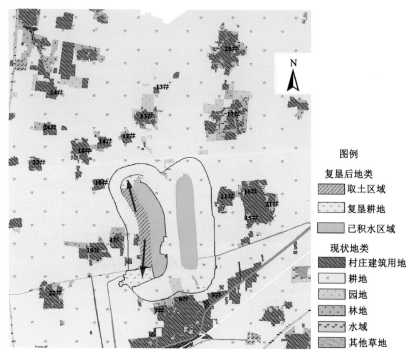

图 9.12 2013 年土源调配及复垦效果示意图

4)第四阶段复垦设计

第四阶段:第三年之后开采的工作面比较分散,根据预计结果,结合工作面布置时间及总体规划的思路,可做规划为:2013.12.1～2014.2.1 期间剥离 2302S 工作面上方表土将 11#村庄全部复垦为耕地,此部分耕地作为临时耕地;将 1306S 工作面上方的全部复垦为永久耕地,剩余表土用于平整原 6#村北部河流以南受影响的耕地。2013.10.15～2013.12.15 期间剥离 3301 工作面上方表土将 12#村庄全部复垦为耕地,并对拟下沉 3 m 以下的耕地进行提前覆土平整,此部分耕地为临时耕地。表土移动方向及效果示意图如图 9.13 所示。

5)第五阶段复垦设计

第五阶段:2014.11.16～2015.1.16 期间剥离 2301N 工作面上方表土将 13#村庄东北方向的 2.17 hm^2 的旧村址全部复垦为耕地,剩余表土提前覆盖于原 13#村庄南部下沉 3 m 以下耕地。表土移动方向及效果示意图如图 9.14 所示。

2. 边采边复方案与传统方案对比

传统复垦方案在首期开采结束,塌陷地稳沉的基础上开展复垦工作,此时,大量土地已经受到较为严重的损毁,采取常规的复垦工程措施,大部分塌陷土地难以再恢复为原地

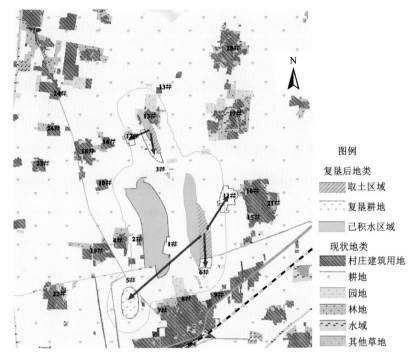

图 9.13　2014 年土源调配及复垦效果示意图

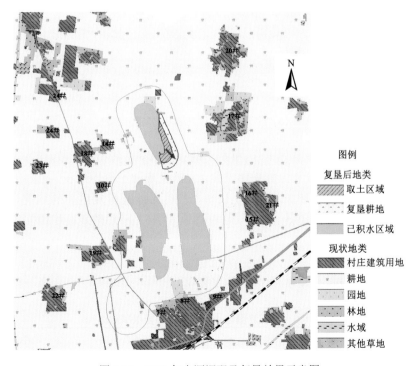

图 9.14　2015 年土源调配及复垦效果示意图

类，变为常年积水区。采取挖深垫浅、土地平整等措施后，可将塌陷程度较轻的区域复垦为耕地，继续进行耕作，但主要用地类型转变为水域，可根据适宜性评价结果，规划为精养鱼塘与粗放鱼塘，主要进行水产养殖；边采边复方案在开采进行同时逐年开展复垦工作，将未来会受到严重影响的土地提前剥离开挖，一方面避免了后期大量土地难以拯救，另一方面为塌陷程度相对较轻区域的复垦提供了优质土源，从而在复垦工作进行后，研究区内耕地面积大幅度提高，水域面积减小。从整体来看，传统复垦与边采边复在用地布局和生态景观方面形成明显差异（图9.15）。

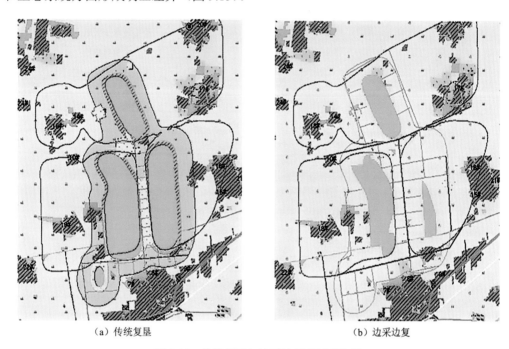

（a）传统复垦　　　　　　　　　　　　　（b）边采边复

图9.15　传统复垦与边采边复布局对比图

采用边采边复方案进行复垦工作，可在土地沉入水中之前将其拯救，作为后期复垦的土源，因此，复垦耕地率高于传统复垦方案，大幅度增加了耕地面积，即由传统复垦的43.84%，提高到60.96%，增加耕地17.12%。若对比损毁后复垦前的状况，新增耕地309.57 hm² （其中永久耕地245.11 hm²，临时耕地64.46 hm²），耕地面积增加24.86%，而且原有的36.10%的轻度扰动的耕地得到改善。

考虑最终影响，复耕百分比由传统的14.64%增加到27.43%，增加耕地12.79%。对比损毁后复垦前的7.73%，新增耕地19.70%（表9.5）。

表9.5　传统复垦与边采边复耕地复垦率对比

参数	复垦前	传统复垦后	边采边复后
耕地面积/hm²	449.29	545.66	758.86
占研究区面积比例/%	36.10	43.84	60.97
增加耕地面积/hm²		96.37	309.57

9.3　安徽省淮北市边采边复技术应用案例

9.3.1　示范区概况

1. 自然环境概况

示范区位于安徽省淮北市濉溪县刘桥镇周大庄村，面积约 360 亩，东距濉溪县城约 10 km，东北距淮北市约 13 km，北边界为濉溪至永城公路。

示范区气候温和，属北方型大陆性气候与湿润气候之间的季风气候，日照充足，四季分明，春秋季明显短于冬夏季，冬季寒冷干燥，夏季炎热多雨，年平均气温为 14.8℃。全年主导风向夏季多为东南风，冬季主导风向为东北风。年平均无霜期 203 d，年平均降水量 830 mm，年平均相对湿度 71%，日照时数 2315.8 h。

2. 煤层地质条件

1）区域地层

本区地层出露甚少，多为第四系冲、洪积平原覆盖。区内所发育地层由老到新，层序为青白口系（Qb）、震旦系（Zz）、寒武系（∈）、奥陶系（O_{1+2}）、石炭系（C_{2+3}）、二叠系（P）、侏罗系（J）、白垩系（K）、新近系（N）和第四系（Q）。矿井范围内无基岩出露，均为新生界松散层所覆盖，经钻孔揭露地层有奥陶系（O_{1+2}）、石炭系（C_{2+3}）、二叠系（P）、新近系（N）和第四系（Q），地层厚度大于 1 500 m。

2）可采煤层

示范区可采煤层三层，分别为 3、4、6 煤层，其中 4、6 两个煤层为主要可采煤层。现按从上而下的顺序将各可采煤层分述如下。

I. 3 煤层

3 煤层位于下石盒子组下部，上距 K_3 砂岩约 190 m。煤层结构简单，以单一煤层为主，局部含一层泥岩夹矸。以薄煤层为主，煤层厚度 0～1.99 m，平均 0.34 m。可采性指数 18.8%，局部可采，可采区内平均厚度为 1.16 m，为极不稳定的煤层。

II. 4 煤层

4 煤层位于下石盒子组下部，上距 3 煤层 0～12.30 m，平均 5.50 m。下距分界铝质泥岩 24.00～60.50 m，平均 37.50 m。煤层结构简单，局部含一层泥岩夹矸，偶见两层夹矸。煤层厚 0.00～3.54 m，平均 1.67 m，属中厚煤层。可采性指数 91.0%，可采区内平均厚度为 1.78 m，属较稳定煤层。

III. 6 煤层

6 煤层位于山西组中部，上距铝质泥岩 39～70 m，平均 55.5 m；下距太原组第一层灰岩 40.5～65.0 m，平均 53.4 m。煤层结构简单，以单一煤层为主，局部含一层泥岩夹矸。

以中厚～厚煤层为主,煤层厚度 0.55～5.93 m,平均 2.81 m。可采性指数 97.5%,可采区内平均厚度为 2.82 m,属较稳定煤层。

3. 示范区开采与土地利用情况

示范区所在地区煤炭开采始于 1997 年 3 月,到 2004 年 7 月已相继开采完 6 煤的 651、652、653、654 等 8 个工作面(具体见表 9.6),大面积高强度的煤炭开采造成地面沉陷严重,由于本区潜水位高,煤炭开采下沉系数大,地面积水现象严重。因此,矿山安排于 2005 年左右对示范区进行了复垦。复垦过程中,考虑了后期 4 煤开采的影响(预计后期 4 煤开采导致的下沉为 1.6 m),对复垦标高预先提高了 1.2 m,以保证复垦耕地在后续下沉后仍能利用。第一次复垦后土地利用现状见图 9.16,土地利用面积见表 9.6。

表 9.6　示范区内土地利用现状统计

| 项目 | 耕地(01) | 林地(03) | 住宅用地(07) | 交通运输用地(10) | 水域及水利设施用地(11) | 总计 |
	旱地(013)	有林地(031)	农村居民点(072)	农村道路(104)	沟渠(117)	
面积/亩	23.82	318.69	0.29	6.11	12.41	361.32
百分比/%	6.59	88.20	0.08	1.69	3.44	100.00

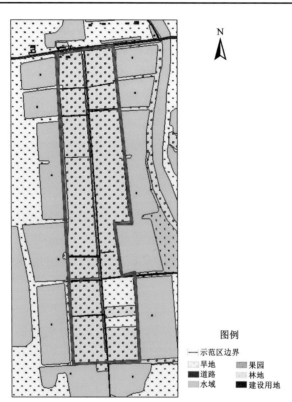

图 9.16　示范区内土地利用现状图

由于 2005 年示范区第一次复垦时后续 4 煤计划开采方式为炮采,沉陷预计时煤层采厚以煤层厚度进行计算,且选择的下沉系数较小（0.8）,因而预计下沉值较小。随着开采技术的发展,后续 4 煤改为综采,煤层采厚也有所加大。同时,通过多年的沉陷观测,下沉系数修正为 1.20。因此,2005 年第一次复垦预留的 1.2 m 标高已不能保证耕地在后续下沉后能继续利用,需要进行第二次复垦。

　　2010 年,矿山拟对示范区进行第二次复垦,此时,4 煤开采计划及工作面布置见表 9.7 和图 9.17。

表 9.7　示范区 4 煤层工作面开采情况表

工作面号	开采时间	平均采深/m	采厚/m	备注
452	2007.1～2007.12	280	2.2	已采
453	2009.12～2011.3	280	2.3	正在开采中
454	2011.9～2012.9	300	2.0	拟开采
455	2008.4～2009.7	250	2.1	已采

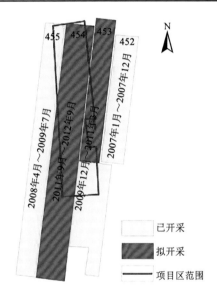

图 9.17　示范区 4 煤工作面分布及开采情况

9.3.2　示范区开采沉陷动态预计

　　根据示范区地质采矿条件,预计方法采用概率积分法,预计参数如表 9.8 所示。

表 9.8　示范区开采沉陷预计参数

参数名称	数值	参数名称	数值
重复下沉系数 η	1.20	主要影响角正切 $\tan\beta$	1.80
重复采动系数	1.00	拐点偏移距 s	$0.03H$
水平移动系数 b	0.30	开采影响传播角 $\theta/(°)$	89

根据示范区煤层开采接续情况，将动态沉陷预测划分为以下 4 个阶段。

1）452、455 工作面开采后地面沉陷情况

该阶段时间为截至 2009 年 7 月，即 452 与 455 工作面开采结束后的地面沉陷情况，沉陷下沉等值线见图 9.18。

2）452、455、453 部分工作面开采后地面沉陷情况

该阶段时间为截至 2010 年 7 月，即 452、455 工作面及 453 部分工作面开采结束后的地面沉陷情况，沉陷下沉等值线见图 9.19。

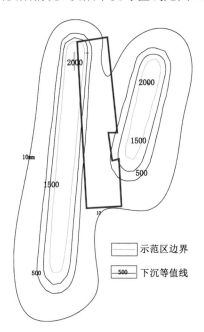

图 9.18　452、455 工作面开采后
地面下沉等值线

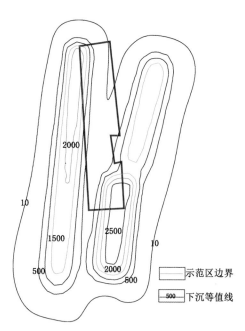

图 9.19　452、455 及 453 部分工作面开采后
下沉等值线

3）452、455、453 工作面开采后地面沉陷情况

该阶段时间为截至 2011 年 3 月，即 452、455、453 工作面全部开采结束后的地面沉陷情况，下沉等值线见图 9.20。

4）452、455、453、454 工作面开采后地面沉陷情况

该阶段时间为截至 2012 年 9 月，即 452、455、453、454 工作面开采结束后的地面沉陷情况，下沉等值线见图 9.21。本阶段也即示范区范围内全部采矿活动结束后地面沉陷情况。

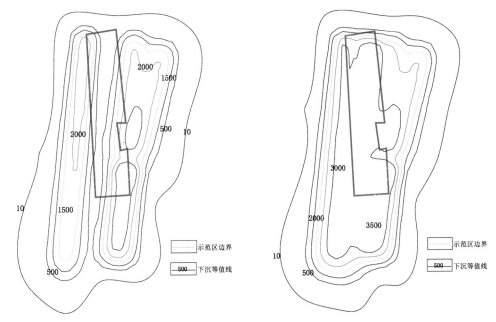

图 9.20   452、455 及 453 工作面开采后下沉等值线 　　图 9.21   工作面开采全部结束后下沉等值线

9.3.3   采矿始末情景分析及 DEM 建立

1. 示范区 4 煤开采前地表情况分析

根据矿山提供的示范区地形资料,4 煤开采前示范区原始地形 DEM 见图 9.22,示范区原始地形坡度见图 9.23。

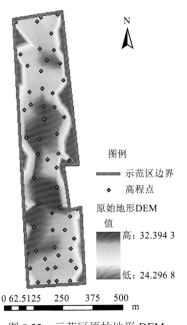

图 9.22   示范区原始地形 DEM

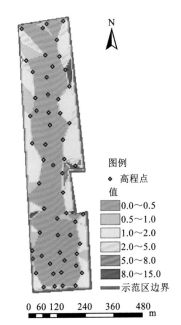

图 9.23   示范区原始地形坡度分布

通过上述分析可知,示范区所在位置在采矿活动进行前相对较平坦,地面标高在+31.22 m左右,地下水埋深约为2 m,地面坡度绝大部分为0°～2°。

2. 不同开采阶段地面情景模拟

1）采矿过程地面情况情景模拟

根据 2002 年《安徽省人民政府办公厅关于采煤塌陷地复垦及征迁工作有关问题的意见(试行)》,采煤塌陷土地稳沉后,由县国土资源行政管理部门会同煤炭企业现场鉴定,确定塌陷土地的复垦(平整)区和征用区。原则上将塌陷深度在1.5 m以内(包括1.5 m)且非常年积水的土地作为复垦(平整)区,超过1.5 m的作为征用区。根据示范区所处区域的实际情况,该地区地表潜水埋深为2 m左右,由于地下水潜水位较高,地面塌陷往往达到2 m即会形成常年积水水面。当下沉小于1.5 m时,不会出现积水水面,当下沉在1.5 m至2 m时,会产生季节性积水,当下沉大于2 m时,会出现常年积水水面。

示范区在2005年进行复垦时必须考虑后期4煤开采可能造成的影响,需要预留部分标高,因此不能仅仅以4煤开采造成的下沉深度来确定地面的积水情况。通过实地调研,选择地面高程+28.5 m为永久积水边界,+29.0 m为季节性积水边界。据此可得到不同开采阶段地面出现积水情况见图9.24,积水面积统计见表9.9。

示范区面积361.32亩,通过表9.9可以看出在452、455工作面开采完之后示范区内基本无积水情况;而到阶段二,即452、455及453部分工作面开采后,积水面积已占到示范区面积的27.47%,随着开采的进行,积水面积进一步扩大,到本地区采矿活动全部结束

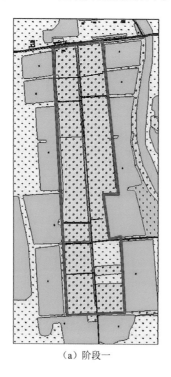

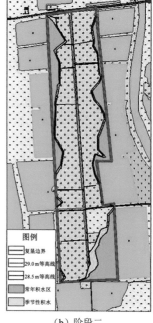

图例

复垦边界
29.0 m等高线
28.5 m等高线
常年积水区
季节性积水

（a）阶段一　　　　　　　　　（b）阶段二

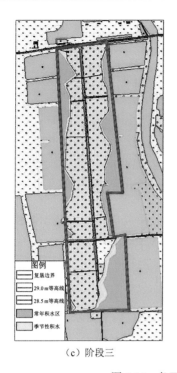

（c）阶段三

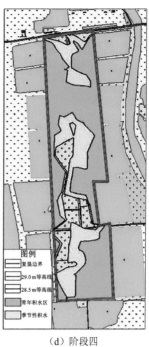

（d）阶段四

图 9.24　各开采阶段地面积水情况

表 9.9　示范区开采沉陷积水面积

时间节点	时间	季节性积水面积/亩	常年积水面积/亩	积水总面积/亩	占示范区面积比率/%
阶段一	2009.7	0.00	0.00	0.00	0.00
阶段二	2010.7	20.87	78.39	99.26	27.47
阶段三	2011.3	21.69	96.37	118.06	32.67
阶段四	2012.9	95.17	214.27	309.41	85.63

后，预计示范区内积水面积将达到 85.63%，其中季节性积水面积为 95.17 亩，常年积水面积 214.27 亩，积水总面积 309.44 亩。

各阶段土地利用情况见图 9.25。

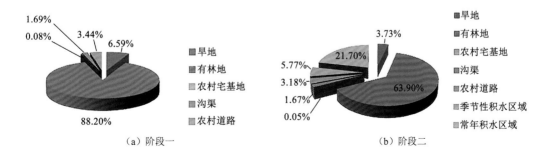

（a）阶段一　　　　　　　　　　　　　（b）阶段二

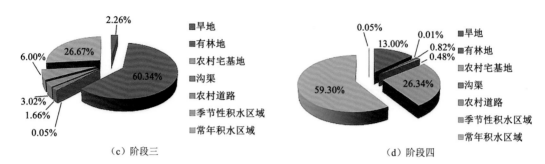

图 9.25　各开采阶段土地利用变化情况

上述分析可知,示范区所在地区受采矿活动地面影响十分严重,如不采取适当的复垦措施,该地区 85.63%的土地将沉入水底,土地彻底丧失生产力。

2）采矿始末地面 DEM 构建

如图 9.26 所示,图 9.26（a）为采矿开始前地面原始 DEM 模型,图 9.26（b）为通过沉陷预测基础上分析得到的本地区下沉 DEM 模型,通过两者叠加,可得到示范区全部采矿活动结束后地面的 DEM 模型,如图 9.26（c）所示。

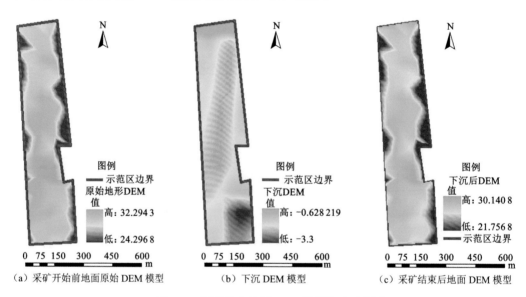

图 9.26　采矿始末地面 DEM 模型构建示意图

3）采矿各阶段地面三维模型的构建

无论是地面原始数据或者地表沉陷数据,在获得后都可通过数据的组织进行可视化的表达,目前大多以 DEM 为表达方式。DEM 的生成方法主要有两种。一种是基于不规则三角网的生成方法,采用不规则三角网法,能较好地顾及地貌特征点线,逼真地反映复杂地形的起伏特征,克服地形起伏变化不大地区产生的数据冗余问题,适用于矿区小范围、大比例尺、高精度 DEM 的构建。另一种是基于格网的生成方法。各种内插方法在一定采样密度范围内,对生成的 DEM 精度影响差别不是太大。基于格网建立的 DEM,高程细节信息丰富,数据格式简单,存取处理方便。

　　ArcGIS 的空间分析模块和 3D 模块都提供了由高程点插值成栅格图的方法,包括反距离加权插值法、样条插值法(spline)和克里格插值法(Kriging)等。当采样点足够密集,能够表现区域地形变化情况时可以选用反距离加权插值法;样条插值法采用一种数学函数来估计高程值,它会最小化表面的曲率,生成精确通过采样点的一个平滑渐变的曲面,但估计值可能会超出采样点的高程值范围;克里格插值法则适合于采样点中有着距离或方向上的空间相关性时使用。在具体工作过程中,要根据数据情况选择合适的插值方法生成 DEM 数据。

　　通过原始地表高程与采矿各阶段下沉 DEM 的叠加分析,可获得示范区不同开采阶段的虚拟地面沉陷情况,如图 9.27 所示。

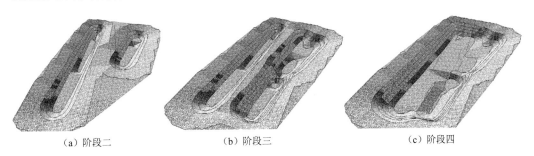

(a)阶段二　　　　　　　　(b)阶段三　　　　　　　　(c)阶段四

图 9.27　不同开采阶段地面模拟情况

9.3.4　复垦(修复)情景模拟及边采边复规划

1. 沉陷稳定后复垦(修复)方法分析

　　如果采用传统的地面沉陷稳定后复垦(修复)技术对示范区土地进行复垦(修复),则只能在 2012 年 9 月开采结束,并等待地面稳沉后再进行工程措施。考虑本地区采矿活动结束后进行复垦(修复)(即区域内 452、455、453、454 工作面全部开采结束),初步预计动工时间在 2014 年 9 月左右,根据此时地面破坏的情况复垦(修复)方法主要采用挖深垫浅,土源调配方式如图 9.28 所示,最终复垦(修复)布局如图 9.29 所示,复垦(修复)标高设计如图 9.30 所示。

　　根据沉陷情况,将耕地区标高定为+30.0 m 左右,鱼塘区标高定为+24.5 m 左右,通过土方平衡计算,本方案需要客土量为 8 612.63 m³。

　　通过分析可知,示范区总面积 361.32 亩,复垦(修复)前、后土地利用情况如表 9.10、表 9.11 所示。其中复垦(修复)后,耕地区面积为 147.07 亩,约占示范区面积的 40.71%,鱼塘区面积为 214.24 亩,约占示范区面积的 59.29%。

　　耕地变化比例:14.36%→40.71%。

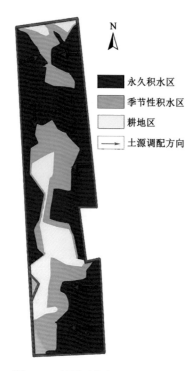

图 9.28　复垦（修复）及
　　　　　土源调配方向

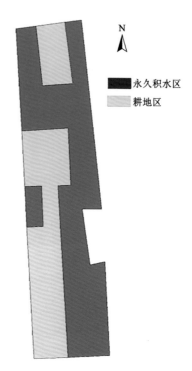

图 9.29　最终复垦（修复）
　　　　　布局

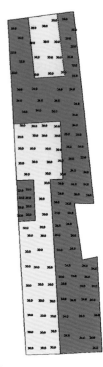

图 9.30　复垦（修复）
　　　　　标高设计图

表 9.10　示范区开采全部结束后土地利用情况

项目	旱地	有林地	农村宅基地	沟渠	农村道路	季节性积水区域	常年积水区域	总计
面积/亩	0.19	46.96	0.04	1.76	2.95	95.17	214.24	361.32
所占比例/%	0.05	12.99	0.01	0.49	0.82	26.34	59.30	100.00

表 9.11　传统复垦方法复垦后土地利用情况

项目	水浇地	沟渠	农村道路	坑塘水面	总计
面积/亩	139.12	2.62	5.33	214.24	361.32
所占比例/%	38.50	0.73	1.48	59.29	100.00

2. 边采边复规划分析

根据采矿过程中的情景分析及各个阶段 DEM 模型的建立,可以得出各个阶段地面积水情况变化与土地利用情况的变化,这是进行边采边复规划的基础与依据。根据示范区地面情况,结合地下工作面布置情况与开采接续情况,本小节对 4 个节点进行边采边复规划分析,以确定最佳的复垦时机。

1）节点一（2009 年 7 月）

452、455 工作面开采结束,由于这两个工作面离示范区边界距离较远,此时对示范区范围的影响非常小,可暂时认为在此阶段不需要采取复垦措施。

2) 节点二（2010 年 7 月）

该节点处，452、455 工作面已开采结束，453 工作面已推进至将近一半位置。由于矿山地下开采需要，此时 453 工作面停止继续推进，地面积水达到 99.26 亩，占示范区面积的 27.47%，复垦工作开展时间段自 2010 年 7 月至 2010 年 12 月。为了避开雨季施工，可选择 2010 年 9 月左右进行施工。

土源调配方式如图 9.31 所示，最终复垦布局如图 9.32 所示，复垦标高设计如图 9.33 所示。

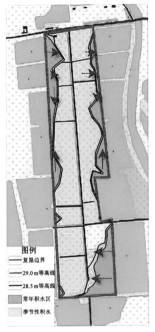

图 9.31　阶段二复垦及土源
调配方向

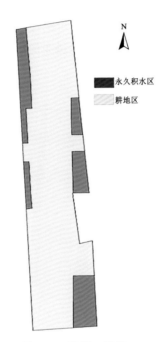

图 9.32　阶段二最终
复垦布局

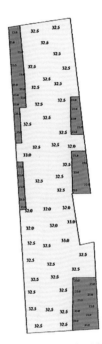

图 9.33　阶段二复垦标高
设计图

根据沉陷情况，在本时间段内开展复垦工作，应当保证最终下沉后地面标高不低于 +29.5 m，预留 3.0 m 标高，则此时复垦耕地区域地面标高为 +32.5 m 左右，鱼塘区相应设计高程为 +23.0 m 左右，需要客土方约 20 138.54 m³。

通过分析可知，示范区总面积 361.32 亩，复垦前、后土地利用情况如表 9.12、表 9.13 所示。复垦后，耕地区面积为 282.89 亩，约占示范区面积的 78.29%，鱼塘区面积为 78.43 亩，约占示范区面积的 21.71%。

耕地区变化比例：72.52%→78.29%。

表 9.12　452、454、453-1 工作面开采结束后土地利用情况

项目	旱地	有林地	农村宅基地	沟渠	农村道路	季节性积水区域	常年积水区域	总计
面积/亩	13.50	230.85	0.15	6.00	11.55	20.85	78.45	361.32
所占比例/%	3.74	63.88	0.04	1.66	3.20	5.77	21.71	100.00

表 9.13　452、454、453-1 工作面开采结束后复垦土地利用情况

项目	水浇地	沟渠	农村道路	坑塘水面	总计
面积/亩	267.59	5.10	10.20	78.43	361.32
所占比例/%	74.06	1.41	2.82	21.71	100.00

3）节点三（2011 年 3 月）

该节点处，452、455、453 工作面已开采结束，此时，地面积水达到 118.06 亩，占示范区面积的 32.67%，可考虑在 454 工作面开采前进行复垦，复垦工作开展时间段自 2011 年 3 月至 2011 年 9 月。为了避开雨季施工，可选择 2011 年 4 月左右进行施工。

土源调配方式如图 9.34 所示，最终复垦布局如图 9.35 所示，复垦标高设计如图 9.36 所示。

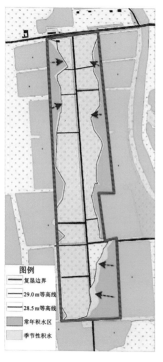

图 9.34　阶段三复垦及土源调配方向

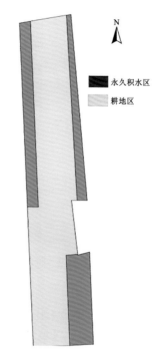

图 9.35　阶段三最终复垦布局

图 9.36　阶段三复垦标高设计图

根据沉陷情况，在本时间段内开展复垦工作，应当保证最终下沉后地面标高不低于 +29.5 m，预留 2.5 m 标高，则此时复垦耕地区域地面标高为 +32.0 m 左右，鱼塘区相应设计高程为 +23.0 m 左右，需要客土量约 19 737 m³。

通过分析可知，示范区总面积 361.32 亩，复垦前、后土地利用情况如表 9.14、表 9.15 所示。复垦后，耕地区面积为 264.90 亩，约占示范区面积的 73.32%，鱼塘区面积为 96.42 亩，约占示范区面积的 26.68%。

耕地区变化比例：67.32%～73.32%。

表 9.14 452、454、453 工作面开采结束后土地利用情况

项目	旱地	有林地	农村宅基地	沟渠	农村道路	季节性积水区域	常年积水区域	总计
面积/亩	8.13	218.02	0.17	6.01	10.92	21.69	96.37	361.32
所占比例/%	2.25	60.34	0.05	1.66	3.02	6.01	26.67	100.00

表 9.15 452、454、453 工作面开采结束后复垦土地利用情况

项目	水浇地	沟渠	农村道路	坑塘水面	总计
面积/亩	250.65	4.65	9.60	96.42	361.32
所占比例/%	69.37	1.30	2.65	26.68	100.00

可见，采用边采边复，可有效提高复垦耕地率。与传统复垦相比，在本示范区，复垦耕地率可从 40.71%（传统复垦）提高至最多的 78.29%（节点二），提高 37.58 个百分点，新增加耕地 135.82 亩。

参 考 文 献

阿维尔辛, 1959. 煤矿地下开采的岩层移动. 北京: 煤炭工业出版社.

白矛, 刘天泉, 1983. 条带法开采中条带尺寸的研究. 煤炭学报, 4: 19-26.

卞正富, 2000. 国内外煤矿区土地复垦研究综述. 中国土地科学, 14(1): 6-11.

卞正富, 张国良, 1993. 高潜水位矿区土地复垦模式及其决策方法. 煤矿环境保护, 5: 2-5.

柴华彬, 邹友峰, 刘景艳, 2004. DTM 在开采沉陷可视化预计中的应用. 辽宁工程技术大学学报, 23(2): 171-174.

陈慧玲, 2016. 顺序开采工作面条件下的动态预复垦标高模拟研究. 北京: 中国矿业大学(北京).

陈能诵, 2011. 8 年增 5 倍露天煤矿持续高速增长. 建设机械技术与管理, 8: 71,73-75.

陈秋计, 胡振琪, 刘昌华, 等, 2003. DEM 在矿区土地复垦中的应用研究. 金属矿山, 23(1): 69-73.

陈永春, 袁亮, 徐翀, 2016. 淮南矿区利用采煤塌陷区建设平原水库研究. 煤炭学报, 41(11): 2830-2835.

程烨, 2004. 基本农田保护与采煤塌陷控制. 中国土地科学, 18(3): 9-12.

崔继宪, 1997. 煤炭开采土地破坏及其复垦利用技术. 煤矿环境保护, 1: 35-40.

崔向慧, 卢琦, 褚建民, 2012. 加拿大土地退化防治政策和措施及其对我国的启示. 世界林业研究, 1: 64-68.

代宏文, 1995. 澳大利亚矿山复垦现状. 中国土地科学, 4: 44-47.

董祥林, 陈银翠, 欧阳长敏, 2002. 矿区塌陷地梯次动态复垦研究. 中国地质灾害与防治学报, 13(3): 45-47.

杜计平, 孟宪锐, 2009. 采矿学. 徐州: 中国矿业大学出版社.

方卫华, 2006. 大中型平原水库大坝安全监测研究. 贵州水力发电, 20(1): 57-60.

付梅臣, 陈秋计, 2004. 矿区生态复垦中表土剥离及其工艺. 金属矿山, 8: 63-65.

高苇, 2012. 本体取样法在建筑工程冬期施工质量控制中的应用研究. 哈尔滨: 东北林业大学.

高树雷, 张崇亮, 李亮, 2007. 堤体下采煤技术研究. 煤炭科技, 3: 1-3.

耿德庸, 仲惟林, 1980. 用岩性综合评价系数 P 确定地表移动的基本参数. 煤炭学报(4): 13-25.

郭修平, 2016. 粮食贸易视角下的中国粮食安全问题研究. 长春: 吉林农业大学.

韩奎峰, 2009. 开采沉陷预计数据自动嵌入矿区 DEM 的方法研究. 金属矿山, 6: 104-106.

韩奎峰, 康建荣, 2009. 动态矿区 DEM 生成方法及其在土地复垦中的应用研究. 测绘科学, 3: 161-163.

何彬方, 冯妍, 荀尚培, 2012. 安徽省冬小麦种植区提取及生育期遥感监测研究// 中国气象学会. 北京: 中国气象学会.

何国清, 马伟民, 王金庄, 1982. 威布尔型影响系数在地表移动计算中的应用: 用碎块体理论研究岩移规律的探讨, 中国矿业学院学报, 1: 1-20.

何国清, 杨伦, 凌赓娣, 等, 1994. 矿山开采沉陷学. 徐州: 中国矿业大学出版社.

何万龙, 孔照璧, 1985. 山区地表移动规律及变形预计. 山西矿业学院学报, 3(2): 24-30.

胡家梁, 2012. 单一工作面边采边复技术实验模拟研究. 北京: 中国矿业大学(北京).

胡振琪, 1996. 采煤沉陷地的土地资源管理与复垦. 北京: 煤炭工业出版社.

胡振琪, 2009. 中国土地复垦与生态重建 20 年: 回顾与展望. 科技导报, 17: 25-29.

胡振琪, 陈龙乾, 1994. 采煤塌陷区土地复垦管理新模式初探. 中国土地科学, 1: 15-19.

胡振琪, 肖武, 2013. 矿山土地复垦的新理念与新技术: 边采边复. 煤炭科学技术, 41(9): 178-181.

胡振琪, 赵艳玲, 毕银丽, 2001. 美国矿区土地复垦. 中国土地, 6: 44-45.

胡振琪, 李晶, 赵艳玲, 2006. 矿产与粮食复合主产区环境质量和粮食安全的问题、成因与对策. 科技导报, 3: 21-24.

胡振琪, 李晶, 赵艳玲, 2008. 中国煤炭开采对粮食生产的影响及其协调. 中国煤炭, 2: 19-21, 24.

胡振琪, 赵艳玲, 王凤娇, 2011. 我国煤矿区土地复垦的现状与展望// 中国煤炭工业协会. 第七次煤炭科学技术大会. 北京: 中国煤炭工业协会: 5-9.

胡振琪, 李玲, 赵艳玲, 等, 2013a. 高潜水位平原区采煤塌陷地复垦土壤形态发育评价. 农业工程学报, 29(5): 95-101.

胡振琪, 肖武, 王培俊, 等, 2013b. 试论井工煤矿边开采边复垦技术. 煤炭学报, 38(2): 301-307.

胡振琪, 黄先栋, 杨光华, 2015. 沉陷区耕地应做“减法”. 中国土地, 5: 44-45.

胡振琪, 王培俊, 邵芳, 2015. 引黄河泥沙充填复垦采煤沉陷地技术的试验研究. 农业工程学报, 31(3): 288-295.

胡振琪, 卞正富, 成枢, 等, 2008. 土地复垦与生态重建. 徐州: 中国矿业大学出版社.

黄青, 唐华俊, 周清波, 等, 2010a. 东北地区主要作物种植结构遥感提取及长势监测. 农业工程学报, 26(9): 218-223, 386.

黄青, 邹金秋, 邓辉, 等, 2010b. 基于 MODIS-NDVI 的安徽省 2009 年冬小麦及一季稻面积遥感提取及长势监测. 安徽农业科学, 38(29): 16527-16529, 16547.

冀宪武, 赵永胜, 陈晓冬, 等, 2013. 基于信息分析的俄罗斯矿区土地复垦研究. 农业网络信息, 10: 119-122.

姜升, 刘立忠, 2009. 动态沉陷区建筑复垦技术实践. 煤炭学报, 34(12): 1622-1625.

金丹, 卞正富, 2009. 国内外土地复垦政策法规比较与借鉴. 中国土地科学, 10: 66-73.

李晶, 胡振琪, 李立平, 2008. 中国典型市域煤粮复合区耕地损毁及其影响. 辽宁工程技术大学学报(自然科学版), 1: 148-151.

李晶, 刘喜韬, 胡振琪, 等, 2014. 高潜水位平原采煤沉陷区耕地损毁程度评价. 农业工程学报, 30(10): 209-216.

李海龙, 2014. 关于煤矿开采沉陷及减沉控制研究. 山东煤炭科技, 1: 128-129.

李继珍, 张海涛, 黄晶, 2006. 河下采煤塌陷治理方法研究与应用. 山东水利, 5: 41-42.

李树志, 2014. 我国采煤沉陷土地损毁及其复垦技术现状与展望. 煤炭科学技术, 42(1): 93-97.

李树志, 周锦华, 等, 2007. 平原矿区厚煤层开采塌陷地动态预复垦方法. ZL200710139658.0.

李太启, 戚家忠, 周锦华, 等, 1999. 刘桥二矿动态塌陷区预复垦治理方法. 矿山测量, 2: 57-58.

李文彬, 2016. 中国压煤村庄搬迁模式研究. 北京: 中国矿业大学(北京).

李文顺, 张瑞娅, 肖武, 等, 2016. 煤矿开采对地表水系影响的模拟分析: 以丁集矿为例. 煤炭工程, 48(11): 84-87.

李永树, 王金庄, 周竹军, 等, 1996. 厚冲积层条件下开采沉陷地区地表裂缝形成机理. 河北煤炭, 2: 8-9.

李增琪, 1983. 使用富氏几分变换计算开挖引起的地表移动. 煤炭学报, 2: 18-28.

李志林, 朱庆, 2001. 数字高程模型. 武汉: 武汉大学出版社.

梁留科, 常江, 吴次芳, 等, 2002. 德国煤矿区景观生态重建/土地复垦及对中国的启示. 经济地理, 6: 711-715.

林家聪, 卞正富, 1990. 矿山开发与土地复垦. 中国矿业大学学报, 2: 95-103.

刘涛, 2006. 沥青砼路面施工规模研究. 广东交通职业技术学院学报, 5(3): 1-4.

刘宝琛, 廖国华, 1965. 煤矿地表移动的基本规律. 北京: 中国工业出版社.

刘福东, 2006. 沈阳市建筑工程冬期施工方法优化研究. 沈阳: 东北大学.

刘纪远, 匡文慧, 张增祥, 等, 2014. 20 世纪 80 年代末以来中国土地利用变化的基本特征与空间格局. 地理学报, 1: 3-14.

刘坤坤, 2014. 边采边复技术应用于不同地形条件下的模拟研究. 北京: 中国矿业大学(北京).

刘立民, 刘汉龙, 连传杰, 等, 2003. 基于 GIS 的矿山塌陷损害评价系统及可视化方法. 防灾减灾工程学报, 23(1): 69-73.

刘天泉, 1986. 煤矿沉陷区土地的复垦与建筑利用. 煤炭科学技术, 10: 10-12, 64.

刘天泉, 陈树田, 陈学涵, 1965. 水体下开采急倾斜煤层的初步研究. 煤炭学报, 2(3): 1-14.

刘学山, 刘长瑜, 孙守栋, 等, 1999. 粉煤灰充填采煤塌陷地覆土还田的实践与探讨// 中国土地学会复垦分会.第六次全国土地复垦学术会议论文集: 175-180.

刘义生, 2016. 基于产能保障和沉陷控制的村庄压煤采搬规划研究. 北京: 中国矿业大学(北京).

鲁叶江, 李树志, 2015. 近郊采煤沉陷积水区人工湿地构建技术: 以唐山南湖湿地建设为例. 金属矿山, 4: 56-60.

陆垂裕, 陆春辉, 李慧, 等, 2015. 淮南采煤沉陷区积水过程地下水作用机制. 农业工程学报, 31(10): 122-131.

鹿士明, 2002. 采煤塌陷地征用问题探讨. 土壤, 34(2): 109-110.

罗明, 王军, 2012. 双轮驱动有力量: 澳大利亚土地复垦制度建设与科技研究对我国的启示. 中国土地, 4: 51-53.

罗明, 王军, 2013. 公众全程参与 科技动态监测: 澳大利亚土地复垦的经验与启示. 资源导刊, 5: 44-45.

罗敏详, 2009. 开采沉陷理论在矿区土地复垦中的应用. 现代矿业, 487:119-120.

吕捷, 余中华, 赵阳, 2013. 中国粮食需求总量与需求结构演变. 农业经济问题, 5: 15-19,110.

孟以猛, 1990. 煤矿地表塌陷区土地复垦势在必行. 煤矿设计, 2: 1-3.

倪晋仁, 殷康前, 赵智杰, 1998. 湿地综合分类研究:Ⅰ分类. 自然资源学报, 13(3): 214-221.

潘明才, 2000. 我国土地复垦发展趋势与对策. 中国土地, 7: 16-18.

潘跃飞, 2010. 煤炭行业区域管理体制创新研究. 北京: 北京交通大学.

钱鸣高, 许家林, 缪协兴, 2003. 煤矿绿色开采技术. 中国矿业大学学报, 32(4): 343-348.

钱鸣高, 缪协兴, 许家林, 2007. 资源与环境协调(绿色)开采. 煤炭学报, 32(1): 1-7.

乔剑锋, 2012. 平原水库防渗措施. 长沙铁道学院学报, 13(2) : 213-214.

邵芳, 王培俊, 胡振琪, 等, 2013. 引黄河泥沙充填复垦农田土壤的垂向入渗特征. 水土保持学报, 5: 54-58, 67.

孙宝铮, 刘吉昌, 1985. 矿井开采设计. 北京: 煤炭工业出版社.

孙绍先, 李树志, 1990. 煤矿(井工开采)土地复垦规划设计编制深度的规定. 煤矿环境保护, 2: 4-6.

孙绍先, 李树志, 1991. 我国煤矿土地复垦和塌陷区综合治理的发展与技术途径. 矿山测量, 1: 34-38, 63.

唐山市土地管理局, 1999. 唐山采煤塌陷区土地复垦与生态重建模式研究// 中国土地学会复垦分会. 第六次全国土地复垦学术会议论文集: 310-317.

童柳华, 严家平, 徐良骥, 等, 2009. 淮南潘集矿区水系分布特点及其恢复治理初探. 煤炭科学技术, 37(9): 110-112.

王雷, 许碧君, 秦峰, 2009. 我国建筑垃圾处理现状与分析. 环境卫生工程, 17(1) : 53-56.

王莉, 张和生, 2013. 国内外矿区土地复垦研究进展. 水土保持研究, 1: 294-300.

王凤娇, 2013. 单一采区不同开采顺序边采边复技术研究. 北京: 中国矿业大学(北京).

王京卫, 栾红, 汝续伟, 2007. 顾及矿区地貌特征的开采沉陷三维可视化实现方法. 山东科技大学学报, 26(1): 8-11.

王京卫, 王倩, 李法理, 等, 2008. 顾及地貌特征的矿区地表塌陷 DEM 的生成方法. 测绘科学, 33(2): 128-136.

王培俊, 2016. 引黄河泥沙复垦采煤沉陷地的充填排水技术研究. 北京: 中国矿业大学(北京).

王培俊, 胡振琪, 邵芳, 等, 2014. 黄河泥沙作为采煤沉陷地充填复垦材料的可行性分析. 煤炭学报, 39(6): 1133-1139.

王培俊, 邵芳, 刘俊廷, 等, 2015. 黄河泥沙充填复垦中土工布排水拦沙效果的模拟试验. 农业工程学报,31(17): 72-80.

王沈佳, 2013. 国内外土地复垦适宜性评价的研究综述. 科技广场, 4: 123-127.

王文涛, 2013. 确保安全的粮食供求紧平衡研究. 长沙: 湖南大学.

翁非, 2012. 中国能源结构特征及发展前瞻. 经济视角(下), 1: 90-92.

吴侃, 葛家新, 王铃丁, 等, 1998. 开采沉陷预计一体化方法. 徐州: 中国矿业大学出版社.

肖武, 2012. 井工煤矿区边采边复的复垦时机优选研究. 北京: 中国矿业大学(北京).

肖武, 王培俊, 王新静, 等, 2014. 基于 GIS 的高潜水位煤矿区边采边复表土剥离策略. 中国矿业, 23(4): 97-100.

肖武, 邵芳, 李立平, 等, 2015. 单一采区工作面不同开采顺序地表沉陷模拟与复垦对策分析. 中国矿业, 24(4): 53-57.

徐翀, 陆垂裕, 陆春辉, 等, 2013. 淮南采煤沉陷区水资源开发利用关键技术. 中国水能及电气化, 8: 52-57.

严家平, 程方奎, 宫传刚, 等, 2015. 淮北临涣矿区平原水库建设及水资源保护利用. 煤炭科学技术, 43(8) : 158-162

严绪朝, 2010. 中国能源结构优化和天然气的战略地位与作用. 国际石油经济, 3: 62-67.

杨伦, 于广明, 杜连璧, 等, 1999. 高潜水位矿区土地复垦试验研究// 中国土地学会复垦分会.第六次全国土地复垦学术会议论文集: 68-71.

杨光华, 2014. 高潜水位采煤塌陷耕地报损因子确定及报损率测算研究. 北京: 中国矿业大学(北京).

杨选民, 1999. 印度加亚昆达姆褐煤露天矿环境管理计划. 煤矿环境保护, 13(1): 61-63.

杨耀淇, 2014. 高潜水位地区压煤村庄搬迁占补用地理论模型研究及应用. 北京: 中国矿业大学(北京).

叶东升, 曹录俊, 2010. 工作面跳采对铁路移动变形影响特征分析. 矿山测量, 5: 72-73, 85.

易四海, 戴华阳, 廉旭刚, 等, 2008. 顾及地表沉陷的矿区地貌可视化实现方法. 湖南科技大学学报, 23(4): 81-84.

尹靖华, 顾国达, 2015. 我国粮食中长期供需趋势分析. 华南农业大学学报(社会科学版), 2 : 76-83.

余洋, 叶珊珊, 陈超, 等, 2015. 采煤沉陷盆地的积水承载力研究. 西南大学学报(自然科学版), 37(10): 183-188.

翟玉峰, 2008. 冬期混凝土工程施工方法的研究与应用. 沈阳: 东北大学.

张迪, 刘树臣, 2009. 新形势下的耕地保护政策探讨. 国土资源情报, 9: 11-17.

张涛, 王永生, 2009. 加拿大矿山土地复垦管理制度及其对我国的启示. 西部资源, 1: 47-50.

张燕, 2009. 平原水库防渗技术分析. 水利科技与经济, 15(1): 64-66.

张瑞娅, 邹勇, 吴云, 等, 2014. 采煤塌陷深积水区现状分析与治理对策探讨. 煤炭工程, 9: 73-75.

张瑞娅, 肖武, 史亚立, 等, 2016. 考虑原始地形的采煤沉陷积水范围确定方法. 中国矿业, 6(25): 143-147.

张天宇, 程炳岩, 王记芳, 等, 2007. 华北雨季降水集中度和集中期的时空变化特征. 高原气象, 4: 843-853.

张玉卓, 仲惟林, 姚建国, 等, 1989. 断层影响下地表移动的预计和数值模拟研究. 煤炭学报, 1: 23-31.

赵蕾, 2011. 国务院公布《土地复垦条例》. 资源与人居环境, 4: 29.

赵海峰, 方军, 高荣久, 等, 2010. 非稳沉塌陷地动态充填煤矸石复垦为建设用地技术探讨. 矿山测量, 6: 84-85, 35.

赵景逵, 朱荫湄, 1991. 美国露天矿区的土地管理及复垦. 中国土地科学, 1: 31-33.

赵艳玲, 2005. 采煤沉陷地动态预复垦研究. 北京: 中国矿业大学(北京).

赵艳玲, 胡振琪, 2008. 未稳沉采煤沉陷地超前复垦时机的计算模型. 煤炭学报, 33(2): 157-161.

赵忠明, 孟武峰, 2010. 下煤层采面穿越上煤层上山的数值模拟研究. 采矿与安全工程学报, 27(2):

228-232.

郑南山, 胡振琪, 顾和和, 1998. 煤矿开采沉陷对耕地永续利用的影响分析. 煤矿环境保护, 12(1): 18-21.

仲惟林, 杨秀英, 朱仁治, 1980. 地表移动盆地任意剖面移动变形的计算. 煤炭学报(1): 26-36.

周复旦, 赵长胜, 丁佩, 等, 2010. 开采沉陷预计在矿区土地复垦中的应用. 金属矿山, 10: 146-150.

周锦华, 1999. 综采放顶煤开采条件下预复垦技术研究// 中国土地学会复垦分会. 第六次全国土地复垦学术会议论文集: 61-63.

周锦华, 胡振琪, 2003. 固体废弃物煤矸石室内击实试验研究. 金属矿山, 12: 53-55.

周小燕, 2014. 我国矿业废弃地土地复垦政策研究. 徐州: 中国矿业大学.

庄丽辉, 佟胜宝, 张大伟, 等, 2007. 唐山地区冬期气候特点及对施工的影响. 唐山学院学报, 20(6): 66-68.

ARNSTEIN S, 1969. A ladder of citizen participation. Journal of the American Institute of Planners, 35 (4): 216-22.

BIAN Z F, INYANG H I, DANIELS J L, et al., 2010. Environmental issues from coal mining and their solutions. Mining Science and Technology, 20(2): 215-223.

CHANG J, GERHARDS N, BORCHARD K, 2000. The development of land reclamation in Germany// Lu X S. Mine Land Reclamation and Ecological Restoration for the 21 Century- Beijing International Symposium on Land Reclamation. Beijing: China Coal Industry Publishing House: 90-101.

COSTANZA R, PERRINGS C, 1990. A flexible assurance bonding system for improved environmental management. Ecological Economics, 2 (1): 57-75.

DARMODY R G, 1993. Coal mine subsidence: The effect of mitigation on crop yields. Proceedings of Subsidence Workshop Due to Underground Mining. Kentucky: 182-187.

DARMODY R G, 1995. Modeling agricultural impacts of longwall mine subsidence: A GIS approach. International Journal of Mining Reclamation and Environment, 9(2): 63-68.

ERICKSON D L, 1995. Policies for the planning and reclamation of coal-mined landscapes: An international comparison. Journal of Environmental Planning and Management, 38(C4): 453-468.

GERHARD D, 1998. Bodenkundlichje aspekte der landwirtschaftlichen rekultivierung. Wolfram Pflug. Braunkohletagebau and Rekultivierung. Berlin: Sprirger: 110-120.

HARTMAN H L, 1992. SME mining engineering handbook. Denver: Society for Mining Metallurgy, and Exploration.

HELMUT K, 1983. Mining subsidence engineering. Berlin: Springer.

HU Z Q, XIAO WU, 2013. Optimization of concurrent mining and reclamation plans for single coal seam: A case study in northern Anhui, China. Environmental Earth Sciences, 68(5): 1247-1254.

HU Z Q, YANG G H, XIAO W, et al., 2014. Farmland damage and its impact on the overlapped areas of cropland and coal resources in the eastern plains of China. Resources, Conservation and Recycling, 86: 1-8.

HUANG X D, YANG G H, YANG Y Q, et al., 2014. Problems and suggestions of coal mining subsided land governance in Jining City of Shandong Province. Advanced Material Research, 838-841: 1826-1829.

MADAN M S, 1992. SME Mining Engineering Handbook.Society for Mining Metallurgy & Exploration; 2 Revised edition: 941-942.

PERRINGS C, 1989. Environmental bonds and environmental research in innovative activities. Ecological Economics, 1(1): 95-110.

RHEINBRAUN A, 1998. Landwirtschaft nach dem Tagebau. Koeln: Selbstverlag: 3-31.

XIAO W, HU Z Q, 2014a. GIS-based pre-mining land damage assessment for underground coal mines in high groundwater area. International Journal of Mining and Mineral Engineering, 5(3): 245-255.

XIAO W, HU Z Q, FU Y H, 2014b. Zoning of land reclamation in coal mining area and new progresses for the past 10 years. International Journal of Coal Science and Technology, 1(3): 177-183.

XIAO W, HU Z Q, YOGINDER P C, et al., 2014c. Dynamic subsidence simulation and topsoil removal strategy in high groundwater table and underground coal mining area: A case study in Shandong Province. International Journal of Mining, Reclamation and Environment, 28(4): 256-263.

ZHANG R Y, XIAO W, YANG J, et al., 2014. Scenario analysis of mining subsidence in Huaibei city and governance patterns. Legislation, Technology and Practice of Mine Land Reclamation, 9: 143-147.